U0195270

刺参感染与免疫学

Infection and Immunology of
Apostichopus japonicus

李成华　张卫卫　等　著

海洋出版社

2021年·北京

图书在版编目 (CIP) 数据

刺参感染与免疫学 / 李成华等著. — 北京 : 海洋
出版社, 2021.12
　ISBN 978-7-5210-0864-7

　Ⅰ. ①刺… Ⅱ. ①李… Ⅲ. ①刺参－感染－疾病－诊
疗②刺参－免疫性疾病－诊疗 Ⅳ. ①S567.5

　中国版本图书馆CIP数据核字(2021)第246188号

刺参感染与免疫学
CISHEN GANRAN YU MIANYIXUE

责任编辑：林峰竹
责任印制：安　淼

海洋出版社 出版发行
http://www.oceanpress.com.cn
北京市海淀区大慧寺路 8 号　　邮编：100081
北京顶佳世纪印刷有限公司印刷　　新华书店北京发行所经销
2021年12月第1版　　2021年12月第1次印刷
开本：787 mm×1092 mm　　1 / 16　　印张：18.75
字数：340千字　　定价：260.00元
发行部：010-62100090　　邮购部：010-62100072　　总编室：010-62100034
海洋版图书印、装错误可随时退换

《刺参感染与免疫学》
著者名单

主要著者：

李成华（宁波大学）

张卫卫（宁波大学）

参与著者：

邵铱娜（宁波大学）

赵雪琳（宁波大学）

郭　明（宁波大学）

吕志猛（宁波大学）

张安国（国家海洋环境监测中心）

梁伟康（宁波大学）

孙连莲（宁波大学）

张　真（宁波大学）

姜黎明（宁波大学）

宋　钢（国家海洋环境监测中心）

作者简介

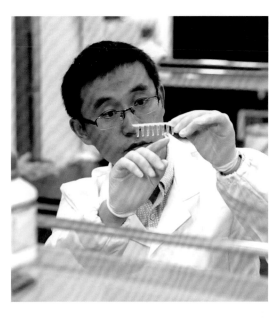

李成华

博士，研究员，博士生导师，国务院学位委员会第八届水产学科评议组成员，国家优秀青年科学基金获得者，"海洋生物技术与工程"国家地方联合工程实验室主任，"水产生物技术"教育部重点实验室副主任，国家自然科学基金生命学部优秀青年科学基金／学科评审组会评专家，国家外专局重点引智项目会评专家，Asian Society of Developmental and Comparative Immunology（ASDCI）理事，中国海洋与湖沼学会棘皮动物分会理事，中国水产学会鱼病专业委员会委员。兼任国际学术期刊 *Frontiers in Molecular Immunology* 主编，*Frontiers in Genetics*、《水产学报》和《大连海洋大学学报》编委。入选 2020 年"爱思唯尔"中国高被引学者水产学科榜单，获浙江省"万人计划"科技创新领军人才、浙江省高校领军人才、曾呈奎海洋青年科技奖、中国水产学会首届青年科技奖、浙江省杰出青年科学基金、浙江省农业科技先进工作者、宁波市有突出贡献专家等荣誉和人才工程资助。主持国家重点研发计划课题和子课题各 1 项、国家自然科学基金 5 项以及浙江省自然科学基金杰出青年科学基金、重点基金和浙江省科技厅国际合作项目等科研项目。以第一作者或通讯作者在 *PLoS Pathogens*、*Journal of Immunology*、*Genetics*、*Virulence*、*Review in Aquaculture*、*Environmental Microbiology* 等期刊发表 SCI 论文 150 余篇。以第一完成人获 2019 年度高等学校科学研究优秀成果奖（科学技术）自然科学奖二等奖（"刺参弧菌性疫病发生的分子基础及其生态防控机理"）、浙江省高等学校科研成果奖一等奖、宁波市科学技术奖三等奖和二等奖各 1 项。

张卫卫　　　　　　邵铱娜　　　　　　赵雪琳

郭　明　　　　　　吕志猛　　　　　　张安国

梁伟康　　　　　　孙连莲　　　　　　张　真

姜黎明　　　　　　宋　钢

团队简介

水产动物免疫团队现有研究人员 12 人，均具有博士学位，涵盖了水产学、免疫学、分子生物学、微生物学、细胞学和生物信息学等专业领域，包括正高级职称 2 人，副高级职称 2 人，中级职称 6 人，博士后 2 人。团队承担国家重点研发计划课题、国家优秀青年科学基金、国家自然科学基金面上基金和青年科学基金以及省部级重点项目等各级课题 60 余项，累计经费近 2 000 万元。团队面向国家需求和宿主 – 病原互作学术前沿，围绕水产动物免疫学和病原学两大研究方向，选取经济价值和科学价值并重的刺参为对象，聚焦典型疾病"腐皮综合征"发生的分子机制这一科学问题，从病原致病机制、宿主免疫应答与调控以及病原 – 宿主互作层次上开展了多项创新工作。在刺参免疫分子的功能挖掘、免疫信号通路的激活机制和病原免疫逃逸途径等方面形成了在国内外学术同行中有影响力的系统性理论成果，获得高等学校科学研究优秀成果奖（科学技术）自然科学奖二等奖、浙江省高等学校科研成果奖一等奖和宁波市科学技术奖等奖励。在 *PLoS Pathogens*、*Journal of Immunology*、*Genetics*、*Virulence*、*Review in Aquaculture*、*Environmental Microbiology* 等期刊发表 SCI 学术论文 150 余篇，参与出版教材及专著 2 部，授权国家发明专利 10 余项，培养博士生 10 余人，硕士生 70 余人。

2014 年硕士研究生毕业（摄于宁波大学曹光彪科技楼）

2015 年硕士研究生毕业（摄于宁波大学曹光彪科技楼）

2016 年实验室成员（摄于宁波大学曹光彪科技楼）

2017 年实验室成员（摄于宁波大学曹光彪科技楼）

李成华研究员与团队成员探讨科学问题（2018 年摄于宁波大学）

2018 年实验室部分成员（摄于宁波大学）

2019 年实验室成员（摄于宁波大学梅山校区海洋学院）

2020 年实验室成员（摄于宁波大学）

序　言

　　仿刺参（俗称刺参）位尊"八珍"之首，是我国产值最高的单一海水养殖品种，养殖面积超过 $20 \times 10^4 \text{ hm}^2$，年产量维持在 $20 \times 10^4 \text{ t}$ 左右，年产值超过 1 000 亿元。近年来，病害频发严重制约了刺参养殖产业的健康发展，每年由于疾病造成的直接经济损失超过 30 亿元。开展刺参疾病发生和免疫防治的基础理论研究对支撑该养殖业绿色健康发展，确保国民食品安全和健康素质，引领我国渔业发展和水产科学的创新具有重要的指导意义。

　　《刺参感染与免疫学》为国内外第一部系统介绍刺参疾病病原和宿主免疫防御机制的专业书籍。该书在系统总结刺参生物学特征和产业发展现状的基础上，系统梳理了刺参主要疾病的流行病特征、病原类型和检测技术方法，进而聚焦危害最严重、死亡率最高和发病最广的刺参腐皮综合征发生的分子调控机制，结合李成华研究员团队在该领域十多年科研成果，同时衔接国内外刺参疾病与免疫学研究的最新进展，对宿主免疫防御机制与病原致病机制进行了系统描述。从免疫因子高通量发掘、免疫信号通路功能鉴定、代谢免疫和肠道微生物、体腔细胞的分类和免疫功能分化等方面阐述了宿主的体液免疫和细胞免疫防御机制。同时，聚焦灿烂弧菌等刺参腐皮综合征的典型病原的溶血素、金属蛋白酶、铁吸收等毒力因子阐释了病原的致病机制和调控途径。基于上述基础研究成果，从抗病育种、免疫增强剂和"抗毒力"生物制剂的开发以及噬菌体应用等方面深入探讨了刺参病害防治及生态防控策略。全书主旨明确，逻辑严谨，框架结构完整，配图精致清晰，可用作大专院校水产养殖专业辅助教材，也可作为水产动物免疫和病害防控等相关领域研究生的参考用书。

大连海洋大学校长、国家杰出青年科学基金
获得者、国家 973 计划项目首席科学家、
科技部重点领域创新团队负责人

前　言

　　海参属于无脊椎动物、棘皮动物门、海参纲，具有六亿多年的历史，全世界约有 1 200 余种，其中印度洋、西太平洋海区是世界上海参种类最多、资源量最大的区域。刺参作为海参纲的主要经济养殖品种，位列世界八大珍品之一，也是我国主要消费的海参品种，具有悠久的饮食历史和文化。在汉代就有记载食用刺参的历史，明代以后列入本草，列为补益药。《本草纲目拾遗》记载，海参具有补肾益经、益精髓、清痰涎、摄小便、壮阳、生百脉、治溃生蛆的功效。海参文化源远流长，古代诗词中也常有海参的踪迹。东晋郭璞《江赋》所写"王珧海月，土肉石化"中的土肉即为海参；南宋许及之《德久送沙噀信笔为谢》中有"沙噀噀沙巧藏身，伸缩自如故纳新"的描述，罗浚在《宝庆四明志》中则描写为"沙噀，块然一物，如牛马肠脏头。长五六寸，无目无皮骨，但能蠕动，触之则缩小如桃栗，徐复拥肿"，其中沙噀就是对海参的称谓。

　　刺参重要的经济和文化价值极大地推进了养殖业的发展，20 世纪 90 年代，山东和辽宁沿海地区出现了刺参的规模化养殖；2011 年开始，刺参养殖开始逐渐向福建和浙江拓展，福建和浙江逐渐成为刺参规模化养殖的新兴地区。目前，全国刺参养殖主要集中在辽宁的大连、盘锦、锦州、葫芦岛等，山东的烟台、青岛、东营等，浙江的宁波、舟山、温州等，以及福建的霞浦。伴随着养殖规模和密度的扩大，病害问题也日益凸显，逐渐成为刺参产业健康发展的瓶颈，对生态环境和食品安全也造成巨大威胁，因此，构建绿色健康的刺参疾病防控策略意义重大。本书依托著者团队 10 余年的研究成果，阐述刺参免疫防御途径和代表性病原致病机制研究进展，同时衔接环境因子对宿主和病原的调控作用，为刺参病害绿色防控和未来研究提供指导和帮助。

　　本书由宁波大学李成华研究团队为主体完成，国家海洋环境监测中心张安国副研究员、宋钢高级工程师参与部分撰写工作。著者团队从事刺参免疫、病害和养殖研究 10 余年，有着丰富的科研和教学经验。第 1 章由国家海洋环境监测中心张安国副研究员和宋钢高级工程师撰写；第 2 章由宁波大学张卫卫研究员、姜黎明博士和梁伟康博士撰写；第 3 章由宁波大学梁伟康博士撰写；第 4 章由宁波大学张卫卫研究员撰写；第 5 章由宁波大学梁伟康博士撰写；第 6 章由宁波大学赵雪琳副教授撰写；第 7 章由宁波大学邵铱娜副教授和吕志猛博士撰写；第 8 章由宁波大学郭明博士撰写；第 9 章由宁波大学孙连莲博士撰写；第 10 章由宁波大学张真博士撰写；第 11 章由宁波大学张卫卫研究员和姜黎明博士撰写；第 12 章由宁波大学李成华研究员撰写。全书由李成华、张卫卫统稿，华中农业大学苏建国教授修正。本书照片和插图，主要来自著者团队发表的相关科研论文，或者深入刺参养殖企业调研拍摄所得，部分图片是参照其他团队已公开发表的科研论文和互联网资料。

著者团队能力、水平和经验有限，加之学科发展迅速，文献较多，难免有不妥或错误之处，敬请读者批评指正，以便后续修改完善。

著　者

2021 年 3 月

目　录

第 1 章　刺参的生物学特征及产业发展现状

1.1　分类地位

刺参（*Apostichopus japonicus* Selenka, 1867），属棘皮动物门（Echinodermata）、海参纲（Holothuroidea）、楯手目（Aspidochirotida）、刺参科（Stichopodidae）、仿刺参属（*Apostichopus*）（廖玉麟，1997），是最具经济价值的海参种类。

1.2　形态特征

刺参体呈筒状，呈半圆形，长 20 ~ 40 cm，宽 3 ~ 6 cm，软蠕，伸缩性大，收缩时体长是体长的一半。背面略隆起，具有大型圆锥状肉刺（又称疣足），排列成 4 ~ 6 个不规则纵行。一般背面为黄褐色或栗子黑色（图 1-1）。腹面较平坦，密集的小突起成为管足，管足沿腹面三带区排列成不规则的三纵带，其末端有吸盘（图 1-2A）。管足壁薄，是刺参的辅助呼吸器官。在夏眠时期，管足的呼吸量占到 60% ~ 90%。腹面为褐色或赤褐色，有的体表为绿色、紫褐色、灰白色和纯白色等。刺参口在前端，偏于腹面，有 20 个触手环状排列其周围（图 1-2B），具分支和触手坦囊结构。刺参的触手可以参与光照感知，并且刺参可能具有特殊的光传导通路（Gao et al., 2017）。灰白色肛门则位于体端后稍偏于背面。生殖孔位于触手基部，口的背面，呈一乳突状。依个体大小，生殖孔位于体前端背部距头部 1 ~ 3 cm 的地方，呈一凹孔。在生殖季节生殖孔色素较浓，非生殖季节时则难以看清生殖孔。

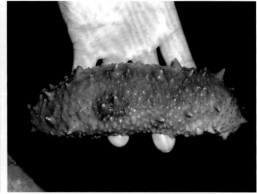

图 1-1　刺参个体

（图片来源：张安国提供）

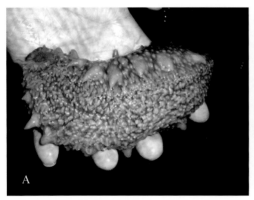

图 1-2　刺参管足（A）和触手（B）

（图片来源：张安国提供）

1.3　生态习性

1.3.1　分布

刺参主要分布于西太平洋，包括黄海、日本海、鄂霍次克海，在俄罗斯的远东地区、日本、韩国、朝鲜等地沿海均有分布。其地理分布的北限是库页岛、俄罗斯和阿拉斯加（美国）的沿海地区，南界是日本种子岛（Hamel and Mercier, 2008；Purcell et al., 2012）。我国刺参自然生长于环渤海沿岸，主要产于辽宁大连，河北秦皇岛，山东烟台、威海及青岛沿海区域，南限是江苏连云港的连岛（杨红生等，2020）。

刺参养殖业起源于北方，20 世纪 90 年代，山东和辽宁沿海地区出现了刺参的规模化养殖（Han et al., 2016）；2011 年开始，刺参养殖开始逐渐向福建和浙江拓展，这两个省逐渐成为刺参规模化养殖的新兴地区。目前，全国刺参养殖主要集中在辽宁的大连、盘锦、锦州、葫芦岛等，山东的烟台、青岛、东营等，浙江的宁波、舟山、温州等，以及福建的霞浦（Ru et al., 2018）。

1.3.2　栖息环境

1.3.2.1　温度

刺参属于寒温带品种，温度是刺参生长的重要限制因子。研究表明，刺参适宜的生长温度为 10 ~ 20℃，并与个体规格有关，规格越大适宜的生长温度相对越低，稚参培育期间适宜水温为 15 ~ 25℃；2 cm 幼参生长最佳温度为 19 ~ 20℃；5 ~ 15 cm 刺参生长最适温度为 10 ~ 15℃（常亚青等，2004；Yang et al., 2005）。在自然环境中，温度具有昼夜和季节性波动，生物在长期的进化过程中，对温度变化形成了一系列适应性特征。刺参生活在潮间带和潮下带区域，随着潮汐变化会经历周期性的温度波动。温度变化对刺参生长的影响是个复杂的过程，生长效果与平均温度、变化模式、变化幅度均有明显相关性，并且会引起生理上的相应变化（董云伟等，2009）。研究表明，控制刺参温度耐受的 Hsp70 热休克蛋白表达量会受温度刺激而发生变化，并且该蛋白的表达需要消耗能量，会影响刺参对生长的能量分配，所以，刺参对高温的耐受能力可通过驯化得到提升（董云伟等，2005；Hu et al., 2010）

水温的变化对刺参的生长、生理活动会产生显著的影响。近几年，我国多地的持续高温闷热天气，导致养殖水域一系列环境因子突变，超出了刺参的生存极限，造成养殖刺参的脱礁、吐肠、化皮，甚至死亡（刘锡胤等，2015；王忠菊等，2018）。2018 年夏季，高温导致辽宁省约 60% 的池塘养殖刺参遭受巨大的经济损失（Zheng et al., 2019）。

1.3.2.2　盐度

刺参与多数棘皮动物一样，属于狭盐性动物，对盐度的耐受范围狭小（张少华等，2004）。刺参适宜生长的盐度为 20 ~ 35，最适生长盐度为 25 ~ 30（蒋亚男等，2018）。孟雷明等（2013）的研究结果表明，盐度偏高或偏低会使刺参消耗更多的能量来调节渗透压，从而影响其生长，而盐度过高或过低则会对刺参各项生理指标均造成影响，严重的会导致其死亡。龚海滨等（2009）研究发现，低盐度和高盐度海水条

件下，刺参极度不适应，会导致刺参大量死亡，且在低盐度海水中，其死亡速度快于高盐度海水。

研究表明，盐度胁迫对刺参渗透调节能力有显著影响，体腔液渗透压与体腔液 Na$^+$、K$^+$ 和 Cl$^-$ 离子浓度有一定的相关性（庚宸帆等，2015）。Hsp70 及 Hsp90 基因是刺参在盐度胁迫下的重要响应因子（于姗姗等，2012），甘氨酸转运蛋白和锌转运蛋白基因、Hsp70 和神经乙酰胆碱受体基因参与刺参的低盐调节适应过程（傅意然等，2014）。单羧酸转运蛋白家族 16a13（*SLC*16a13）、单羧酸转运蛋白家族 6a8（*SLC*6a8）、甲壳素受体蛋白（*FIBCD*1）和 AMPA 型谷氨酸受体 1（*Gria*1）4 个基因均参与刺参的盐度适应过程（蒋亚男等，2018）。

1.3.2.3 溶氧量

刺参是进化水平较低的变温动物，其呼吸器官是体内的呼吸树（水肺）。此外，表皮也具有辅助呼吸的作用。皮肤呼吸占整个呼吸的比例随水温的升高而加大，如在水温为 8.5 ~ 13.5℃时占 39% ~ 52%，而在水温为 18.5℃时占 60% ~ 90%，温度继续升高时，其所占的比例变化不大。刺参的耗氧量根据其个体的大小不同而不同，一般为 0.70 ~ 1.51 mg/h。刺参对低氧的耐受能力较强，但水体溶氧量对刺参仍然很重要，养殖水体通常要求溶解氧浓度保持在 5 mg/L 以上（徐惠章等，2014），此外，较高的水体溶氧量对刺参机体免疫力有显著的促进作用（郑慧等，2014）。

1.3.2.4 底质

刺参在自然海区多分布于潮间带下的岩礁乱石与泥滩的结合部，甚至在某些贻贝群落生长处聚集，尤其以礁石的背流较静且隐蔽处有海藻、海草丛生处为多。纯细砂底或纯泥质底则不适合刺参的栖息生存。

1.3.2.5 水深

刺参主要分布于潮间带至深海海域，绝大多数营底栖生活，附着在礁石、泥沙和海藻丛生的地带（图 1-3）（廖玉麟，1997）。据报道，刺参自潮间带直至水深 20 m 处都有分布，但不同水深海区所栖息的刺参个体大小有较明显的区别，一般体长 3 ~ 4 cm 的幼参多栖息于潮间带低潮线附近的岩礁下，以及大型藻类及海带草（大叶藻）的茎上。随着个体生长逐渐向深水移动，分布在水深 15 m 以上的深水区（隋锡林等，2004）。

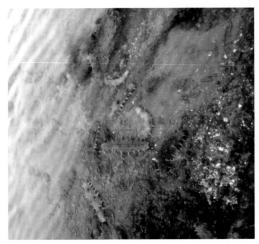

图 1-3　刺参生活环境

（图片来源：宋钢提供）

1.3.3　食性与生长

刺参一般白天不活动，晚上摄食。刺参对食物一般无选择性，属被动性摄食，在摄食过程中，依靠触手将生物和沉积物一并送入口中（张宝琳，1995）。刺参食性较杂，主要以底质表面附着的单细胞藻类、海藻碎片、有机碎屑、微生物和腐殖质等为食（常亚青等，2004），其中底栖硅藻是重要的食物来源（隋锡林，1990）。不同发育阶段，刺参的食性受其摄食方式、活动方式、体形及环境条件等多方面因素影响。浮游阶段的刺参幼虫主要以单细胞藻类为食。变态至樽形幼体后，刺参营附着生活，喜欢生活在水流及盐度稳定，有机质丰富的海床，摄食底栖硅藻、原生动物、细菌及动植物碎屑等（白伟，2018），且随刺参个体增大，其消化道内容物中泥沙比例随之加大（隋锡林等，2004），刺参对摄食沙砾粒度的选择范围为 0.125 ~ 0.250 mm（周玮等，2008）。刺参有两个快速生长期，分别在春季 4 月、5 月和秋季 9—11 月。水温可影响刺参的活动与摄食，幼参摄食、生长的最佳水温为 19 ~ 20℃，在北方，刺参有 3 个月左右的夏眠时间和 3 个月的冬眠时间。一般每年只有半年的生长时间。不同地区，夏眠时间季节不同。青岛地区的刺参夏眠时间是 6—10 月，辽东半岛地区的刺参夏眠时间是 7 月下旬至 8 月上旬。

刺参的生长受水温和摄食的制约呈现出周期性的变化。一年中能正常活动摄食的时间仅有半年左右，因此，刺参的生长非常缓慢。一般在 6 月底产卵发育而成的稚参至 10 月末平均可长到 2.0 ~ 2.5 cm；1 周年的刺参平均体长约为 13.3 cm；3 周年

的刺参体长约为 17.6 cm；4 周年的刺参体长约为 20.08 cm。根据众多实验调查观察的结果，刺参的生长速度在个体间存在极大的差异。如少数当年生的个体体长也可达 8 ~ 10 cm。

1.4 生物学特性

刺参的生物学特性主要包括夏眠、自溶、排脏和再生等（杨红生等，2014）。

1.4.1 夏眠

夏眠是刺参应对高温的一种生存策略（Wang et al., 2016），当水温达到一定范围后，刺参会发生一系列生理和形态变化而进入夏眠状态。水温升高是刺参夏眠的主要诱发因子；刺参夏眠的临界温度与体重密切相关，随着刺参体重的增大，其夏眠临界温度有所降低（袁秀堂等，2007a）。夏眠期间，刺参禁食、消化道退化、体重减轻、代谢异常（李润玲等，2006；袁秀堂，2007b；Wang et al., 2015），肠道和呼吸树的转录组测序分析以及体腔液的特征表明，夏眠期间免疫系统的表达受到显著抑制（Wang et al., 2008；Zhao et al., 2014a, 2014b）。

1.4.2 排脏与再生

刺参排脏行为是一种涉及全身的反应，肠道及内脏通过泄殖腔而排出体外（Leibson and Marushkina, 1977）。排脏行为中自切的位置基本固定：前端的肠－食道连接处和后端的肠－肛连接处（Zheng et al., 2006a, 2006b）。在内脏排出时，肠道首先与肠系膜分离，然后在肠与肛门的交界处断开，肠道和呼吸树开始从体内排出。随后，肠－食道连接处的咽部和肠道断开，刺参肠道和呼吸树完全从体内排出体外。

若将刺参横切成两段，切断后创伤可在 5 ~ 7 d 愈合，若创伤未能愈合则会造成死亡。伤口愈合约 79 d 后，被切断的个体则可逐渐再生出被失去身体的后段或前段，从而形成两个新的个体（聂竹兰等，2008）。据报道，体前部和体后部的再生率并不完全相同，一般体后部的再生率大于体前部。

1.4.3 自溶

自溶是刺参的重要生物学特性之一（Zheng et al., 2012），刺参会因各种外部刺激，如暴露于阳光、紫外线照射（奚倩等，2015）、机械刺激（隋锡林等，2004）以及盐度和温度的变化等而发生自溶现象。内源性蛋白酶降解结构成分是刺参体壁自溶的根本原因（Liu et al., 2017）。目前，在刺参中已发现并具有生物化学功能的内源性蛋白酶包括丝氨酸蛋白酶（Yan et al., 2014）、半胱氨酸蛋白酶（Zhu et al., 2008）和基质金属蛋白酶（MMP）（Wu et al., 2013; Liu et al., 2019）。研究表明，天然金属离子螯合剂通过螯合 Ca^{2+} 可显著抑制基质金属蛋白酶的激活，从而有效防止刺参体壁的自溶（Liu et al., 2020）。

1.5　繁殖习性

1.5.1　生殖习性

刺参为雌雄异体，但在外形上无第二性征。因此，难以区分其性别，只有在繁殖季节取其生殖腺观察。其雌性生殖腺为橘红色，雄性为乳白色或淡黄色。生殖孔很小，呈裂缝状，位于头部的背面，距离触手环 1.5 cm。精卵排放时，生殖疣突出，生殖细胞由生殖孔排出。

在北方 6—8 月，海水温度达到 17 ~ 18℃时便是刺参繁殖期。刺参的排精、产卵多在夜间，一般为 21：00 ~ 24：00。性成熟的亲参夜间活动频繁，头部抬起摇摆，一般是雄性先排精，精子从雄性生殖孔排出时似一缕白色烟雾，徐徐散开后使水体呈乳白色。大约相隔 10 ~ 30 min，雌性产卵，从生殖孔产出的卵子呈一条橘黄色绒线，波浪似地喷出，然后慢慢散开沉至水底（图 1-4）。刺参为多次产卵，一般 1 ~ 3 次，每次间隔 3 ~ 5 min，每次持续 5 ~ 15 min。产卵量一般 100 万 ~ 200 万粒，多者高达 400 万 ~ 500 万粒。个别大的个体，产卵量可超过千万粒。人工蓄养的刺参每头平均 1 次产卵量为 200 万 ~ 300 万粒。

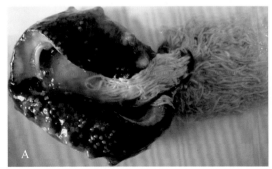 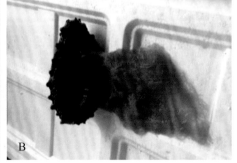

图 1-4　雄性刺参性腺（A）和雌性刺参性腺（B）

（图片来源：张安国提供）

1.5.2 胚胎及幼体发育

1.5.2.1 刺参的胚胎发育

1）受精

刺参的卵着色很淡，几乎是透明的，长径 160 ~ 180 μm。卵呈椭圆形或近似圆形。从成熟卵巢中取出的卵形状完整，核不清楚，适合于人工授精用。精子头部呈圆球形，直径在 3.5 ~ 4 μm。尾部细长，为 52 ~ 68 μm。刺参的受精是卵子处于第一次成熟分裂的中期进行。受精后约 10 min，在卵子的动物极出现第一极体，隔 20 min 左右出现第二极体。

2）卵裂

卵裂是典型的辐射型等裂，分裂球的排列非常整齐规则。在水温 22 ~ 26℃下，受精后 1 h 开始第一次卵裂。受精卵约经 110 min 分裂为 2 个细胞，经 7 h 左右形成中空的囊胚。

3）囊胚期

当细胞数达到 500 个左右时，胚胎进入囊胚期，胚胎长约 190 μm，原来的分裂腔形成囊胚腔。受精后约 9 h，囊胚借周生纤毛的摆动开始在卵膜内转动，囊胚转动的方向，从动物极看，以右旋为主，有时也会朝相反的方向转动。囊胚转动 2 ~ 3 h，破膜孵出胚体。胚体刚孵出时近于椭圆形，高约 190 μm，宽约 170 μm。

4）原肠期

胚体刚孵出时为椭圆形，通常在植物极变为扁平后不久，即受精后 16 h 左右形成原肠，原肠的顶端部分扩大形成囊胚，腔囊是水管系和体腔发生的基础。胚体需 24 ~ 48 h 后才进入此期。此时胚体高 220 μm，宽约 170 μm。多数胚体都在水面游动。

1.5.2.2 刺参的个体发育

个体发育一般指多细胞生物从受精卵开始至成体的发育过程，其中包括细胞分化、组织分化、器官形成，直到性成熟阶段。了解并掌握刺参个体发育各阶段的特征对刺参的孵化和养殖工作来说是十分必要的，只有了解各阶段的特征，才能准确判断出各阶段幼体的发育是否良好，幼体是否患病，这对病害防治和养殖工作具有重要指导意义。

1）耳状幼体

通过一系列的内部细胞群的增生分化，器官的形成，受精卵经 40 ~ 48 h 可发育至背腹扁平，侧面观似人的耳朵，故名耳状幼体。耳状幼体分为初耳状幼体、中耳状幼体和大耳状幼体。

耳状幼体是刺参整个生命周期中短暂且唯一的一个浮游生活阶段，幼体浮游一般需要 10 d 左右，之后经变态发育为稚参，转为永久性的底栖生活，该时期也是病害易发期。浮游时期幼体发育正常与否，对于变态至稚参的成活率有直接影响。所以，在 11 ～ 13 d 幼体培育期间，必须及时、定时镜检，一般每天各培育池至少镜检一次，观察并掌握幼体活动、摄食、发育、生长、成活的情况，及时发现问题，解决问题。耳状幼体发育是否正常，可参考以下几个标准：

（1）幼体体长增长：耳状幼体是整个发育过程中经历时间最长的幼虫期，耳状幼体正常的体长范围在初耳状幼体时为 450 ～ 600 μm，中耳状幼体为 600 ～ 700 μm，大耳状幼体为 800 ～ 1 000 μm。耳状幼体体长日增长平均达 50 μm 左右，即属正常；若增长明显低于 50 μm，则属不正常，应查找原因，及时解决。

（2）外部形态：耳状幼体左右、前后比例适宜。幼体臂随着发育，粗壮、突出、弯曲，否则畸形，畸形幼体多夭折。造成畸形的主要原因有三：其一，受精卵的质量不良；其二，培育水体理化因子超标；其三，管理操作不慎，尤其是换水时，幼体贴附于网箱壁上，重者致死，轻者容易导致幼体畸形。

（3）胃的形态：耳状幼体胃的外观呈梨状，丰满，胃壁薄而清晰，胃内有饵，胃液色深，饵料不断由食道输入胃内。若胃壁增厚、粗糙，胃形狭窄，胃肠萎缩，不清晰，则属不正常，应立即查找原因并及时解决，否则胃将迅速恶化，甚至在几小时内发生糜烂。

（4）水体腔发育：初耳状幼体期在胃的左上方有一个圆囊状的水体腔。中耳状幼体水体腔为拉长的囊状，随着幼体发育逐渐呈半环形构造，大耳状幼体水体腔出现 2 ～ 3 个凹凸，凹面向着食道，凸面向外侧。发育至大耳状后期，出现指状五触手原基和辐射水管原基。水体腔发育迟缓，或者不发育，属不正常。

（5）球状体的出现：幼体发育至大耳状幼体后期，身体两侧出现对称透亮的 5 对球状体。

2）樽形幼体

耳状幼体进一步发育，由背腹扁平形变为圆筒形，形状很像被囊动物的海樽，故名樽形幼体。由耳状幼体变为樽形幼体的过程中，幼虫体形和结构发生了很大变化。直观上的突出特点表现在幼体体长急剧地收缩变小，几乎只有大耳状幼体的一半，体长缩至 400 μm 左右；身体由透明状变为暗灰色；内部结构已辨别不清，仅可见 5 对

球状体。

刚形成的樽形幼体与耳状幼体一样游泳活泼，多近于水体的中、上层。但近末期，纤毛运动减弱，多数转入底层。樽形幼体是整个发育过程中历时最短的幼虫期，在水温 20～24℃下，一般只需要 1～2 d 即变成五触手幼虫。

３）五触手幼虫

此时期五个触手伸出前庭，故名五触手幼体。樽形幼体不久，纤毛环便消失，幼体则像成体那样转入底栖生活，幼虫原有的纤毛环相应退化。在此期间，其食性也从食浮游藻逐渐变成食底栖硅藻。在樽形幼体体长急剧缩短后，自五触手幼虫期开始，身体又逐渐增长到 350～450 μm。五触手幼体的最显著特征是体骨片的增加。此期幼体既可进行游泳又可附于基质上，靠其触手爬行。

樽形幼体和五触手幼体，持续时间均不长，一般 1～2 d，樽形幼体期，不摄食，只要耳状幼体发育变态正常，樽形幼体和五触手幼体多数也能正常变态发育为稚参。

４）稚参

五触手幼体的后期，形态上基本上构成参的雏形，幼体又开始拉长，其骨片形成也在加速，并在体表形成一些外形似蜂窝状的钙质骨片。刚变态至稚参的个体体肤无色，呈半透明状，能透过体肤看到内部器官，以后色素逐渐增多，体肤由无色透明变成红色或红褐色。同时，在体的后腹部生出第一管足，此时已进入完全靠管足与触手活动营底栖生活的稚参阶段。

1.6　刺参产业发展现状

20 世纪 90 年代后，我国刺参养殖产业迅速发展，至 21 世纪初，随着我国人民生活水平的提高和刺参产业的逐渐规范化，对刺参产品消费需求不断增加，奠定了刺参产业发展的基础。尤其是 2003 年以来，刺参产业呈暴发式发展，发展速度和拓展规模均达到前所未有的水平，在国内形成了继海带、对虾、扇贝、海水鱼类养殖之后"第五次"海水养殖产业浪潮（李成林，2010）。根据《2020 中国渔业统计年鉴》，截至 2020 年年底，我国刺参养殖总面积 3.64×10^6 亩[①]，总产量 1.97×10^5 t，苗种产量为 5.5×10^4 头，全产业链产值 600 亿元左右，已成为我国海水养殖业的重要支柱产业。

1.6.1　我国刺参产业分布格局

我国刺参产业主要集中在以辽宁、山东、福建为代表的三个主要产区。

1.6.1.1　辽宁产区

辽宁产区主要分布在丹东、大连、盘锦、锦州和葫芦岛等沿海地区（隋锡林等，2010）。2015 年，辽宁刺参增养殖面积达到 1.81×10^6 亩，占全国总面积的 55.7%（姜森颢等，2017）；产量为 7.05×10^4 t，占全国的 34.2%，直接产值 120 亿元，约占辽宁省渔业经济总产值的 8.1%（吴杨镝，2016）。2016 年，"辽参"获中国水产品牌单品评第一名（李成林等，2017）。2020 年，辽宁省刺参海水养殖面积达到 2.3×10^6 亩，占刺参养殖总面积的 62.5%。

1.6.1.2　山东产区

山东省是我国刺参的重要原产地和第一养殖大省，主要分布在青岛、烟台、威海和东营等沿海地区（李成林等，2010；李成林和胡伟，2017）。东营市自 2003 年开始进行刺参养殖试验，经过十年的快速发展，已经成为山东省重要的刺参养殖区域（王晓东，2014）。2011—2018 年，山东省刺参增养殖规模总体呈先增长后稳定的趋势，由 2011 年的 7.7×10^5 亩增至 2018 年的 1.3×10^6 亩，增幅达 71.6%；产量总体呈稳中增长趋势，由 2011 年的 71 011 t 增加至 2018 年的 92 228 t，增幅达 29.9%，2018 年产量占全国总产量的 52.9%，稳居国内首位；产值逾 180 亿元，用仅占山东省海水养殖 1.7% 的产量创造了山东省海水养殖近 20% 的产值（李成林等，2019）。2020 年山东刺参养殖面积 1.2×10^6 亩，占刺参养殖总面积的 32.8%。

1.6.1.3　南方产区

南方的刺参养殖主要分布在福建、江苏、浙江、广东等沿海省份，其中，福建省是"北参南养"中最重要的省份。福建省刺参养殖区主要散布于福州、莆田和漳州等地，其主产区为宁德市霞浦县，据统计，宁德市的刺参产量占福建省海参养殖产量的 85% 以上，而霞浦县的刺参产量占宁德市的 95% 以上，霞浦县俨然成为整个南方刺参养殖产业中养殖面积及产量最大的养殖区域（鲍学宇，2019）。2004 年南方省份开始刺参养殖试验（刘常标等，2013），2016 年福建省养殖面积达到 4.2×10^4 亩，产量达 2.3 t，约占南方刺参产业总产量的 90.2%，占全国总产量的 11.7%；2017 年其总产量达到 27 358 t，占南方刺参产业总产量的 96.9%，养殖面积达到 2.61×10^4 亩（中国渔业统计年鉴，2018），占南方总养殖面积的 61.4%（鲍学宇，2019）；2020 年福建省刺参养殖面积达到 2.2×10^4 亩，占刺参养殖总面积的 0.6%。。

---

① 　1 亩 ≈ 666.67 平方米。

1.6.2 我国刺参产业发展阶段

我国刺参产业发展主要分为三个阶段（图1-5）：

（1）快速发展阶段（2003—2012年）：刺参因能提高人体免疫力而备受广大消费者欢迎，刺参消费快速提升。尤其是2008—2012年间，刺参价格连续上涨，养殖规模迅速扩张。2003—2012年，我国刺参产量年均复合增速达17.9%，刺参养殖面积复合增速达16.1%［《中国渔业统计年鉴》（2004—2013年）］。

（2）低谷阶段（2013—2015年）：自2013年起，刺参产业先后遭遇南方养殖大规模亏损、全球经济萎缩以及夏季持续高温强降雨导致损失等一系列冲击，产量及产品消费大幅缩减，产品价格持续下跌，苗种、养殖、加工和销售等各环节的瓶颈问题日益凸显，产业发展一度步入低谷（李成林等，2017）。2014年开始，由于受连续高温、产能去化等影响，刺参养殖面积缩减，与2011年相比，全国刺参养殖面积缩减50%左右，其中，辽宁地区养殖面积缩减达60%～70%，山东地区养殖规模也在缩减，有10万亩左右（李欣瑶等，2016）。

（3）恢复阶段（2016年至今）：2016年刺参产业市场形势已现回暖。目前，刺参养殖产业结构调整的压力仍较大，行业处于转型发展的关键时期。

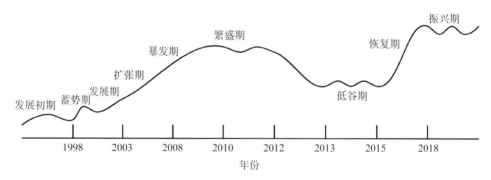

图1-5　我国刺参养殖产业发展主要阶段示意

［资料来源：中国渔业统计年鉴（1998—2018年）］

1.6.3 我国刺参增养殖模式

我国刺参增养殖模式主要分为池塘养殖、工厂化养殖、底播养殖、筏式吊笼养殖、浅海网箱养殖和围堰养殖等模式（李云峰，2012；Zhang et al.，2015；姜森颢等，2017；Ru et al.，2019；鲍学宇，2019）。其中，截至2019年，山东省有 7.06×10^5 亩浅海增养殖、5.09×10^5 亩池塘养殖、4 500余亩工厂化养殖和少量围堰养殖等。胶东地区几乎覆盖山东省全部的浅海增殖区，主要分布在烟台、威海、青岛和日照等地。2019 年度烟台市海洋牧场底播增殖 5.36×10^5 亩，占全市刺参养殖面积的 89.86%（王文豪等，2020）；胶东地区池塘养殖面积约占山东省池塘养殖面积的一半，主要分布在威海，2019 年度荣成池塘养殖刺参 1.5×10^4 亩；胶东地区工厂化养殖主要分布在烟台、日照和威海。西部黄河三角洲地区基本为池塘养殖，主要分布在东营。

表 1-1　我国刺参增养殖主要模式

养殖方式	养殖面积	主要代表养殖地区
池塘养殖	1.51×10^6 亩	山东东营河口、辽宁锦州凌海
底播养殖	1.63×10^6 亩	辽宁大连长海、山东烟台、山东威海
工厂化养殖	0.5×10^4 亩	山东日照东港、烟台莱州
浮筏式吊笼养殖	2.8×10^4 亩	福建霞浦
围堰养殖	10×10^6 亩	—
浅海网箱养殖	—	烟台芝罘岛、青岛黄岛、威海荣成

【主要参考文献】

白伟，2018. 不同藻类饵料对仿刺参生长性能、免疫消化及营养组成影响的研究. 大连：大连海洋大学.

常亚青，丁君，宋坚，等，2004. 海参海胆生物学研究与养殖. 北京：海洋出版社.

刺参 "参优 1 号". 2018, 海洋与渔业, (9):70–71.

刺参 "东科 1 号". 2018, 海洋与渔业, (9):68–69.

刺参 "安源 1 号". 2019, 中国水产, (3):75–79.

董云伟，董双林，2009. 刺参对温度适应的生理生态学研究进展. 中国海洋大学学报, 39(5):908–912.

董云伟，董双林，张美昭，等，2005. 变温对刺参幼参生长、呼吸代谢及生化组成的影响. 水产学报, 29(5):660–665.

庚宸帆，田燚，张宇鹏，等，2015. 低盐急性胁迫对仿刺参相关生理指标的影响. 中国水产科学, 22(4): 666–674.

龚海滨，王耀兵，邓欢，等，2009. 仿刺参对盐度的耐受能力研究. 水产科学, 28(5):284–286.

傅意然，田燚，常亚青，等，2014. 低盐胁迫对刺参 4 个盐度调节相关基因表达丰度的影响. 中国水产科学, 21(5): 902–909.

姜森颢，任贻超，唐伯平，等，2017. 我国刺参养殖产业发展现状与对策研究. 中国农业科技导报, 19(9):15–23.

蒋亚男，田燚，李晓雨，等，2018. 盐度应激下刺参 4 个转运相关基因的适应表达研究. 大连海洋大学学报, 33(6):696–702.

李成林，宋爱环，胡炜，2010. 山东省刺参养殖产业现状分析与可持续发展对策. 渔业科学进展, (4):5–8.

李成林，胡炜，2017. 我国刺参产业发展状况、趋势与对策建议. 中国海洋经济, (1):3–20.

李成林，赵斌，2019. 山东省刺参产业提升发展的战略思考. 中国海洋经济, (2):1–15.

李润玲，丁君，张玉勇，等，2006. 刺参（*Apostichopus japonicus*）夏眠期间消化道的组织学研究. 海洋环境科学, 25(4):15–19.

李欣瑶，李栋，张妍，2016. 价格持续下滑，海参行业进入调整期. 中国渔业报, B01:1–5.

李云峰，2012. 海参长成山东省第一大海水养殖产业. 科技致富向导, (16):40.

廖玉麟，1997. 中国动物志 棘皮动物门 海参纲. 北京：科学出版社.

刘常标，游岚，2013. 福建省刺参养殖产业发展现状与对策. 福建水产, 35(1):64–67.

刘锡胤，徐惠章，黄华，等，2015. 高温多雨期刺参育苗常见问题及技术措施. 海洋与渔业, (9):60–62.

孟雷明，王丽丽，雷艳，等，2013. 盐度对刺参碳、氮收支影响的初步研究. 大连海洋大学学报, 28(1):34–38.

聂竹兰，李霞，2008. 仿刺参横切再生的研究. 大连水产学院学报, 23(1):77–80.

农业农村部渔业渔政管理局，全国水产技术推广总站，中国水产学会，2019. 中国渔业统计年鉴. 北京：中国农业出版社：23–54.

农业农村部渔业渔政管理局，全国水产技术推广总站，中国水产学会，2018. 中国渔业统计年鉴. 北京：中国农业出版社：23–54.

农业部渔业渔政管理局，2017. 中国渔业统计年鉴. 北京：中国农业出版社：23–54.

农业部渔业渔政管理局，2016. 中国渔业统计年鉴. 北京：中国农业出版社：23–54.

农业部渔业渔政管理局，2015. 中国渔业统计年鉴. 北京：中国农业出版社：23–54.

农业部渔业局，2014. 中国渔业统计年鉴. 北京：中国农业出版社.

农业部渔业局，2013. 中国渔业统计年鉴. 北京：中国农业出版社.

农业部渔业局，2012. 中国渔业统计年鉴. 北京：中国农业出版社：23–56.

农业部渔业局，2011. 中国渔业统计年鉴. 北京：中国农业出版社.

隋锡林，高绪生，谢忠明，2004. 海参海胆增养殖技术. 北京：金盾出版社.

隋锡林，刘学光，王军，2010. 辽宁省刺参养殖现状及对若干关键问题的思考. 水产科学，29(11): 688–690.

孙明超，王印庚，廖梅杰，等，2017. "高抗 1 号"新品系刺参（*Apostichopus japonicus*）耐高温特性与高温期生理变化. 渔业科学进展，38(04):146–153.

王文豪，李秀梅，王晓飞，等，2020. 烟台海参产业发展经验. 齐鲁渔业，37(2):58–59.

王晓东，2014. 东营市海参产业发展存在的问题及对策. 河北渔业，(3):58–61.

王印庚，荣小军，2004. 我国刺参养殖存在的主要问题与疾病综合防治技术要点. 齐鲁渔业，21(10):29–31.

王忠菊，卫广松，董美艳，等，2018. 高温天气对海参养殖业的影响及其应对措施. 南方农业，12(36):106–107.

吴杨镝，2016. 辽宁海参养殖业形势分析（上）. 科学养鱼，(11):3–4.

奚倩，董秀芳，李楠，等，2015. 紫外线诱导刺参自溶氧化损伤及体内抗氧化应答. 现代食品科技，31(9):74–80.

徐惠章，黄华，史文凯，2014. 刺参池塘养殖夏季水质管理技术. 海洋与渔业，(4):70–72.

杨红生，孙景春，茹小尚，等，2020. 我国刺参种业态势分析与技术创新展望. 海洋科学，44(7):1–9.

杨红生，周毅，张涛，2014. 刺参生物学——理论与实践. 北京：科学出版社.

于姗姗，王青林，孟宪亮，等，2012. 盐度骤变对仿刺参 hsp70 及 hsp90 基因表达的影响. 中国海洋大学学报，42(9):22–27.

袁秀堂，杨红生，陈慕雁，等，2007a. 夏眠对刺参（*Apostichopus japonicas* Selenka）能量收支的影响. 生态学报，27(8):3155–3161.

袁秀堂，杨红生，陈慕雁，等，2007b. 刺参夏眠的研究进展. 海洋科学，31(8):88–90.

张宝琳，孙道元，1995. 灵山岛浅海岩礁区刺参（*Apostichopus japonicus*）食性初步分析. 海洋科学，(3):11–13.

张少华，张秀丽，刘振林，等，2004. 刺参对盐度的适应范围试验. 齐鲁渔业，21(12):9–10.

郑慧，李彬，荣小军，等，2014. 盐度和溶解氧对刺参非特异性免疫酶活性的影响. 渔业科学进展，35(1):118–124.

周玮，王俊杰，陆佳，等，2008. 仿刺参摄食砂砾粒度的选择性研究. 大连水产学院学报，23(6):446–450.

Gao L, He C, Bao X, et al., 2017. Transcriptome analysis of the sea cucumber (*Apostichopus japonicus*) with variation in individual growth. PLoS ONE, 12(7): 1–16.

Hamel J F, Mercier A, 2008. Population status, fisheries and trade of sea cucumbers in temperate areas of the northern hemisphere. In: Toral-Granda V, Lovatelli A, Vasconcellos M (Eds.). Sea Cucumbers. A Global Review of Fisheries and Trade. FAO Fisheries and Aquaculture Technical Papers. No 516. FAO, Rome, pp 257–291.

Han Q X, Keesing J K, Liu D Y, 2016. A review of sea cucumber aquaculture, ranching, and stock enhancement in China. Reviews in Fisheries Science & Aquaculture, 24(4): 326–341.

Hu M Y, Li Q, Li L, 2010. Effect of salinity and temperature on salinity tolerance of the *Apostichopus japonicus*. Fishes Science, (76): 267–273.

Liu Y X, Zhou D Y, Ma D D, et al., 2017. Effects of endogenous cysteine proteinases on structures of collagen fibres from dermis of sea cucumber (*Stichopus japonicus*). Food Chemistry, 232:10–18.

Liu Z Q, Liu Y X, Zhou D Y, et al., 2019. The role of matrix metalloprotease (MMP) to the autolysis of sea cucumber (*Stichopus japonicus*). Journal of the Science of Food and Agriculture, 99: 5752–5759.

Liu Z Q, Zhou D Y, Liu Y X, et al., 2020. Inhibitory effect of natural metal ion chelators on the autolysis of sea cucumber (*Stichopus japonicus*) and its mechanism. Food Research International, 133, 109205:1–11.

Purcell S W, Samyn Y, Conand C, 2012. Commercially Important Sea Cucumbers of the World. FAO, 87.

Ru X S, Zhang L B, Li X N, et al., 2019. Development strategies for the sea cucumber industry in China. Journal of Oceanology and Limnology, 37(1):300–312.

Yang H S, Yuan X T, Zhou Y, et al., 2005. Effects of body size and water temperature on food consumption and growth in the sea cucumber *Apostichopus japonicus* (Selenka) with special reference to aestivation. Aquaculture Research, 36:1085–1092.

Wang F Y, Yang H S, Gabr H R, et al., 2008. Immune condition of *Apostichopus japonicus* during aestivation. Aquaculture, 285:238–243.

Wang H H, Li C H, Wang Z H, et al., 2016. p44/42MAPK and p90RSK modulate thermal stressed physiology response in *Apostichopus japonicus*. Comparative Biochemistry and

Physiology, Part B, 196–197:57–66.

Wang T M, Sun L N, Chen M Y, 2015. Aestivation and regeneration. In: Yang H S, Hamel J F, Mercier A (eds.). The Sea Cucumber *Apostichopus Japonicus*: History, Biology and Aquaculture. Academic Press, Amsterdam, The Netherlands. p.177–209.

Wu H L, Hu Y Q, Shen J D, et al., 2013. Identification of a novel gelatinolytic metalloproteinase (GMP) in the body wall of sea cucumber (*Stichopus japonicus*) and its involvement in collagen degradation. Process Biochemistry, 48:871–877.

Yan L J, Zhan C L, Cai Q F, et al., 2014. Purification, characterization, cDNA cloning and in vitro expression of a serine proteinase from the intestinal tract of sea cucumber (*Stichopus japonicus*) with collagen degradation activity. Journal of Agricultural and Food Chemistry, 62:4769–4777.

Zhang L B, Song X Y, Hamel J F, et al., 2015. Aquaculture, stock enhancement, and restocking. In: Yang H S, Hamel J F, Mercier A eds. The Sea Cucumber *Apostichopus Japonicus*: History, Biology and Aquaculture. Academic Press, Amsterdam, the Netherlands. pp.289–322.

Zhao Y, Yang H S, Storey K B, et al., 2014a. Differential gene expression in the respiratory tree of the sea cucumber *Apostichopus japonicus* during aestivation. Marine Genomics, 18:173–183.

Zhao Y, Yang H S, Storey K B, et al., 2014b. RNA-seq dependent transcriptional analysis unveils gene expression profile in the intestine of sea cucumber *Apostichopus japonicus* during aestivation. Comparative Biochemistry and Physiology, Part D, 10:30–43.

Zheng Z L, Sun H J, Wang J H, et al., 2019. Expression analysis of genes involved in TLR signaling pathway under temperature stress in sea cucumber *Apostichopus japonicus*. Aquaculture Research, 50:2724–2728.

Zheng F X, Sun, X Q, Fang B H, et al., 2006a. Comparative analysis of genes expressed in regenerating intestine and non-eviscerated intestine of *Apostichopus japonicas* Selenka (Aspidochirotida: Stichopodidae) and cloning of ependymin gene. Hydrobiologia, 571(1): 109–122.

Zheng F X, Sun X Q, Zhang J X, 2006b. Histological studies on evisceration and regeneration in *Apostichopus japonicus*. Journal of Fishery Sciences of China, 13(1):134–139.

Zheng J, Wu H T, Zhu B W, et al., 2012. Identification of antioxidative oligopeptides derived

from autolysis hydrolysates of sea cucumber (*Stichopus japonicus*) guts. European Food Research and Technology, 234(5):895–904.

Zhu B W, Zhao L L, Sun L M, et al., 2008. Purification and characterization of a cathepsin L-like enzyme from the body wall of the sea cucumber *Stichopus japonicus*. Bioscience, Biotechnology, and Biochemistry, 72(6):1430–1437.

第2章　刺参主要疾病及病原

刺参在其整个生活史中大部分时间营底栖生活，长期生活在池底。然而池底中粪便及残饵的积累及动物尸体等有机物的大量增加，会致使硫化氢、氨氮、亚硝酸盐及其他有害物质浓度增加，同时细菌、病毒和寄生虫等也主要集中在池底，因此池底环境的恶化极其容易导致疾病的发生。尤其在越冬期，刺参长期在低温下处于半休克状态，极少进食，身体极度虚弱，加之越冬期水深不够，换水量偏少，致使刺参很容易受到细菌的感染，发病的频率和程度加重。2003—2005年冬、春季，山东省和辽宁省众多养殖区域的保苗期刺参暴发了较为严重的传染性疾病——"腐皮综合征"。该病波及面广，传染性强，死亡率常在90%以上。随着全球高温、低氧和酸化等全球气候变化和极端天气事件等问题的出现，病害的暴发逐渐呈现常态化趋势（王亚民等，2009）。2018年辽宁出现了持续的高温天气，罕见高温导致大连乃至整个辽宁沿海的刺参大面积死亡，刺参养殖户损失惨重。据不完全统计，刺参受灾损失面积95万亩，损失产量 6.8×10^4 t，直接经济损失达68.7亿元。

从2002年开始，我国水产科学研究院黄海水产研究所首次针对山东地区养殖刺参疾病进行了流行病学、病原学和防治策略的初步研究，到目前为止人们对刺参养殖各阶段的易发病已经有了较为系统的理解。表2-1列出了常见的刺参疾病、病原及其发病特征。在刺参育苗与养殖的各个时期均有生物病害暴发，且传播速度快、呈流行性发展的趋势。刺参疾病具有阶段性和多态性的特点，原生动物、真菌、细菌和病毒均可引起刺参病害的暴发，其中，细菌性疾病是目前报道的种类最多的疾病，也是目前已知的刺参养殖过程中对产业危害最严重的疾病。常见的细菌性疾病有腐皮综合征、化板症、烂胃病、烂边症、急性口围肿胀症和排脏症等，其中腐皮综合征是刺参养殖业最常见也是危害最严重的疾病，严重制约着刺参养殖业的健康发展，引起了广大科研和产业人员的高度重视。

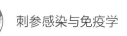

表2-1 刺参养殖中的常见疾病

养殖阶段	疾病名称	流行月份	发病时期	发病原因/病原菌	症状特点	实例或结果
育苗阶段	刺参烂边病	6—7月	耳状幼体	弧菌 (Vibrio lentus)	耳状边缘突起处组织增生，颜色加深变黑，边缘变得模糊不清，逐步溃烂，最后整个幼体解体消失	2003—2004年在山东蓬莱、长岛，胶南等地育苗厂暴发，死亡率可达90%
	刺参烂胃病	6—7月，高温和幼体密度过大	耳状幼体后期	饵料老化变质，细菌感染	幼体胃壁增厚，粗糙，周边界限模糊不清，继而萎缩变小，变形，严重时整个胃壁发生糜烂，最终导致幼体死亡	山东、辽宁两省发病率逐年升高，死亡率可达90%
	刺参化板症，又称脱板病、解体病	6—7月	樽形幼体变态和幼体附板后的稚参	革兰氏阴性菌，弧菌属	附着的幼体不伸展，触手收缩，附着力差或逐渐失去附着能力而沉落池底，光学显微镜下患病幼体表皮出现褐色"锈斑"和污物，有的幼体外包被一层透明的薄膜，皮肤逐渐溃烂至解体，骨片散落	普遍流行，死亡率可达100%
	刺参气泡病	—	整个耳状幼体培育期	池子通气量过大，幼体吞食过多气泡所致	幼体内有气泡，摄食力下降或不摄食，最终导致幼体死亡	死亡率低
	延迟变态	—	耳状幼体后期		此病常见于耳状幼体后期，此时体长已达800μm以上，但五触手原基及水管原基迟迟不出现或不分化	幼体变态迟缓

续表

养殖阶段	疾病名称	流行月份	发病时期	发病原因/病原菌	症状特点	实例或结果
稚参培育阶段（度夏期）	细菌性溃烂病	高温、密度过大时	5 mm 以内的稚参	细菌感染（目前具体菌种未见报道）	附着力减弱，继而身体收缩变成乳白色球状并伴随局部组织溃烂，骨片散布。附着基上只留下一白色印痕	—
	盾纤毛虫病	高温 20℃	幼体附板 2～3 天后	盾纤毛虫类、嗜污科、种名待定	活力减弱，镜下可见纤毛虫攻击参体造成创口后，继而侵入组织内部，在参体内大量繁殖，导致幼体解体死亡	2004 年 6—7 月山东长岛，蓬莱流行甚广
	腐皮综合征（又名皮肤溃烂病、化皮病）	1—3 月水温较低时（8℃以下）	越冬期保苗和养成期	初期以假交替单胞菌和灿烂弧菌为主；后期主要是由于表皮创伤面易于霉菌和寄生虫富集和生长造成继发感染，加剧了病情	初期感染病参有摇头现象，口部肿胀，不能收缩与闭合，继而出现排脏现象；中期感染的病参身体收缩、僵直、体色变暗、肉刺变白、秃钝，口腹部先出现小面积溃疡形成小的蓝白色斑点，末期病参病灶扩大、溃疡处增多、表皮大面积腐烂，最后死亡，溶化为鼻涕状胶液	属急性病症，死亡率可达 90%
幼参培育阶段及养成阶段	霉菌病	4—8 月	幼参和成参	有机物过多或大型藻类死亡沉积，水体缺氧，致使大量霉菌繁殖感染所致	典型症状为参体水肿或表皮腐烂、水肿明显。通体较厚，皮肤薄而透明，色素减退，触摸参体有柔软的感觉。表皮溃烂先发白再以溃烂为中心小开始烂尖处先掉为白斑，继而感染面积扩大，表皮脱落露出深层皮下组织，呈蓝白色	未发现导致大量死亡的病例
	扁形动物病	1—3 月养殖水体温度较低时（8℃以下）	越冬幼参培育期及成参养殖期	扁虫，细长，呈线状，形体大小多不等，形体具有多态性；目只有该种扁虫寄生，所以称为"剌参扁虫"	与腐皮综合征相似，腹背部均有溃烂斑块，严重时整块组织烂掉露出深层组织，参有大量寄生虫寄生；幼参多排脏，滑落池底	死亡率较高，水温 4℃ 以上病情减轻或消失
	后口虫病	秋冬季	—	后口虫属中的一种纤毛虫（Boveria sp.），虫体长 40～75 μm，宽 20～27 μm，桶状	外观正常，严重者多有排脏现象；在呼吸树膜内外均有大量虫体寄生	发病率较高，死亡率较低

资料来源：王颖等，2009。

2.1 腐皮综合征

刺参腐皮综合征是当前对刺参养殖产业危害最严重的主要疾病，又称"化皮病""烂皮病"等。

2.1.1 流行特征

该病于 2003 年 2 月在山东省荣成首次发生，自 2004 年开始在全国范围内大规模暴发，波及我国从北方到南方的主要刺参产区，主要有山东省的荣成、蓬莱、烟台、长岛、乳山、胶南、牟平、即墨，辽宁省的大连以及福建省的宁德等地。流行病学调查发现该病多发生于每年水体温度较低时的 1—4 月（此时期水温一般位于 8℃以下），1—3 月为该病的高峰期（王印庚等，2004；张春云等，2006）。发病涉及养殖区广、发病快，一旦发病很快就会蔓延全池，死亡率在 90% 以上，属急性死亡。越冬保苗期幼参和养成期刺参均可被感染发病，但幼参的感染率、发病率和死亡率均高于成参。

2.1.2 病症

该病的发病症状一般分三个阶段，发病初期刺参厌食并伴有"摇头"现象，口部出现局部感染并肿胀，口围膜松弛，触手黑浊，对外界刺激反应迟钝，活动能力和附着力变弱；中期感染的刺参身体收缩、僵直，口部出现小面积溃疡、形成白色斑点，肉刺发白，此时大部分刺参开始出现排脏现象；感染后期随着病情的加重，刺参体表溃烂部位增多，出现大面积溃烂现象，最后死亡，并自溶为"鼻涕状"的胶体，附着物上留有一白色印痕（图 2-1）（李强等，2013；Yang et al., 2016）。

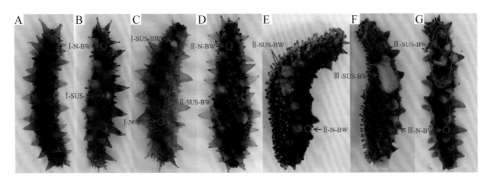

图 2-1　刺参腐皮综合征的发展特征

A：健康刺参；B，C：腐皮综合征Ⅰ期；D，E：腐皮综合征Ⅱ期；F，G：腐皮综合征Ⅲ期。

BW 代表体壁；N 代表正常的组织；SUS 代表患腐皮综合征病参的组织

（资料来源：Yang et al., 2016）

2.1.3　化皮刺参体壁组织特征及炎症反应

炎症是脊椎动物体内一种原始而强烈的反应,是机体快速防御、遏制潜在的病原,以限制进一步的组织损伤,并激活修复的生物学过程。在无脊椎动物的炎症组织中,也会发生与脊椎动物相似的炎症反应。在患腐皮综合征的刺参体壁中,观察到明显的组织断裂、空泡,组织连续性中断,同时出现了大量的炎性细胞的浸润和迁移,组织病理研究符合浸润型炎症特征。据此可以断定,患病刺参中存在类似于高等动物的炎症反应。在正常刺参的组织中,边界比较清晰完整,肌肉线条规整,组织中细胞比较少,很少有炎症细胞的出现(图2-2A)。然而,刺参在患腐皮综合征初期,首先是表皮下出现大量的炎症细胞,继而细胞聚集,形成皮下不规则的类椭圆形或圆形炎症反应区,随后大量炎症细胞发生浓缩和碎裂形成增生性结节,最后,产生大量上皮间的空洞和纤维样病变,以及大量炎性细胞的浸润和迁移(图2-2B)。

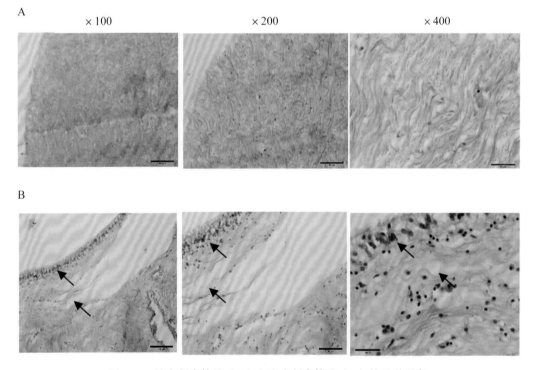

图 2-2　健康刺参体壁(A)和患病刺参体壁(B)的显微观察

患病刺参体壁具有明显的炎症反应(黑色箭头所指)

(资料来源:Lv et al., 2022)

触手组织病变:患腐皮综合征刺参触手发生显著的组织病理变化,上皮组织细

胞核固缩坏死，触手的收缩肌肌纤维断裂，感觉神经细胞核肿大，有大量炎症细胞浸润。

管足组织病变：管足的组织学结构和体壁相似，但其肌肉作纵向排列，病变管足常常有死亡的细胞脱落到水管腔隙中，严重发病的个体的管足收缩肌断裂，死亡的肌纤维也会脱落到管足的水管腔隙中。

内部肌肉组织病变：刺参的体腔内有五条纵肌，起着协调刺参运动和摄食的作用，由于患病刺参的纵肌多出现坏死性病变，造成患病刺参对外界反应迟钝。刺参水管腔隙的肌肉有控制和调节刺参与外界水交换的作用，其炎症病变会致使刺参体内渗透压改变，从而引发"排脏"等生理应急反应。

肠道消化器官病变：由于刺参的食道和胃都很短，其黏膜层均为假复柱状上皮，肌层最为发达，基本上不具有酶活性，故食道和胃仅起运输和机械处理内吞食物的作用，病变不明显。刺参肠道病变主要表现为肠黏膜上皮呈浅表性坏死，细胞核肿胀崩解，原有组织被破坏，上皮细胞坏死剥落，有的肠黏膜上皮出现多处泡状突起，严重感染的肠黏膜上皮深层组织坏死，肠腔中弥散大量脱落坏死的黏膜上皮细胞。

呼吸树病变：呼吸树是刺参独特的呼吸器官，通常左侧呼吸树比右侧长，其细小分枝与肠管上的血管网相连，海水经过呼吸树时氧气进入血管，排出二氧化碳，再由血液带到身体的其他器官。患病刺参的呼吸树病理表现为结缔组织细胞核固缩，严重的整个囊腔内呈纤维样变性，呼吸树分枝盲囊结缔组织坏死。

2.1.4 病原

对刺参腐皮综合征感染初期和后期多例样品内部组织进行解剖，制备水浸片或组织压片进行观察，发现病灶处存在大量细菌，表明感染初期病灶部位以细菌为主。感染后期由于刺参表皮受细菌的侵袭腐蚀作用形成体表创伤面，使霉菌和扁虫易于富集和生长，其数量和检出率显著增多。因此，细菌是引起刺参腐皮综合征的第一致病原，而霉菌和扁虫则属于继发性感染，加剧了受细菌感染病参的死亡速度（李强等，2013）。

腐皮综合征主要是细菌感染蔓延所致。对由弧菌导致腐皮综合征发生的养殖场中养殖系统的水源（近岸海水）、养殖池水和底泥等进行了调查分析，结果表明，养殖场周围近岸海水水质一般，养殖池水水质较差，而且养殖池水和底泥中的细菌含量都非常高，生理生化比较发现，养殖池水和底泥中分离到的优势菌与刺参病灶处分离的优势菌基本一致，而水源中无优势菌，这说明养殖池水和底泥可能是病原菌的来源。

对腐皮综合征发生的育苗场的整个养殖系统的水源、养殖池水、池底污物和饵料等进行了调查分析，结果发现饵料中细菌含量最高，饵料、池水和池底污物的优势菌与病灶处优势菌基本一致，说明饵料也可能是病原菌的主要来源。

目前已经鉴定的刺参腐皮综合征病原主要有以灿烂弧菌（*Vibrio splendidus*）为典型代表的弧菌（*Vibrio* sp.）、假交替单胞菌属细菌（*Pseudoalteromonas* sp.）和气单胞菌属细菌（*Aeromonas* sp.）等（表 2-2）。灿烂弧菌是刺参腐皮综合征的重要致病菌。张春云等（2006）从患腐皮综合征刺参的病灶部位分离得到灿烂弧菌 KL-1，经人工回接感染试验，发现该优势菌株引发刺参发病的症状与自然发病刺参的症状相同，它对健康刺参有较强致病和致死作用。另外，从人工感染发病的刺参个体内分离到大量形态单一的菌株，其形态特征和生化特征与 KL-1 菌株完全相符，表明灿烂弧菌是刺参腐皮综合征的主要致病菌。从自然发病的幼参病灶部位分离到一种优势菌 FP-1，经人工回接感染试验证实该细菌对健康幼参有致病作用。腹腔注射 FP-1，能引起受试刺参半数死亡，且发病刺参出现的症状与自然发病刺参的症状相同，回接感染后再分离得到的 FP-3 与 FP-1 为同一种细菌，符合"柯赫法则"。据普通细菌学表型特征对FP-1 进行鉴定，可初步认为细菌 FP-1 为弧菌属细菌。但对其 16S rRNA 基因测序并结合系统发育树的分类学分析，结果表明 FP-1 为假单胞菌属细菌。进一步分析得知，假单胞菌属细菌具有许多与弧菌属细菌相同的生化特征，如革兰氏阴性杆菌、极生单鞭毛、氧化酶阳性和发酵葡萄糖不产气等特征，综合这两种细菌鉴定方法所得的结果最终证明了 FP-1 为假单胞菌属细菌。由此可见，对刺参腐皮综合征病原的种属鉴定需要结合分子生物学和生理生化测定等多种方法。另外，芽孢杆菌属细菌也出现在患腐皮综合征刺参的肠道中，它们也被认为是导致腐皮综合征发生的重要致病菌之一。

病毒亦是刺参腐皮综合征的重要病原。病毒是一类结构简单，由蛋白质外壳包裹一个核酸长链（DNA 或 RNA）构成的非细胞生命体。部分病毒核衣壳被脂质、糖和蛋白质组成的囊膜包裹。大部分病毒粒子直径在 100 nm 左右，最小的病毒直径仅 20 nm 左右，最大的病毒直径约为 300 nm。根据病毒核酸类型可分为八大类病毒：单链 DNA 病毒、双链 DNA 病毒、DNA 与 RNA 反转录病毒、双链 RNA 病毒、负股单链 RNA 病毒、正股单链 RNA 病毒、裸露 RNA 病毒和类病毒。目前关于病毒引起的刺参病害报道较少，且研究不够深入，主要涉及刺参组织液或病变组织中病毒颗粒形态观察，未对病毒的核酸组成、感染机制和病毒分类进行深入研究。

表 2-2　刺参腐皮综合征病原菌的生物学特性及分布特点

病原菌	生物学特性	感染地区分布
灿烂弧菌（Vibrio splendidus）	革兰氏阴性，短杆菌，菌体成弧形，大小约为 0.5 μm ×（1 ~ 5）μm，在菌体一端通常生长单鞭毛	山东省、辽宁省、福建省
溶藻弧菌（Vibrio alginolyticus）		山东省
哈维氏弧菌（Vibrio harveyi）		辽宁省
杀鲑气单胞菌（Aeromonas salmonicida）	革兰氏阴性，短杆菌，菌体大小为（1 ~ 4）μm ×（0.1 ~ 1）μm，两端钝圆，极生单鞭毛，运动性极强	山东省
中间气单胞菌（Aeromonas media）		山东省
假交替单胞菌属（Pseudoalteromonas sp.）	仅分布于海洋中，大部分属于适冷菌，革兰氏阴性	山东省、辽宁省、福建省
假单胞菌属（Pseudomonas sp.）	革兰氏阴性，短杆菌，菌体大小为（0.5 ~ 1）μm ×（1.5 ~ 4）μm。具端鞭毛，能运动	辽宁省、山东省
黄海希瓦氏菌（Shewanella smarisflavi）	菌体呈直或弯杆状，革兰氏阴性，无色素，极毛运动	辽宁省
蜡样芽孢杆菌（Bacillus cereus）	革兰氏阳性，好氧杆菌，广泛存在于各种环境中，一般作为益生菌广泛应用于饲料、农业、水产养殖等各领域	山东省、辽宁省

　　王品虹等（2005）用电镜负染技术检测表皮溃烂及黏液增多的刺参组织提取液。提取液中能够观察到大量具有囊膜近似球形样的病毒粒子。完整的病毒粒子直径为 80 ~ 100 nm，囊膜厚 6 ~ 10 nm，核心结构直径 35 ~ 45 nm，呈六边形（图 2-3A）。应用超薄切片技术对刺参的触手臂、疣足、触手顶部、背肠血管、呼吸树和肠等组织的病毒感染状况进行观察，发现该种病毒粒子大量存在于所检测各组织内。感染细胞超微结构表现为大量细胞器崩解形成空泡结构，并出现"髓祥样"结构等病理变化。根据观测结果，该病毒是一种无包涵体病毒。Deng 等（2008）通过超薄切片的电镜观察从出现排脏和皮肤溃烂症的刺参消化道、呼吸树的细胞胞浆中分离获得直径为 75 ~ 200 nm 的球形病毒颗粒，但在健康刺参中检测不到该病毒颗粒。另外，健康刺参暴露于含有病毒颗粒的培养基中，无论是否添加细菌悬浮液，其疾病症状与可分离病毒的刺参相同，且死亡率为 90% ~ 100%。形态学观察发现，病毒形态各异（图 2-3B），

表明并不是一种病毒引起的病症，且与已报道的贝类病毒具有很大差异，然而遗憾的是并未对该病毒进行分类地位的确定。Liu 等（2010）亦从患腐皮综合征的病刺参中分离到具有双层囊膜、直径为 100 ~ 250 nm 的球形病毒粒子，提取含有该病毒的粗提物并感染健康刺参，刺参出现触须活动减少、背部乳头状足部衰减、肠壁周围肿胀和腹部溃疡等病症。

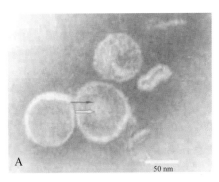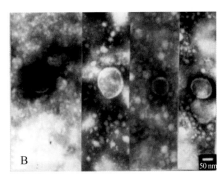

图 2-3　刺参组织中的病毒粒子及其内部结构

A：透射电镜观看到直径为 80 ~ 100 nm，囊膜厚 6 ~ 10 nm，核心结构直径为 35 ~ 45 nm 的具有囊膜的近似球形病毒粒子，囊膜内可见高电子密度的核心结构（白色箭头所示），核心结构表面有放射状的类突起结构（黑色箭头所示）；B：直径为 60 ~ 110 nm 具有包膜的球形病毒，但亦存在核衣壳直径为 200 nm 的病毒粒子

2.2　急性口围肿胀症

急性口围肿胀症首次于 2003 年春从山东、辽宁等地养殖的刺参中发现，其典型症状为刺参的口围发生肿胀继而体表溃烂（图 2-4）（马悦欣等，2006）。

流行特征：该病的发病高峰期为 2—3 月，水温为 5 ~ 14 ℃ 时易发病，自然死亡率达 30% ~ 60%。

病症：病参出现口围肿胀、体表溃烂、排脏、管足附着力下降等症状，最后病参脱落沉至池底，死亡率较高。

病原：苗种质量下降是刺参发生急性口围肿胀症的内在原因，细菌和病毒均为诱发该病的病原。幼参急性口围肿胀症易发生在较低温度的水体中。环境恶化，如海水盐度低、投放参苗密度过大、池塘位置高、换水能力差和池

图 2-4　刺参急性口围肿胀症

（图片来源：张安国提供）

底老化等因素使得有害细菌大量繁殖，更增加了病菌感染刺参的机会。马悦欣等（2006）从山东烟台患典型急性口围肿胀症的幼参中分离出 10 株细菌，并采用 16S rRNA 基因序列同源性和系统发育对菌株进行了鉴定，经感染试验证实，5 株可使健康刺参发病，其中 4 株病原菌为弧菌，其中菌株 KW23 为 *Vibrio tapetis*，菌株 KW22 和 NB13 与灿烂弧菌亲缘关系很近，相似性分别为 99% 和 98%。

2.3 烂边症

流行特征：刺参烂边症多在每年 6—7 月耳状幼体阶段发生。2003—2004 年在山东省蓬莱、长岛和胶南等地的刺参育苗场广泛流行，死亡率高达 90%，给刺参养殖产业造成了巨大的危害。

病症：耳状幼体边缘突起组织增生，颜色加深变黑，边缘模糊不清，逐步溃烂，最后整个幼体解体消失（图 2-5）。经苏木精 - 伊红染色发现细胞核固缩深染，组织细胞坏死。存活的个体发育迟缓、变态率低，即使幼体能够完成变态，附板一周左右也大多"化板"消失。

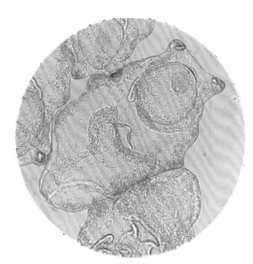

图 2-5 患烂边症的刺参耳状幼体

（图片来源：张安国提供）

病原：张春云等（2010）首先对浮游期幼体的烂边症进行了病原学研究。对发生烂边症育苗场的水源、饵料、育苗池水、池底污物和亲参养殖池水进行了细菌学分析，结果发现所有水样中的细菌浓度较高，但水源和饵料中细菌数相对较少，且未检出病原菌，说明烂边症的病原来源不是饵料。在育苗池水、池底污物和亲参养殖池水中均发现了病原菌，而且病原菌浓度以池底污物中最多，育苗池水次之，亲参养殖池水中最少，因此池底滋生的大量的病原菌可能是引发烂边症的源头。对发生烂边症的较为典型的育苗场发病幼体进行病原学分析，发现该病是由弧菌属细菌引起，经鉴定，为弧菌（*Vibrio lentus*）。*V. lentus* 是近几年从海洋环境中分离到的一个新种，该菌最早由 Macián 等首次从养殖场中患病地中海牡蛎体内发现，属于条件致病菌，只有在特定水温、盐度或其他条件下才会引发疾病。

2.4　耳状幼体烂胃病

山东和辽宁两省的刺参养殖业在刺参苗种培育期间的 5—7 月，耳状幼体易发生一种以胃壁增厚、萎缩和溃烂为主要特征的烂胃病。

流行特征：烂胃病在山东和辽宁两省都有发现，发病率有逐年升高之势。该病在每年的 6—7 月高温期和幼体培育密度大时更易发生。烂胃病通常发生在刺参耳状幼体后期，即幼体发育后的 5～7 天。该病传染快、死亡率高、危害较大，时常导致幼体的死亡率超 70% 而不能正常安排苗种生产。因此，烂胃病的发生与否被视为育苗过程中培苗成败的关键。

病症：发病幼体的症状为胃壁增厚、粗糙，界限变得模糊不清，继而从正常的充盈梨形逐步萎缩变小、变形，严重时整个胃壁发生糜烂，继而整个幼体出现体壁溃烂，最终导致苗体死亡（图 2-6）。患病幼体的摄食能力明显下降或不摄食，生长和发育迟缓，形态、大小不齐，从耳状幼体到樽形幼体的变态率较低。在高倍显微镜下，被感染幼体胃中观察到有大量的短杆状细菌，运动活跃。

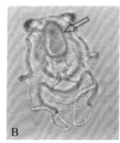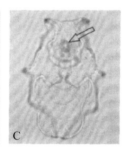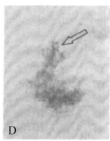

图 2-6　光学显微镜下耳状幼体烂胃病的病变过程

A：正常的耳状幼体，胃饱满、呈梨形（箭头）；B：胃壁增厚、粗糙（箭头）；

C：胃萎缩、变小，停止进食（箭头）；D：死亡解体的幼体

（资料来源：王印庚等，2006）

病原：关于烂胃病的原因，有学者认为与高密度的幼体培育、投喂的饵料品质不佳和搭配不当相关。最近的研究发现，该病的病原具有多样性，其中灿烂弧菌能引发该病的发生。王印庚等（2006）从患烂胃病的耳状幼体中分离到一株细菌 LW-1，API 半自动化鉴定和常规的生理生化检验结果表明，LW-1 具有弧菌属的特征，其表型特征与灿烂弧菌（*V. splendidus*）相似。对该菌株进行 16S rRNA 基因序列分析并构建系统发生树，结果显示，菌株 LW-1 与灿烂弧菌的亲缘关系最近，序列相似率达到

99.8%，因此菌株 LW-1 被鉴定为灿烂弧菌。进一步通过活体显微观察、组织病理分析和分离培养，未发现明显与发病相关的其他微生物。分离的 LW-1 株菌可在人工回接感染条件下使正常幼体产生与自然发病相同的症状，再次分离的细菌与之相同，符合柯赫法则。因此，灿烂弧菌被视为烂胃病的重要致病原之一。在对其他多起刺参苗期烂胃病调查研究过程中，亦发现了不同于灿烂弧菌的其他优势致病菌，这些细菌也可在人工回接感染时导致耳状幼体发生烂胃症状，因此烂胃病病原具有多样性和复杂性。另外，在研究过程中发现，烂胃病的发生多与投喂老化腐败的单胞藻饵料有关，在多数情况下老化腐败的单胞藻中含有大量细菌，且与烂胃中分离出的细菌种类相同。这一现象提示，投喂的单胞藻携带大量病原菌，与烂胃病的发生密切相关。邓欢等（2008）通过超薄切片和电镜负染法在患胃萎缩症刺参幼体体内观察到直径为 75 ~ 200 nm 的球状病毒粒子。在健康、胃萎缩症幼参及其后代的性腺、肠管、体壁和呼吸树器官组织中均检出同样形状及大小的病毒，推测病毒可通过亲参以垂直传播方式传染给后代。在正常情况下，子一代幼参在携带病毒较少的情况下，病毒在刺参生长过程中可处于潜伏感染状态，刺参能够完成稚参、幼参至成参的生长过程，幼参不会发病，但是一旦环境因子发生改变，病毒和宿主间的平衡被破坏，可诱发病毒大量增殖从而暴发烂胃病。

2.5　化板症

刺参樽形幼体形成后的 1 ~ 2 天，先是 5 个指状触手从前庭伸出，在其相反方向的体后段的腹面生出第 1 个管足，至此幼体发育为稚参，进入稚参培育期。稚参生活习性由幼体时期的浮游生活转变为附着生活，附着基成为其重要的生存条件之一。2006 年 6 月下旬，荣成好当家集团、蓬莱大季家、东方海洋集团和蓬仙镇共四家刺参育苗场的附着期幼体相继发生了严重的刺参疾病。患该病的稚参在附着 40 天以内，多为 7 天内（幼体长 1 ~ 2 mm），和附着基解体，池底可以检查到大量稚参的骨片，因而该病被称作化板症，又称为稚参解体病。该病死亡率高达 90% ~ 100%（张春云等，2009），在发病池底往往可见大量刺参骨片。

病症：患化板症的稚参主要表现为附着的幼体收缩不伸展、触手收缩、体长变短、活力下降、附着力差，并逐渐失去附着在附着基上的能力而沉落池底。在光学显微镜下，患病幼体表皮出现褐色"锈"斑和污物，有的患病稚参体外包被一层透明的薄膜，骨片散落（图 2-7），镜检池底可见大量海参骨片（郑欢等，2004）。

图 2-7　患化板病的刺参

(图片来源：张安国提供)

病原：目前的研究表明，病毒和细菌均为化板病的病原。王印庚等（2012）通过对辽宁大连刺参育苗场发生化板病的稚参病原进行分离，利用细菌形态观察、生理生化及 16S rRNA 分子生物学方法对病原进行了鉴定，结果显示，该病原菌为副溶血弧菌（*Vibrio parahaemolyticus*）。副溶血弧菌具有嗜盐性，存在于近岸的海水、海底沉积物和海产品（鱼、虾、蟹、贝和海藻等）中，该菌可直接感染多种鱼类、贝类和虾蟹等水产养殖动物，并导致大面积死亡。随着刺参养殖规模的不断扩大，刺参化板症病原菌的多样性程度也不断增加，呈现出了明显的时间性和地域性。山东地区的化板症病原与大连地区的病原稍有不同，对山东地区刺参化板症进行的研究表明，该地区的化板症是由三株革兰氏阴性菌引起的，其中一株属于弧菌属（张春云等，2009）。宋坚等（2007）利用电镜负染技术对大连地区养殖场患化板病的稚参进行检测发现，提取液中存在大量近似球形、具有囊膜、直径为 80 ~ 100 nm 的病毒样粒子，该病毒粒子以团聚或散落形式存在于细胞质内，并由质膜包被。病毒感染后，细胞出现内质网肿胀，溶酶体残体形成髓袢样结构，高尔基体膨大，核糖体脱落，线粒体界限模糊，并在其周围散落着大量呈六边形的病毒核心颗粒。

2.6　排脏症

Deng 等（2009）报道了大连地区刺参养殖过程中的一种暴发性疾病，该病症以排脏为主要特征，排脏后身体逐渐肿胀，然后皮肤开始迅速溃烂而最终呈黏液状，能导致刺参的大量死亡。

病症：排脏症的典型特征即排脏，然而排脏并非该病独有，如前所述，患腐皮综合征的刺参亦具有该症状。Deng 等（2009）人的研究比较表明，排脏症与腐皮综合征二者是不同的病症，主要归结为以下三个证据。第一，患有腐皮综合征的刺参在疾病发生过程中并没有表现出排脏的现象，但是表现为受损部位水肿并迅速扩散到刺参整体，在正常情况下，皮肤没有溃疡，但一旦触碰时刺参全身融化。对患病刺参的解剖发现，90% 患腐皮综合征刺参个体的肠道中有充足的内含物，而患排脏症的刺参个体中在体腔内无肠道组织（图 2-8）。第二，二者的流行病学和致死率不同，腐皮综合征可以通过使用抗生素进行控制，而且传播速度低于排脏症。相比于腐皮综合征，排脏症传染性强、传播范围广、发病规模大，任何药物都难以控制或治愈，发病率通常为 80% ~ 90%，甚至 100%，一旦发病，养殖场需关闭治疗，病期长达几天。第三，病原不同。病原的分离分析结果表明，节细菌属（*Arthrobacter protophormiae*）和葡萄球菌属（*Staphylococcus equorum*）的病原均能引发刺参排脏症。

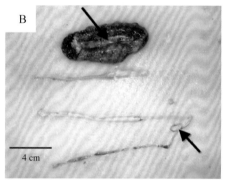

图 2-8　健康刺参和患排脏症刺参的比较

A：健康刺参个体及肠道；B：患病刺参个体及肠道

（资料来源：Deng et al., 2009）

2.7　霉菌病

霉菌病是由于过多有机物或大型死亡藻类的沉积，致使大量霉菌生长，最终由霉菌感染刺参而导致疾病发生。

流行特征：每年 4—8 月为该类疾病的高发期，幼参和成参都会患此病。

病症：患有霉菌病的刺参水肿或表皮腐烂，水肿的个体通体鼓胀，色素减退，触摸有柔软的感觉；表皮腐烂的个体，棘刺尖处先发白，开始溃烂，严重时棘刺烂掉成为白斑，面积扩大，表皮溃烂脱落，露出深层皮下组织而呈现蓝白色。霉菌病一般不会导致刺参大量死亡，但其感染造成的外部创伤会引起其他病原的继发性感染和外观品质的下降。霉菌毒素对水产动物的危害多表现为隐性，积累到一定程度造成的损伤是不可逆的；特别严重的是霉菌毒素对水产动物免疫系统的损伤，导致养殖动物很容易继发其他病害，而且这种发病造成的损失往往来得又快又狠。

病原：对一批发生水肿和脱皮的病样刺参进行镜检，观察到大量霉菌菌丝体，以刺参体壁提取液为基本成分制备培养基分离得到一种霉菌，该霉菌菌丝有隔，孢子囊较大，呈圆形或椭圆形成簇生长，孢子囊内有 6 个以上分生孢子，其形态与发病刺参病灶处霉菌形态基本一致。

2.8　刺参原生动物疾病

扁形动物病和后口虫病是两种主要的刺参原生动物疾病。现在一般认为扁形动物病是扁虫与细菌同时作用导致的病症，也有的学者认为扁虫是刺参腐皮综合征的病原之一，因此扁形动物病属于继发性感染。

流行特征：一般在每年秋冬季节发生，养殖水体温度较低时期（一般在 8℃以下）是发病高峰期，越冬幼参培育期和成参养殖期均有发现，有较高的死亡率。当水温上升到 14℃以上时，病情减轻或消失。

病症：大量的扁虫寄生在病参的腹部和背部，多有溃烂斑块，严重者露出深层组织。越冬感染的幼体附着力下降，易从附着基滑落至池底。经解剖后发现患病个体多数已经排脏，丧失摄食能力。后口虫病是由于纤毛虫专性寄生到幼参或成参的呼吸树囊膜引起的疾病，该寄生虫的头部能钻入呼吸树组织内（图 2-9），对刺参造成损伤。

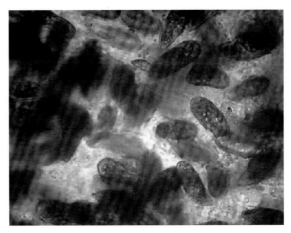

图 2-9　患纤毛虫病的刺参显微镜检，存在大量的纤毛虫

（图片来源：张安国提供）

病原：扁虫细长，呈线状，长度不等，形体具有多态性。现初步断定扁虫也是刺参腐皮综合征的致病原之一，属继发性感染。扁虫引发的疾病一般是扁虫与细菌同时作用引起的。涡虫也是可引起刺参发病的原生动物。涡虫有 16 属 39 种，其中裸涡虫属有 12 种，闭性涡虫属 7 种，其余各 1～3 种，研究仅发现涡虫可通过刺参的口和呼吸树进入体腔，通过直肠上的小口进入消化道，然而有关其引起刺参的特殊症状及对刺参生长发育的影响未见报道。

除了以上两种常见的寄生虫疾病外，其他诸如纤毛虫和腹足类寄生虫等原生动物亦可引起刺参发病。纤毛虫（*Boveria* sp.）属于后口虫属（*Boveria* Stevens），虫体活体长 40～75 μm，宽 20～27 μm。该寄生虫易在秋冬季节感染刺参，寄生虫的头部钻入幼参和成参的呼吸树组织内，造成组织损伤和溃烂，并导致刺参排脏。另外一种可以引起刺参发病的寄生虫为盾纤毛虫，属于盾纤毛虫类，嗜污科，种名待定。活体外观呈瓜子形，皮膜薄，无缺刻，新鲜分离得到的虫体平均大小为 38.4 μm × 21.7 μm。盾纤毛虫易在夏季高温季节 6—7 月，水温 20℃左右的水体中感染附板后 2～3 天的稚参。将发病的稚参置于显微镜下观察，可见纤毛虫进入稚参体内，而后在稚参体内大量繁殖，造成稚参解体死亡。该病感染率高、发病时间短、传染速度快，在很短时间内即可造成稚参的大规模死亡。腹足类寄生虫亦可引起刺参发病，该类寄生虫现有 16 属 33 种，其中内寄螺属 6 种，巨穴螺属 5 种，瓷螺属 4 种，其余 13 属各 1～3 种。腹足类寄生虫深海豆怪螺（*Pisolamia brychius*）可寄生在刺参的体表、体腔、消化道和呼吸树等组织器官。该类寄生虫通过吻吸附在刺参的体表，并用吻刺入刺参的体壁，穿过体壁达到体腔，用吻突从寄生组织、体腔、血液中摄食营养，在吻穿入体壁的部位出现肿块。

2.9　其他疾病

除了上述常见疾病外，刺参育苗与养殖过程中出现的其他种类的疾病亦偶见报道，诸如因水质条件不佳或耳状幼体后期营养不佳所致的延迟变态。此病常见于耳状幼体后期，此时体长已达 800 μm 以上，但五触手原基及水管原基迟迟不出现或不分化，导致患该病的幼体发育变态迟缓。Zhao 等（2021）报道了一种新的疾病，命名为身体疱疹综合征（body-herpes virus syndrome, BVS），该病的主要症状是在刺参煮沸后才显现，煮沸后刺参起泡、裂解和破裂（图 2-10）。研究发现患 BVS 的刺参体内真菌群落的组成结构发生了显著变化，真菌 Tremelloycetes 和 Eurotiomycetes 的量显著增加。

图 2-10　健康刺参和患 BVS 的刺参煮前和煮后形态的差异

A：煮前健康的刺参；B：煮前患 BVS 的刺参；C：煮后的健康刺参；D：煮后的 BVS 刺参

（资料来源：Zhao et al., 2021）

【主要参考文献】

邓欢，周遵春，韩家波，2008. "胃萎缩症" 仿刺参幼体及亲参组织中病毒观察. 水产学报，32(2): 315–321.

李强，孙康泰，张显昱，2013. 刺参 "腐皮综合征" 研究进展. 中国农业科技导报，15(6): 40–45.

马悦欣，徐高蓉，张恩鹏，等，2006. 仿刺参幼参急性口围肿胀症的细菌性病原. 水产学报，30(3): 377–382.

宋坚，王品虹，李春艳，等，2007. 仿刺参稚参 "脱板病" 超微病理的研究. 大连水产学院学报，22(3): 221–225.

王品虹，常亚青，徐高蓉，等，2005. 刺参一种囊膜病毒的分离及其超微结构观察. 中国水产科学，12(6): 766–771.

王亚民，李薇，陈巧媛，2009. 全球气候变化对渔业和水生生物的影响与应对. 中国水产，(1): 21–24.

王印庚，方波，张春云，等，2004. 养殖刺参保苗期重大疾病 "腐皮综合征" 病原及其感染源分析. 中国水产科学，13(4): 610–616.

王印庚，郭伟丽，荣小军，等，2012. 养殖刺参 "化板症" 病原菌的分离与鉴定. 渔业科学进展，33(6): 81–86.

王印庚, 荣小军, 张春云, 等, 2004. 养殖刺参暴发性疾病"腐皮综合征"的初步研究与防治. 齐鲁渔业, 21(5): 44–47.

王印庚, 孙素凤, 荣小军, 2006. 仿刺参幼体烂胃病及其致病原鉴定. 中国水产科学, 13(6): 908–916.

王颖, 仇雪梅, 王娟, 等, 2009. 刺参病害现状及其生物技术检测的研究进展. 生物技术通报, (11): 60–64.

张春云, 陈国福, 徐仲, 等, 2009. 养殖刺参附着期"化板症"病原菌的分离鉴定及来源分析. 微生物学报, 49(5): 631–637.

张春云, 陈国福, 徐仲, 等, 2010. 仿刺参耳状幼体"烂边症"的病原及其来源分析. 微生物学报, 50(5):687–693.

张春云, 王印庚, 荣小军, 2006. 养殖刺参腐皮综合征病原菌的分离与鉴定. 水产学报, 30(1): 119–122.

郑欢, 隋锡林, 2004. 刺参育苗期常见流行病. 水产科学, 23(3): 40.

Deng H, He C B, Zhou Z C, et al., 2009. Isolation and pathogenicity of pathogens from skin ulceration disease and viscera ejection syndrome of the sea cucumber *Apostichopus japonicus*. Aquaculture, 287(1–2): 18–27.

Deng H, Zhou Z C, Wang N B, et al., 2008. The syndrome of sea cucumber (*Apostichopus japonicus*) infected by virus and bacteria. Virologica Sinica, 23(1): 63–67.

Liu H, Zheng F, Sun X, et al., 2010. Identification of the pathogens associated with skin ulceration and peristome tumescence in cultured sea cucumbers *Apostichopus japonicus* (Selenka). Journal of Invertebrate Pathology, 105: 236–242.

Lv Z M, Guo M, Zhao X L, et al., 2022. IL-17/IL-17 receptor pathway-mediated inflammatory response in *Apostichopus japonicus* supports the conserved functions of cytokines in invertebrates. The Journal of Immunology, 208: 1–16.

Yang A, Zhou Z, Pan Y, et al., 2016. RNA sequencing analysis to capture the transcriptome landscape during skin ulceration syndrome progression in sea cucumber *Apostichopus japonicus*. BMC Genomics, 17:459.

Zhao Z L, Zhou Z C, Dong Y, et al., 2021. Association of intestinal fungal communities with the body vesicular syndrome: an emerging disease of sea cucumber (*Apostichopus japonicus*). Aquaculture, 530: 735758.

第3章　刺参病原检测技术

为了探究各种暴发性疾病和流行病特征，制定基于病原的绿色防控策略，研究灵敏、准确、快速的病原检测技术势在必行。目前，针对水产养殖中病害的检测方法已有了一定的发展，主要有基于抗原抗体反应的免疫学检测技术、基于特异核苷酸序列的核酸检测技术以及生物芯片等新兴检测技术。本章主要是对目前的刺参养殖病原微生物检测技术进行介绍。

3.1　免疫学检测技术

免疫学检测技术利用抗原、抗体间能发生特异性免疫反应的原理实现对病原的快速灵敏检测，是运用较为广泛、成熟的检测技术。在利用免疫学方法进行病原检测的技术中，多克隆抗体和单克隆抗体均有应用，各有优劣。含有多克隆抗体的抗血清制备相对简便易行，然而易发生血清交叉反应，需利用吸附剂除去产生交叉反应的干扰抗体。单克隆抗体的优点在于它对抗原决定位点的特异性及保持细胞系重复获得相同抗体的能力，它的特异性、敏感性比多克隆抗体高得多。但单克隆抗体对抗原决定簇的高度特异性有时也成为缺点，即多克隆抗体可与包括变异抗原在内的抗原决定簇特异性结合，而单克隆抗体有时不与变异抗原反应，导致误诊。

3.1.1　免疫荧光检测方法

免疫荧光技术是利用某些荧光素通过化学方法与特异性抗体结合制成荧光抗体，荧光抗体与被检抗原特异性结合后，形成的免疫复合物在一定波长光的激发下可产生荧光，借助荧光显微镜可实现对病原的检测或定位。免疫荧光技术将免疫化学和血清学的高度特异性和敏感性与显微技术的高度精确性相结合，在水产养殖病原的检测上得到了广泛的应用（姚斐等，2000）。王印庚等（2010）以刺参腐皮综合征的两种致病菌——灿烂弧菌和假交替单胞菌为抗原，分别制备兔抗血清。以载玻片为介质，建立了两种病原菌的间接荧光抗体检测技术（immunofluorescence assay technique，IFAT）（图3–1）。交叉反应、阻断试验和吸收试验结果均表明该方法用于病原的检测具有较高的特异性。对人工感染实验中的养殖水体及发病刺参溃烂组织中的病原进行检测，可以检出水体和患病刺参溃烂组织中的病原菌，病原菌被标记为明亮的黄绿色，检测灵敏度为 2.4×10^4 个/mL。冰冻切片检测结果显示，在刺参肿胀嘴部与溃烂肌肉处有大量染成黄绿色的细菌颗粒。该方法通过荧光标记对刺参感染组织中的抗原进行定位，初步探索病原菌的感染途径，对刺参腐皮综合征的流行病学调查及快速诊断具有重要意义。免疫荧光技术虽然具有特异性强、速度快、灵敏度高等优点，但是也具有非特异性染色问题难以完全解决，操作程序较繁琐，需要特殊的昂贵仪器（荧光显微镜），以及染色标本不能长期保存等问题。

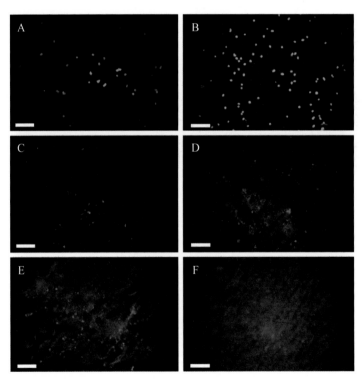

图3–1　人工感染刺参养殖水体、交叉反应菌及溃烂组织冰切片的间接荧光抗体检测结果

A：人工感染试验组水体中灿烂弧菌检测结果；B：人工感染试验组水体中假交替单胞菌检测结果；C：低浓度一抗检测鳗弧菌（阴性对照）结果；D：患病刺参溃烂肌肉和肿胀嘴部的冰冻切片的检测结果，在组织中可见散落的黄绿色细菌颗粒；E：发病刺参肿胀嘴部冰冻切片检测结果，可见明显黄绿色细菌颗粒；F：健康刺参肌肉冰冻切片检测结果，背景为均一黄绿色。标尺 = 20 μm

（资料来源：王印庚等，2010）

3.1.2　免疫酶技术

免疫酶技术也是免疫学诊断的一条行之有效的途径，与免疫荧光技术相比，它只需普通光学显微镜即可进行观察。它利用了抗原–抗体反应的高度特异性和酶促反应的高度敏感性，通过肉眼或显微镜观察及分光光度计测定，达到在细胞或亚细胞水平上示踪抗原或抗体的部位，以及对其进行定量的目的。该方法具有高效、经济、方便等特点。按是否将抗原或抗体结合到固相载体上，免疫酶技术可分为固相、均相和双抗体酶免疫测定技术。酶联免疫吸附试验（enzyme linked immunosorbent assay，ELISA）是目前应用最广泛的固相免疫酶测定技术。景宏丽等（2010）应用农业部海洋水产增养殖学重点实验室制备的特异性抗黄海希瓦氏菌单克隆抗体作为一抗，以碱性磷酸酶（ALP）标记的羊抗鼠 Ig 作为酶标二抗，建立了刺参"化皮病"病原菌——黄海希瓦氏菌 AP629 的间接 ELISA 快速检测方法，并进行了条件优化。结果表明，抗原的最佳包被浓度为 10^7 个 /mL，一抗工作的最佳稀释度为 1∶32，病原菌的检测灵敏度为 5×10^5 个 /mL。该方法特异性强，与希瓦氏菌属其他种类的细菌、弧菌和气单胞菌等均无交叉反应。该方法的建立有助于快速准确地诊断由黄海希瓦氏菌 AP629 引起的刺参疾病。谢建军等（2007）以养殖刺参腐皮综合征两种主要致病原——灿烂弧菌和假交替单胞菌为抗原，分别制备兔抗血清，建立了两种病原菌的斑点 ELISA（Dot-ELISA）检测方法。根据方正试验，确定检测用一抗、二抗最佳工作稀释度：灿烂弧菌抗血清稀释度 1∶320，酶标二抗稀释度 1∶3 000；假交替单胞菌抗血清稀释度 1∶160，酶标二抗稀释度 1∶2 000。阻断试验结果表明两种抗血清特异性均较高。灿烂弧菌抗血清在稀释度为 1∶40 时与溶藻胶弧菌、河流弧菌、创伤弧菌等弧菌发生微弱交叉反应，提高稀释度到 1∶160 时，不发生交叉反应。假交替单胞菌抗血清基本不与常见海水致病弧菌发生交叉反应。人工感染试验检测结果表明，该方法能从患病刺参溃烂组织、未发病刺参组织和感染水体检测到相应致病菌，检测灵敏度为 9.4×10^3 个 /mL。该方法操作简便、灵敏度高，不需复杂仪器设备，适合在基层推广。

3.2　核酸检测技术

核酸检测技术是以病原特有的核酸片段为研究对象，通过鉴定病原的特异核酸分子片段来检测病原的存在。近几年，运用核酸技术对环境中病原进行检测的发展非常迅速，尤其是 DNA 分离技术的提高、聚合酶链式反应（polymerase chain reaction，PCR）技术的日趋完善、各种探针标记方法的发展，使得核酸检测技术检测各种病原

微生物更为方便、安全、快捷。

3.2.1 直接核酸杂交技术

核酸杂交是利用特异性的标记 DNA 片段为指示探针，与其互补链退火杂交，从而达到检测核酸样品中特定基因序列的目的。按杂交的方式可分为点杂交、Southern 转移杂交和原位杂交等。根据核酸分子探针的来源和性质可分为基因组 DNA 探针、cDNA 探针、RNA 探针及人工合成的寡聚核苷酸探针等。探针的标记包括同位素标记和非同位素标记，由于后者具有较多优越性，已成为研究的热点。直接核酸杂交技术一般是根据病原 DNA 所具有的特定碱基排列顺序，人工合成一段能与病原 DNA 碱基序列互补的特异性探针，再经标记后与从待测组织中提取的核酸进行杂交，或直接在取样组织切片上进行原位杂交，确定病原在组织、细胞内外的分布，进而分析病原的侵染途径。目前，核酸杂交检测方法已经在多种病原检测中应用（Eilers et al., 2000），也成为多种核酸检测方法的基础。王印庚等（2013）以养殖刺参腐皮综合征的重要致病菌——灿烂弧菌的 16S ~ 23S 间隔区序列，设计特异性引物，用 PCR 方法制备地高辛（DIG）标记探针，建立了原位杂交技术检测感染刺参体内灿烂弧菌的技术方法，并利用该方法对人工感染刺参和健康刺参各组织进行检测。结果表明，感染刺参的体壁结缔组织、肌肉组织、肠黏膜上皮和辐水管等组织的原位杂交检测呈阳性，而与健康刺参组织无交叉反应（图 3-2）。在感染组织中，阳性信号（显色）强弱清晰，能准确反映出灿烂弧菌的侵染部位及感染程度，这为探明灿烂弧菌的感染途径和感染病程等致病机理研究奠定了基础，也为养殖刺参疾病预防和健康管理提供了技术支撑。

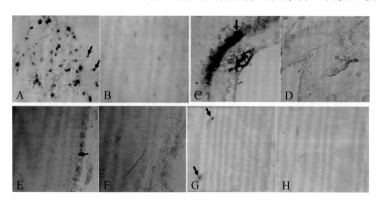

图 3-2 原位杂交检测人工感染的刺参组织（×100）

A: 感染刺参的体壁结缔组织；B: 健康刺参的体壁结缔组织；C: 感染刺参的辐水管；D: 健康刺参的辐水管；E: 感染刺参的肌肉组织；F: 健康刺参的肌肉组织；G: 感染刺参的肠；H: 健康刺参的肠。箭头表示所检测到的阳性信号

（资料来源：王印庚等，2013）

3.2.2　特定基因片段的 PCR 检测技术

自 20 世纪 80 年代初发明以来，PCR 及其相关技术的发展速度是惊人的，没有一种技术的发展与应用之快能与 PCR 相比。当我们知道待检病原具有某一特定基因片段时，即可利用特异的引物对样品中微量的目标 DNA 进行 PCR 扩增，通过电泳检测扩增出的特定片段，即可确定感染的病原。Liang 等（2016）基于灿烂弧菌 *fur* 基因片段中特有的 DNA 区域设计一对特异性引物 VSFurRTF3(5′-ACAACAACCAGACTGCCAACA-3′) 和 VSFurRTR3(5′-GATAACTTCACCGCAGTCTAAACAT-3′)，结合 PCR 检测环境和刺参各组织中的灿烂弧菌。PCR 产物经过琼脂糖凝胶电泳检测，仅以灿烂弧菌为模板时呈现 223 bp 的 DNA 条带，而副溶血弧菌、哈维氏弧菌等其他常见弧菌皆无阳性条带产生。利用该 PCR 方法可在 3 h 内特异检测海水、刺参表皮、刺参肌肉和刺参体腔液中的灿烂弧菌，当以 DNA 为模板时，检测限可低至 8×10^{-3} pg/mL（图 3–3），具有操作简便、检测过程快速等优点。

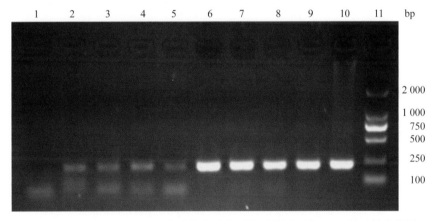

图 3–3　利用基于 *fur* 基因的特异核苷酸序列检测灿烂弧菌 DNA 的灵敏度检测

1 号泳道代表阴性对照，2 ~ 10 号泳道代表灿烂弧菌 DNA 浓度范围从 8×10^{-3} pg/mL 到 8×10^{-1} mg/mL

（资料来源：Liang et al., 2016）

3.2.3　16S rRNA 检测技术

16S rRNA 为核糖体的 RNA 的一个亚基，16S rDNA 是细菌染色体上编码 rRNA 相对应的 DNA 序列，存在于所有细菌染色体基因中，并且也是较保守的序列之一。16S rRNA 基因的序列检测已被成功地建立为一种鉴定微生物种、属、家族种类的标准方法。同时，由于种间 16S ~ 23S rRNA 之间的间隔区（ITS）在长度、序列上具有相对多变性，利用 16S 及 23S rRNA 基因中的保守区设计为引物，对此间隔区

进行克隆和分析，就能为病原微生物各菌株、种、属的鉴定和分型提供依据。目前
16S rRNA 技术在人医及兽医得到广泛应用，在水产病害方面也开始运用（Toshimichi
et al., 2000; Tan et al., 2000），并将快速发展。张凤萍等（2008）对灿烂弧菌的
16S ~ 23S 间区进行了 PCR 扩增、克隆、测序和分析，设计出针对灿烂弧菌的特异性
PCR 引物，建立了 PCR 检测方法。从纯化的灿烂弧菌 DNA 和携带灿烂弧菌刺参组织
DNA 中成功地扩增出产物大小为 177 bp 的 DNA 片段，该对引物对灿烂弧菌的检测
灵敏度为 0.5 pg，与其他细菌（如溶藻弧菌、嗜水气单胞菌、哈维氏弧菌、副溶血弧
菌和创伤弧菌）的 DNA 均无交叉反应。李晓龙等（2015）运用培养计数法、现场检
测法和 16S rRNA 基因的 PCR-DGGE（denaturing gradient gel electrophoresis，变性梯
度凝胶电泳技术）指纹图谱分析等技术，进行了刺参养殖环境的细菌群落种类组成季
节变化研究及 DGGE 标志分子的制备；并分析了刺参发病前后养殖环境中几个主要细
菌类群（总异养菌、弧菌、硝化细菌、硫化细菌、硝酸盐还原菌和硫酸盐还原菌）的
变化及其与理化因子的关系；同时通过模拟试验，研究了发病刺参池塘环境沉积物中
不同生理类群细菌数量及群落结构对底质改良剂的响应。研究结果表明，在刺参养殖
环境中加入底质改良剂可改变沉积环境中不同细菌类群的数量，降低致病菌的数量，
从而改善底质环境并对刺参腐皮综合征起到防治作用。

3.3　未来刺参病原检测的发展方向

3.3.1　免疫 PCR

荧光标记、酶标记和放射性同位素标记这三大抗体标记技术是目前应用最广泛的
常规抗原检测手段。但是，在某些极微量抗原检测上，荧光标记及酶标记技术还缺乏
足够的灵敏度，而放射性同位素标记技术由于需要特殊的设备和防护措施，在实际操
作中受到限制。Sano 等（1992）首创的免疫 PCR（Immuno-PCR）弥补了它们的不足
之处。免疫 PCR 关键在于用一个连接分子将一段特定的 DNA 序列连接到抗体上，通
过普通 ELISA 的抗原抗体反应，在抗原和 DNA 分子之间建立相对应关系，将对蛋白
质的检测转化为对核酸的检测，从而可以运用 PCR 的高度敏感性来放大抗原抗体反
应的特异性，由 PCR 反应产物的量反映抗原分子的量。免疫 PCR 结合了抗原抗体反
应的特异性和 PCR 的高度敏感性，成为一种极为敏感的抗体依赖的抗原检测技术，
在理论上可检测到一至数个抗原分子，使免疫检测技术达到了一个新的高度。徐平
西等（1999）用戊二醛作连接剂，将蛋白质高效率包被在普通 PCR 管内壁，使免疫

PCR 反应用普通 PCR 仪得以在管中连贯地进行。实验结果与 ELISA 方法比较，敏感度高出约 10^5 倍，这一改良法的建立促进了免疫 PCR 的普及应用。

3.3.2　PCR-ELISA

PCR-ELISA 法是 PCR 技术与 ELISA 技术相结合的又一检测方法，主要是用于检测样品中的特定基因。它引入地高辛（或生物素）标记的 dNTP 进行 PCR 扩增，利用酶标抗地高辛抗体（或酶标记亲和素）进行 ELISA 检测，代替了用于常规 PCR 产物检测的电泳方法，方便快捷，易于处理大量样品，且其灵敏度比使用琼脂糖凝胶电泳检测方法高 100 倍。当有适当的标准品时，还可进行定量测定（Gonzalez et al.,1999）。PCR-ELISA 法是一种快速、精确、可定量地检测感染抗原的方法，并且将来可以进行自动化操作。

3.3.3　生物芯片

目前，国内外的学者对于生物芯片技术在水产养殖动物疾病病原检测领域的应用研究，尚处于起始阶段，利用生物芯片检测刺参病原的研究较少，仅在一些常见的、危害较大的细菌性和病毒性疾病检测上有所应用。Gonzdlez 等（2004）将多重 PCR 技术和 DNA 芯片技术结合，构建了一种能够同时检测创伤弧菌、鳗利斯顿氏菌、美人鱼发光杆菌、杀鲑气单胞菌、副溶血弧菌 5 种海水鱼病原菌的 DNA 微阵列，该微阵列由 9 种短链寡核苷酸探针（25-mer）组成，最低可检出低于 20 fg 的 PCR 产物；Warsen 等（2004）根据细菌 16S rRNA 基因设计寡核苷酸探针，将其固化于芯片载体上构建的基因芯片，能 100% 特异地检测出 18 种细菌（包括 15 种鱼类病原菌）；Panicker 等（2004）基于创伤弧菌的 *vvh* 和 *viuB* 基因、霍乱弧菌的 *ompU*、*toxR*、*tcpI* 和 *hlyA* 基因以及副溶血弧菌的 3 个溶血基因和 ORF 8 基因设计的 DNA 芯片，可用于墨西哥湾地区水体及牡蛎这三种细菌性疾病的检测，可检测 $10^2 \sim 10^3$ 个 /mL 浓度的纯培养的菌液，结果准确可靠；李君文等（2002）基于细菌 16S rRNA 基因的可变区设计核酸探针制备的基因芯片，可快速检测出水体中的副溶血弧菌、军团杆菌、李斯特菌、变形杆菌和耶尔森氏菌等常见致病菌；2005 年日本水产综合研究中心开发出能够快速诊断 38 种鱼类病原菌的基因芯片，其中 20 种为淡水鱼病原菌（许拉等，2008）；在水产动物病毒检测方面，刘荭等（2004）制备了可同时检测 2 个样品中 12 种常见淡水鱼类病毒如鲤春病毒、传染性胰脏坏死病毒、草鱼出血病病毒等的基因芯片，可极大地提高检疫工作的效率和水平；Ronan 等（2002）将 miniarray 技术引入对虾

病毒检测中并优化了杂交反应的条件和洗涤过程，杂交反应只需 20 min，可同时检测出对虾白斑综合征病毒（WSSV）和传染性皮下及造血组织坏死病毒（IHHNV）。在蛋白芯片方面，国内自 2006 年开始进行水产动物病原检测免疫芯片的研究工作，Xu等（2011）制备了 WSSV 检测免疫芯片、鱼类淋巴囊肿病毒（LCDV）检测免疫芯片以及现场检测免疫芯片，在对养殖生产中 WSSV 和 LCDV 的监测中，检测准确率在 98% 以上，对 WSSV 的灵敏度最低可达 12.38 ng/mL；黄荣夫等（2006）建立了一种可准确检测水体中副溶血弧菌、河流弧菌和大肠杆菌的蛋白微阵列；李永芹等（2010）制备了可同时检测杀鲑气单胞菌、链球菌、鳗弧菌、迟缓爱德华氏菌、荧光假单胞菌、海洋分枝杆菌 6 种鱼类常见病原菌的检测免疫芯片，检测结果肉眼可见，无须专门的仪器设备和专业技术人员，在水产动物病原的快速、准确、简便、现场检测应用方面，具有广阔的应用前景。生物芯片技术应用于水产动物病原检测领域，具有快速、灵敏、准确等优势，对样品的需要量非常少，甚至可以在不杀死养殖动物的前提下进行；且针对目前水产动物疾病发生往往由多种病原共同作用引起的现状，生物芯片可实现多个样品多种病原的平行检测，根据检测结果对疾病即可做出较为准确的诊断，对疾病的预防和治疗具有重大意义。然而现在的生物芯片，虽然后期的应用操作较为简单，但前期研发费用较高，芯片上所固定的基因或蛋白（抗体）种类越多，费用也相对越昂贵，因此多样本、高通量的生物芯片技术在实用性上还有一定的局限性。而且生物芯片要在养殖生产中得到广泛的应用还有许多问题需要解决，如提高检测的可靠性和灵敏性，简化待测样品的处理过程，降低成本，检测结果的分析还没有系统的方法以及构建稳定的生物芯片尤其是蛋白质芯片等。但生物芯片技术在短短十几年，已经在多个领域得到了不同程度的发展，在水产动物病原检测中的应用引起了越来越多学者的关注，相信随着科技的发展和研究的逐步深入，生物芯片技术应用于刺参养殖病原菌检测指日可待，针对刺参病原设计的生物芯片将对刺参养殖行业产生深远的影响，带来巨大的经济和社会效益。

3.3.4 基于噬菌体的病原检测新技术

噬菌体具有非常高的宿主菌株特异性，能够用于细菌菌株水平的鉴定，同时噬菌体具有易制备、成本低廉等优点。利用噬菌体进行病原检测主要有以下两种方法。

3.3.4.1 噬菌体作为检测的信号分子

噬菌体感染宿主菌后所释放的细胞内化合物可作为鉴定细菌的标志，可利用所释放化合物的功能进行定量检测，例如，由 T7 噬菌体侵染大肠杆菌裂解后释放的 β-半

乳糖苷酶具有使 β-D-半乳糖苷由黄色变为红色的功能达到定量检测大肠杆菌的目的（Chen et al., 2015）。噬菌体侵染细菌后会释放出大量的子代噬菌体，因此，可通过检测噬菌体在待检测溶液中的增量变化达到检测宿主菌的目的，子代噬菌体的实时变化可借助实时荧光定量 PCR 技术或噬菌斑方法检测得到（Anany et al., 2018）。

3.3.4.2　噬菌体具有检测特定细菌的功能

利用噬菌体与特定纳米颗粒结合形成生物复合物，如 Liebana 等将 P22 噬菌体与甲苯磺酰化的磁性颗粒结合，噬菌体修饰的磁性微粒通过与宿主相互作用捕获和富集细菌，具有较高的特异性和效率，能够特异性捕获和预浓缩沙门氏菌，然后通过双标记聚合酶链反应对捕获的细菌进行 DNA 扩增，最终通过电化学磁基因传感实现对双标记扩增子的进一步检测。该方法在 LB 培养基中可在 4 h 内检测出低至 3 CFU/mL 的沙门氏菌（Liebana et al., 2013）。Janczuk 等（2016）通过把新型多功能生物偶联物作为细菌检测的特异性探针，利用双功能磁荧光微粒与噬菌体结合，实现了对细菌特异性检测。T4 噬菌体与细菌受体（OmpC 和 LPS）具有天然亲和力，可以特异性、高效地检测大肠杆菌。具有生物偶联物的磁性有助于将捕获的目标细菌从复杂样品中分离出来，荧光微粒产生的荧光可以利用流式细胞仪进行检测，能够从几十个至 10^5 CFU/mL 的浓度范围内检测到目标菌株。

Laube 等（2014）将野生型噬菌体在羧基活化磁性纳米颗粒（300 nm）和甲苯磺酰基 tosyl 活化磁性微粒（2.8 μm）上进行共价吸附。用噬菌体修饰的磁性颗粒捕获并预浓缩细菌，使用沙门氏菌特异抗体作为识别原件，通过光学信号的变化对细菌进行检测。该方法获得了出色的选择性和灵敏度，在没有任何预富集的情况下，在 2.5 h 内对牛奶样品的检测限为 19 CFU/mL。此外，如果样品预富集 6 h，该方法可以在 25 mL 牛奶中检测到低至 1.4 CFU 的细菌。因此，基于噬菌体磁选与免疫标记相结合的方法有望成为一种快速、简便的食品安全检测方法。

综上所述，刺参病原的检测方法多种多样，各种方法都有其优缺点，提高灵敏度和去除假阳性是检测方法发展的趋势。在考虑选择何种检测方法时，应该考虑到自身拥有的实际条件，以及检测所要求达到的灵敏度。使用免疫学方法需要制备抗体，单克隆抗体与多克隆抗体的不同选择意味着工作量大小的不同；核酸检测方法则需提前制备特异性探针或引物等等。为了弥补各方法的不足，进一步提高灵敏度及特异性，可以采用多种方法结合使用的策略。例如，采用免疫 PCR、PCR-ELISA 等。又如在进行核酸杂交时，可利用 PCR 法扩增探针，使探针量增加；把荧光标记技术应用于

PCR 产物的检测，可以使观测的结果更加直观等。总之，根据实际情况选取符合实际、易于应用的方法，不能过于死板，拘泥于教科书和文献，也不可一味追求技术的先进。

【主要参考文献】

黄荣夫，庄峙厦，鄢庆枇，等，2006. 蛋白微阵列免疫分析法用于海洋致病菌的定量检测. 分析化学，34(10): 1411–1414.

景宏丽，李强，吴秋仙，等，2010. 黄海希瓦氏菌单抗介导间接 ELISA 快速检测技术的建立. 大连海洋大学学报，25(6): 547–550.

李君文，晁福寰，靳连群，等，2002. 基因芯片技术快速检测水中常见致病菌. 中华预防医学杂志，36(4): 238–241.

李晓龙，李秋芬，姜娓娓，等，2015. 刺参养殖池环境细菌群落对底质改良剂的响应. 渔业科学进展，36(1): 111–118.

李永芹，绳秀珍，战文斌，等，2010. 6 种鱼类病原菌的免疫反应分析及其检测免疫芯片的构建. 中国海洋大学学报，40(8): 48–54.

刘荭，2004. 聚合酶链式反应和基因芯片技术的研究及在主要水生动物病毒检疫和监测中的应用. 武汉：华中农业大学.

王印庚，荣小军，张凤萍，等，2013. 养殖刺参"腐皮综合征"致病菌——灿烂弧菌的原位杂交检测方法的建立与应用. 渔业科学进展，34(2): 114–118.

王印庚，谢建军，荣小军，等，2010. 养殖刺参腐皮综合征 2 种致病菌间接荧光抗体快速检测方法. 中国水产科学，17(2): 329–336.

谢建军，王印庚，张正，等，2007. 养殖刺参腐皮综合征两种致病菌 Dot-ELISA 快速检测. 海洋科学，31(8): 59–64.

徐平西，肖华胜，鞠躬，1999. 一种简易的免疫 PCR 方法的建立. 生物化学与生物物理进展，26(4): 393–395.

许拉，黄健，杨冰，2008. 病原检测基因芯片应用及在水产病害检测的前景. 海洋水产研究，29(1): 109–114.

姚斐，寇运同，陈刚，等，2000. 间接免疫荧光抗体技术检测活的非可培养状态的副溶血弧菌. 海洋科学，24(9): 10–12.

张凤萍，王印庚，李胜忠，等，2008. 应用 PCR 方法检测刺参腐皮综合征病原——灿烂弧菌. 渔业科学进展，29(5): 100–106.

Anany H, Brovko L, El Dougdoug N K, et al., 2018. Print to detect: a rapid and ultrasensitive phage-based dipstick assay for foodborne pathogens. Analytical and bioanalytical chemistry, 410(4): 1217–1230.

Chen J, Alcaine S D, Jiang Z, et al., 2015. Detection of *Escherichia coli* in drinking water using T7 bacteriophage-conjugated magnetic probe. Analytical chemistry, 87(17): 8977–8984.

Eilers H, Pernthaler J, Glöckner F O, et al., 2000. Culturability and in situ abundance of pelagic bacteria from the North Sea. Applied and Environmental Microbiology, 66(7): 3044–3051.

Gonzalez I, García T, Fernández A, et al., 1999. Rapid enumeration of *Escherichia coli* in oysters by a quantitative PCR-ELISA. Journal of Applied Microbiology, 86(2): 231–236.

Gonzalez S F, Krug M J, Nielsen M E, et al., 2004. Simultaneous detection of marine fish pathogens by using multiplex PCR and a DNA microarray. Journal of Clinical Microbiology, 42(4): 1414–1419.

Janczuk M, Richter L, Hoser G, et al., 2016. Bacteriophage-based bioconjugates as a flow cytometry probe for fast bacteria detection. Bioconjugate chemistry, 28(2): 419–425.

Laube T, Cortés P, Llagostera M, et al., 2014. Phagomagnetic immunoassay for the rapid detection of *Salmonella*. Applied microbiology and biotechnology, 98(4): 1795–1805.

Liang W K, Zhang S S, Zhang W W, et al., 2016. Characterization of functional *fur*$_{Vs}$ as a biomarker for detection of aquatic pathogen *Vibrio splendidus*. Journal of the World Aquaculture Society, 47(8): 577–586.

Liebana S, Spricigo D A, Cortes M P, et al., 2013. Phagomagnetic separation and electrochemical magneto-genosensing of pathogenic bacteria. Analytical chemistry, 85(6): 3079–3086.

Panicker G, Call D R, Krug M J, et al., 2004. Detection of pathogenic *Vibrio* spp. in shellfish by using multiplex PCR and DNA microarrays. Applied and Environmental Microbiology, 70(12): 7436–7444.

Ronan Q, Therese C, Jacques M, et al., 2002. White spot syndrome virus and infectious hypodermal and hematopoietic necrosis virus simultaneous diagnosis by miniarray system with colorimetry detection. Journal of Virological Methods, 105(2): 189–196.

Sano T, Smith C, Cantor C, 1992. Immuno-PCR: very sensitive antigen detection by means of specific antibody-DNA conjugates. Science, 258(5079): 120–122.

Tan C K, Owens L, 2000. Infectivity, transmission and 16S rRNA sequencing of a rickettsia, *Coxiella cheraxi* sp. nov., from the fresh water crayfish *Cherax quadricarinatus*. Diseases of

aquatic organisms, 41(2): 115–122.

Toshimichi M, Narumichi T, Manabu F, et al., 2000. Structural variation in the 16S~23S rRNA intergenic spacers of *Vibrio parahaemolyticus*. Fems Microbiology Letters, 192(1): 73–77.

Warsen A E, Krug M J, Lafrentz S, et al., 2004. Simultaneous discrimination between 15 fish pathogens by using 16S ribosomal DNA PCR and DNA microarrays. Applied and Environmental Microbiology, 70(7): 4216.

Xu X L, Sheng X, Zhan W, 2011. Development and application of antibody microarray for white spot syndrome virus detection in shrimp. Chinese Journal of oceanology and limnology, 29(5): 930–941.

第 4 章　刺参病原致病因子

刺参在发育过程中的各个阶段，均易被病原微生物感染，导致刺参疾病的发生，给刺参养殖产业带来巨大的经济损失。病原菌感染宿主的主要毒力因子包括蛋白酶、溶血素、黏附因子和铁摄取系统等，通过黏附、分泌胞外毒力因子和营养竞争等多个过程，实现其在易感宿主中的入侵和定植。灿烂弧菌是导致刺参腐皮综合征发生的主要病原菌，目前的研究表明，灿烂弧菌的黏附因子和胞外产物均为其致病的毒力因子（Zhang and Li, 2021）。

4.1　病原菌黏附

黏附作用对病原菌的致病力有着至关重要的作用，可以抵抗黏液冲刷、细胞纤毛运动和肠蠕动等过程的清除作用，有利于病原菌在宿主体表和体内定居。在多数细菌性病原中，黏附是病原入侵宿主并有效发挥毒力作用的先决条件。为了研究灿烂弧菌对刺参的黏附作用，Dai 等（2019，2020b）分别采用两种标记方法——5-(4, 6-二氯三嗪基）氨基荧光素 [5-(4, 6-dichlorotriazinyl)aminofluorescein，5-DTAF）] 的化学标记和绿色荧光蛋白（green fluorescent protein, GFP）的生物标记，对灿烂弧菌进行了荧光标记，利用荧光标记菌感染刺参，对标记菌在刺参体内的分布进行追踪，进而研究了该病原对刺参的黏附过程。其中，采用 5-DTAF 对菌体进行标记的方法为：将 5mL $OD_{600} \approx 0.5$ 的灿烂弧菌菌悬液与 2 mL 的 5-DTAF（0.005 mg/mL）溶液在 28℃避光条件下混匀，振荡孵育 1 h 后，8 000×g 离心 6 min，收集 5-DTAF 标记的灿烂弧菌。采用 GFP 标记的方法主要是通过可在灿烂弧菌中自我复制的 pET28a 质粒实现：分别 PCR 扩增 P_{TRAC} 启动子和增强型绿色荧光蛋白 eGFP 的开放阅读框，通过连接转化将二者依次连接到质粒 pET28a 中，构建了 P_{TRAC} 启动子介导的增强型绿色荧光蛋白 eGFP 表达的质粒 pET28a-GFP，通过细菌接合的方式将 pET28a-GFP 质粒导入灿烂弧菌中，构建 GFP 标记的灿烂弧菌。分别使用两种荧光标记的菌体采用浸泡感染的方式感染刺参，并在不同时间点收集刺参各组织样品，匀浆并重悬成悬液，分别取一定体积进行菌落计数。结果表明，灿烂弧菌在感染初期可侵染到刺参的呼吸树、触手、肠道、肌肉和体腔各个组织中；随着感染时间延长至 48 h，荧光标记的灿烂弧菌可在肠道和呼吸树中被检测到，而在其他组织中菌体的量极少，几乎无带荧光的菌体（图 4-1）；当感染时间延长至 96 h，发生刺参吐肠且呼吸树自溶现象，因此推断，灿烂弧菌主要感染刺参的呼吸树和肠道（Dai et al., 2019, 2020b）。

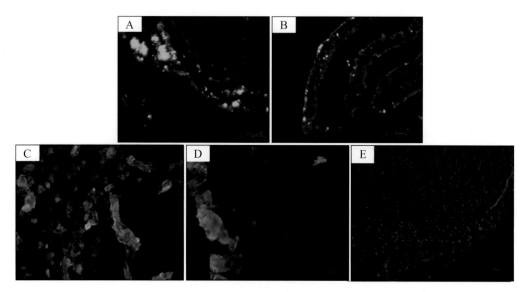

图 4-1　荧光显微镜下观察刺参各组织中标记的灿烂弧菌

呼吸树 (A)、肠道 (B)、体壁 (C)、触手 (D) 和肌肉 (E) 中 GFP 标记的灿烂弧菌

（资料来源：Dai et al., 2020b）

弧菌的黏附因子一般可分为两大类：菌毛黏附素和非菌毛黏附素，前者包括鞭毛和纤毛等，后者包含脂多糖和外膜蛋白等。病原菌的 *fliC* 基因编码鞭毛蛋白的主要亚基 FliC，30 000 多个 FliC 蛋白聚合组成鞭毛丝，是病原菌典型的黏附因子。Dai 等（2020a）在灿烂弧菌 AJ01 基因组中获得了 3 个注释为 *fliC* 的基因，这与其他菌体中的 *fliC* 基因多拷贝的现象类似，不同的弧菌中均存在 3 ~ 5 个 *fliC* 基因拷贝。鉴于 *fliC* 基因的多拷贝现象，采用单基因敲除可能无法实现对基因功能的鉴定，因此 Dai 等（2020a）采用基因过表达技术研究了灿烂弧菌中 FliC 是否参与菌体黏附。借助能够在灿烂弧菌

中自我复制的质粒 pET28，结合细菌接合方法，构建了 *fliC* 基因的过表达菌株 AJ01/pET28GFPFliC，与野生型菌株相比，过表达菌株具有 3 ~ 4 h 的生长延滞期，但是随后菌体生长速度加快，经过相同的时间与野生型菌株达到相同的最大菌量。AJ01/pET28GFPFliC 的生物膜形成能力和运动能力均明显高于野生型菌株，尤为重要的是，*fliC* 基因的过表达导致灿烂弧菌对刺参肌肉、呼吸树和肠道组织的黏附效率增加，提高 2.5 倍，而对体壁和触手的黏附率没有发生明显变化，因此 FliC 介导的黏附具有明显的组织特异性。在尿路致病性大肠杆菌中，FliC 可识别宿主细胞中的 Toll 样受体 5（TLR5），进而触发小鼠膀胱内 IL-10 的快速合成，产生免疫反应（Acharya et al., 2019）。刺参基因组信息提示，刺参中只有 TLR 和 TLR3 相关基因，而没有与小鼠中的 TLR5 基因同源的基因，但是 TLR、TLR3 和 TLR5 均有保守的 LRR 结构域，因此，灿烂弧菌的鞭毛蛋白有可能通过识别刺参中的 TLR 和 TLR3 蛋白，进而触发下游的免疫反应。除了使用 FliC 聚合而成的鞭毛丝作为黏附因子，二氢脂酰胺脱氢酶（dihydroacrylamide dehydrogenase，DLD）是灿烂弧菌另一黏附因子。DLD 是生物体能量代谢中不可或缺的氧化还原酶，在灿烂弧菌 AJ01 的基因组中含有 DLD1 和 DLD2 两个基因。Dai 等（2019）制备了 DLD1 和 DLD2 的多克隆抗体，全菌酶联免疫吸附实验［whole cell enzyme-linked immunosorbent assay（ELISA）］结果表明，两个 DLD 蛋白均可锚定在灿烂弧菌菌体表面，利用 DLD1 和 DLD2 的小鼠抗体，对菌体表面的 DLD1 和 DLD2 蛋白进行封闭。封闭后的菌体对刺参体腔细胞黏附结果表明，DLD1 抗体封闭后的黏附率为 7.5%，而 DLD2 抗体封闭后的黏附率为 12.5%，均显著低于野生型菌株的黏附率 25%。封闭后的菌株对刺参各组织的黏附率亦均有所下降，同时二者对肠组织的黏附更具有特异性。综合以上结果可见，DLD1 和 DLD2 均参与了灿烂弧菌对刺参各组织的黏附，但是 DLD1 对菌体黏附的贡献率要高于 DLD2。

GFP 标记相对于化学荧光物质标记而言，具有不影响生长、不需要外源底物、且几乎不受化学物质、pH 值和温度影响等特点，因此，Dai 等（2020b）使用 GFP 标记的灿烂弧菌进行了菌体与刺参体腔细胞互作的研究。灿烂弧菌与体腔细胞共孵育后，采用二脒基苯基吲哚（diamidine phenyl indoles，DAPI）对刺参体腔细胞的染色体进行染色。结果表明，将灿烂弧菌菌体与刺参体腔细胞共孵育 1 h 后，大部分 GFP 标记的灿烂弧菌均不能黏附至刺参体腔细胞表面；共孵育 3 h 后，有相当比例的绿色荧光菌体黏附至体腔细胞（图 4-2）；共孵育 4 h 后，绿色荧光菌体黏附比例与 3 h 相比无明显变化。因此，根据目前已有的结果可以推断，灿烂弧菌主要是以胞外菌的形式感染刺参体腔细胞。但是，目前的实验结果不能完全否认灿烂弧菌可以内化至刺

参体腔细胞，这是因为目前研究者所用的刺参体腔细胞是多种（见第5章）细胞类型的混合细胞体系，并没有进行细胞分型，所以无法排除灿烂弧菌只能内化某一特定类型的体腔细胞。

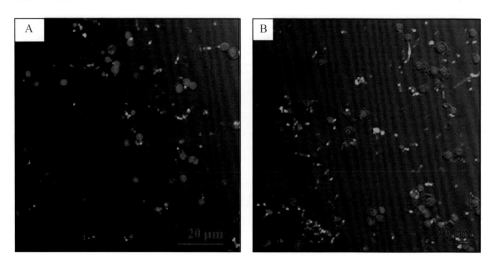

图 4-2　灿烂弧菌对刺参体腔细胞的黏附作用

A：灿烂弧菌与刺参体腔细胞共孵育 1 h；B：灿烂弧菌与刺参体腔细胞共孵育 3 h。

蓝色荧光指示 DAPI 染色后的刺参体腔细胞的细胞核；绿色荧光指示标记的灿烂弧菌

（资料来源：Dai et al., 2020b）

在中华绒螯蟹和果蝇中，整合素是细菌的识别受体，识别病原菌的细胞壁成分并进一步促进宿主对病原菌的吞噬作用。刺参体内含有 β-整合素，识别菌体的脂多糖（lipopolysaccharides，LPS），将信号传递给黏着斑激酶（focal adhesion kinase，FAK）。FAK 是最为重要的整合素信号分子之一，与细胞外基质 ECM 接触时细胞被招募到黏着斑，并影响细胞的存活、增殖、运动和分化等多个关键过程。已有实验数据表明 β-整合素通过 FAK 调控细胞凋亡，参与刺参的免疫过程（Wang et al.，2019）。因此，Dai 等人继而对刺参体腔细胞的 β-整合素是否参与灿烂弧菌黏附刺参体腔细胞过程进行了研究。Dai 等人在获得了 β-整合素多克隆抗体的基础上，在菌体和细胞互作体系中，一组加入 β-整合素抗体对 β-整合素蛋白进行封闭，一组加入磷酸缓冲盐溶液（phosphate butter saline，PBS）作为对照，在共孵育 3 h 后，分别对黏附于刺参体腔细胞上的灿烂弧菌进行平板计数，以分析 β-整合素在灿烂弧菌黏附刺参体腔细胞过程中的作用。菌落计数结果表明，使用 β-整合素多克隆抗体封闭后，灿烂弧菌黏附至体腔细胞的比例下降了 70%（图 4-3）。

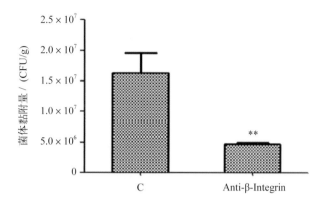

图 4-3　使用 β-整合素抗体封闭后灿烂弧菌黏附于刺参体腔细胞的数量

菌落个数依据平板计数法进行测定。**$P < 0.01$ 表示差异极显著

（资料来源：Dai et al., 2020b）

4.2　灿烂弧菌的致病因子

致病因子的发掘及其致病机制研究对于深入认识病原菌的发病机制，发展新颖的灿烂弧菌抑制策略至关重要。目前已知的灿烂弧菌致病因子及其作用过程详述如下。

4.2.1　金属蛋白酶 Vsm

金属蛋白酶是多种病原菌中公认的重要致病因子（Saulnier et al., 2010）。灿烂弧菌中的 *vsm* 基因（VS_RS05940）编码金属蛋白酶，是灿烂弧菌中第一个被鉴定的胞外致病因子（Binesse et al., 2008; Liu et al., 2016b; Zhang et al., 2016b）。Vsm 是一种含锌的金属蛋白酶，与霍乱弧菌中的血凝素 / 蛋白酶 HapA 在氨基酸序列上具有约67% 的一致性。金属蛋白酶 Vsm 含有多个结构域，包含信号肽、真菌酶 / 嗜热菌蛋白酶前肽（FTP）结构域、蛋白酶抑制功能结构域、含有 HEXXH 序列的蛋白酶 M4 结构域和蛋白酶原 C-末端结构域（该结构域通常在活性酶的形式中不存在）（图 4-4）。在灿烂弧菌 JZ6 的胞外产物 ECPs 中存在两种形式的 Vsm，即含有 M4 结构域的多肽JZE1 和含有 PepSY 结构域-M4 结构域的多肽 JZE2。当在 4℃培养灿烂弧菌 JZ6 时，灿烂弧菌上清中以 JZE1 为主导形式；当在 28℃培养灿烂弧菌 JZ6 时，灿烂弧菌上清中以 JZE2 为主导形式。与大多数的嗜热菌蛋白酶样金属蛋白酶不同，成熟 Vsm 的形成不依赖于典型的自我催化过程，而是通过一个 M20 肽酶 T 样肽酶 PepTL 去除 M4 结构域中的蛋白酶抑制剂功能结构域（Liu et al., 2016b）。Zhang 等（2016b）在大肠杆菌 BL21（DE3）中进行了灿烂弧菌胞外金属蛋白酶 Vsm 的体外重组，纯化了含有

6 个组氨酸 His 标签的融合金属蛋白酶 Vsm，并且利用四甲基偶氮唑盐 MTT 法测定了 Vsm 对刺参体腔细胞的毒性。收集刺参的体腔细胞于 96 孔板中进行培养，当单细胞层形成后，每孔加入 70 μL、90 μL 和 100 μL 纯化的重组 Vsm，加入不同量的 Vsm 后细胞存活率约下降至对照组的 86%、79% 和 72%，表明灿烂弧菌的 Vsm 对刺参体腔细胞具有明显的细胞毒性。

图 4-4　SMART 分析金属蛋白酶 Vsm 的典型结构域

4.2.2　铁离子吸收

铁是宿主和病原微生物必需营养素。由于它含有中间价态，是多种酶的辅酶，参与呼吸和 DNA 复制等重要过程，而且铁离子的氧化还原电位也是导致铁离子产生生物毒性的主要原因，因此细胞内铁离子的浓度和分布受到严格的控制。考虑到几乎所有病原微生物对铁的绝对需求，通过限制铁元素的利用抑制病原微生物是宿主先天免疫系统的重要组成部分。病原微生物在宿主体内夺取铁离子的能力及对铁离子的利用，已经成为多种病原微生物致病过程的重要组成部分。

Zhang 等（2016a）研究发现铜绿假单胞菌对刺参重要病原灿烂弧菌具有明显的拮抗作用，且具有拮抗活性的物质可以分泌到菌体上清中。为了进一步追踪拮抗活性物质成分，利用亲和层析获得了荧光铁载体 pyoverdine，该物质对 Fe^{3+} 具有极高的亲和力。体外抑制实验表明，pyoverdine 可显著抑制灿烂弧菌在 2216E 培养基中的生长。采用 pyoverdine 对刺参养殖海水进行预处理，可显著降低灿烂弧菌感染刺参的效率，实验室条件下的浸泡感染实验结果表明，pyoverdine 对刺参具有 90% 以上的相对保护效率，这意味着铁离子对灿烂弧菌感染刺参并导致刺参发病过程而言具有重要的作用。因此，研究灿烂弧菌的铁吸收对深入揭示灿烂弧菌致刺参腐皮综合征发生的分子机制具有重要的意义。Song 等进一步探讨了灿烂弧菌的铁吸收过程，结果表明在灿烂弧菌中至少存在两条铁吸收通路。第一条通路是铁载体介导的 Fe^{3+} 吸收：灿烂弧菌可以分泌异羟肟酸盐类型的铁载体（Gómez-León et al., 2005; Song et al., 2018），通过铁载体络合环境中的 Fe^{3+}，并形成"铁载体 – Fe^{3+} 复合物"，"铁载体 – Fe^{3+} 复合物"进而可以被锚定在细胞膜上的识别蛋白 IutA 受体识别，并将铁离子转运到细胞内供菌体自身生长及致病所需（图 4-5）（Song et al., 2018）。有鉴于 Fe^{3+} 在灿烂弧菌生长中的重要地位，Song 等继而尝试利用 Ga^{3+} 进行 Fe^{3+} 的抑制，这是因为 Ga^{3+} 具有和 Fe^{3+} 相似的离子半径，常被用作病原菌铁吸收的抑制剂。然而在利用镓（Ⅲ）硝酸盐 $[Ga(NO_3)_3]$ 抑制灿烂弧菌生长时发现，Ga^{3+} 虽然可在一定程度上抑制灿烂弧菌的生长，但是即使将 Ga^{3+} 的浓度提高到 1 280 μM 依然无法对灿烂弧菌达到较高的抑制效果。进一步研究发现，灿烂弧菌中存在另一条铁离子吸收途径，即亚铁离子吸收通路：在灿烂弧菌体内，酪氨酸代谢通路中的关键酶——羟苯丙酮酸双加氧酶（hydroxyphenylpyruvate dioxygenase，HPPD）催化形成尿黑酸（homogentisic acid，HGA），在特定条件下 HGA 聚合形成多聚物 HGA- 黑色素（HGA-melanin），HGA- 黑色素具有铁离子还原能力，可在菌体外将 Fe^{3+} 还原为 Fe^{2+}，再通过位于细菌周质空间的 FeoA 和 FeoB 介导的亚铁离子转运系统，将 Fe^{2+} 转运至菌体内部（图 4-5）（Song et al.，2019）。另外，在正常生长和缺铁条件下培养灿烂弧菌，并提取两组灿烂弧菌的外膜蛋白，通过 SDS-PAGE 进行差异蛋白质的筛选，利用质谱分析差异蛋白的多肽片段。结果表明，在灿烂弧菌的外膜上亦存在肠杆菌素受体 FetA，在铁限制条件下其蛋白水平明显上调。已有报道表明，细菌可以利用其他细菌分泌的外源性铁载体促进自身的生长繁殖，因此灿烂弧菌可能亦可通过利用其他细菌分泌的外源性肠杆菌素铁载体来捕获环境中的铁离子，以促进自身的生长发育，促进其对宿主的感染。

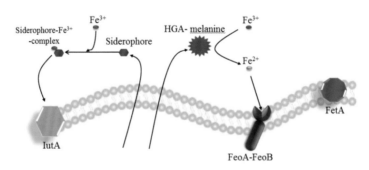

图 4-5　灿烂弧菌体内存在的铁吸收通路

Siderophore：铁载体；HGA-melanine：尿黑酸 - 黑色素；

Siderophore-Fe^{3+}-complex：铁载体 -Fe^{3+} 复合物

多条铁摄取通路的存在有利于细菌抵抗不利的水体和宿主环境。具有全局性调控作用的铁离子吸收调节蛋白（ferric uptake regulator，Fur）是细菌响应环境中的铁离子水平，进而调节细菌的基因表达并作出响应的关键调节因子。灿烂弧菌的 Fur 与其他弧菌属中已知的 Furs 相比，在核苷酸序列水平上的一致性低于 80.57%，但是在氨基酸水平上具有较高的一致性。与来自哈维氏弧菌、费氏弧菌和创伤弧菌的 Furs 的氨基

酸序列具有 91.95% 的一致性，且具有相同的保守氨基酸和结构域。Liang 等利用实时荧光定量 PCR 技术检测了低铁环境下灿烂弧菌中 *fur* 基因的表达。在灿烂弧菌培养过程中加入铁离子螯合剂 8-羟基喹啉，灿烂弧菌 *fur* 基因的表达显著降低，在 RNA 水平上验证了灿烂弧菌的 Fur 具有响应环境中铁离子浓度的功能（Liang et al., 2016b）。Fur 识别的 DNA 序列为 Fur BOX，是 19 bp 的序列（5′-GATAATGATAATCATTATC-3′），在灿烂弧菌中，铁吸收相关基因 *iutA* 和 *fepA* 基因的启动子区附近存在一段与 Fur BOX 相似的序列，提示灿烂弧菌的 Fur 可能在不同铁摄取途径相关基因的表达过程中起协同调控作用。

4.2.3 溶血素

不同的灿烂弧菌菌株均具有明显的 α-溶血活性，迄今为止已经报道的灿烂弧菌溶血素有气单胞菌溶素、羟苯丙酮酸双加氧酶 4-HPPD 和 MARTX 毒素（Liang et al., 2016a; Bruto et al., 2017）。灿烂弧菌的 *rtxACHBDE* 编码 MARTX 及其 T1SS 分泌系统，是灿烂弧菌独有的溶血素基因。rtxACHBDE 簇对于灿烂弧菌毒力的完整性至关重要，因为三株灿烂弧菌菌株 ZS_173、ZS_185 和 ZS_213 中 *rtxACHBDE* 基因簇的缺失不会影响其在培养基中的生长，但会显著降低其对牡蛎的致死率。气单胞菌溶素是一种在 30 多年前就已经被成功鉴定的众所周知的成孔溶血素。Macpherson 等（2012）从灿烂弧菌 DMC-1 的上清液中鉴定出一个气单胞菌溶素（EMBL No.: AM157713），该菌溶素参与了大菱鲆、大菱鲆幼体和大西洋鳕鱼幼体的肠道损伤和个体死亡。气单胞菌溶素的突变体不会造成上述由野生型菌株造成的宿主组织损伤及肠炎症状的现象，但突变体和野生型菌株在幼虫肠道中均具有一致的定植水平，因此该气单胞菌溶素与细菌在幼体肠道中的定植无关（Macpherson et al., 2012）。但是，关于灿烂弧菌中气单胞菌溶素和 rtxACHBDE 基因簇是否是灿烂弧菌致刺参发病的关键毒力因子尚未见报道。

羟苯丙酮酸双加氧酶 4-HPPD 是灿烂弧菌中研究得较为详细的灿烂弧菌溶血素。4-HPPD 是铁离子依赖型的非血红素加氧酶，在酪氨酸分解代谢途径中起关键作用。4-HPPD 将对羟基苯丙酮酸 4-HPP 转变为尿黑酸（HGA），该反应是酪氨酸分解代谢途径的第二步反应，最终催化酪氨酸产生乙酰乙酸和富马酸酯。研究表明，4-HPPD 广泛存在于几乎所有需氧生物中，除了少数革兰氏阴性菌如大肠杆菌（Nicholas et al., 1997）。

4-HPPD 首先在肺炎军团菌中被鉴定为一种非典型溶血素，命名为 Legiolysin

（Steinert et al., 2001）。它是一种 Fe^{2+} 依赖的非血红素加氧酶，催化 L- 酪氨酸代谢途径的第二步反应，将 4-HPP 转化为尿黑酸 HGA。在 HGA 聚合为 HGA- 黑色素的过程中，会导致宿主细胞氧化还原失衡，进而导致细胞溶血、破裂。Liang 等（2016a）首先测定了刺参体腔液刺激下 *Vshppd* 基因的表达，在刺参体腔液的刺激下，*Vshppd* 基因表达状况在 60 min 内显著上调 60 多倍。将 *Vshppd* 基因在大肠杆菌中进行了体外重组，获得了重组的 rVshppd，利用绵羊血细胞进行了测试。结果发现，灿烂弧菌 Vshppd 蛋白具有明显的溶血活性，并具有明显的剂量依赖性。利用 MTT 法测定，结果表明重组纯化的 Vshppd 蛋白对刺参细胞具有毒性作用，随着蛋白浓度的增加，刺参体腔细胞的存活率逐渐下降。为了进一步验证 Vshppd 在致病过程中的作用，利用框内基因缺失原理，构建了 *Vshppd* 基因敲除的灿烂弧菌减毒菌株（MTVs）。野生型（WTVs）和 MTVs 灿烂弧菌分别感染刺参后，感染了野生型菌株的刺参表现出与腐皮综合征相关的相同症状，并且表皮腐烂面积大；而 MTVs 灿烂弧菌对刺参的致死率大大降低，只在体表上偶有症状不明显的白点。刺参的半致死剂量（LD_{50}）由野生型的 5.129×10^{6} CFU/mL 升高到突变型的 2.606×10^{10} CFU/mL（图 4-6），因此灿烂弧菌的 Vshppd 在病原胁迫中具有重要致病作用。

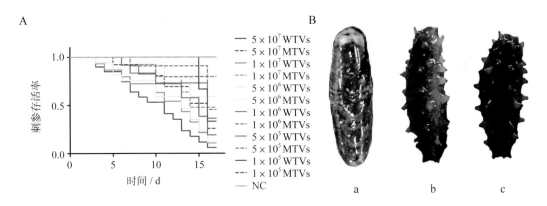

图 4-6　WTVs 和 MTVs 致死率分析

A：野生型 WTVs 和 *Vshppd* 基因突变型 MTVs 灿烂弧菌感染刺参后的存活率曲线；
B：WTVs 感染后的刺参（a）、MTVs 感染后的刺参（b）和未感染的刺参（c）

为了明确 Vshppd 介导的灿烂弧菌致病通路，本实验室完成了 WTVs 和 MTVs 菌株在不同生长时期的比较转录组分析。与 WTVs 相比，在 $OD_{600} \approx 0.6$ 的生长早期阶段，来自 MTVs 的 35 个 mRNA 在丰度上显示出显著差异，其中 16 个 mRNA 下调，19 个 mRNA 上调。在 $OD_{600} \approx 1.0$ 的对数生长阶段，与 WTVs 相比，来自 MTVs

的 105 个 mRNA 在丰度上表现出显著差异，其中 24 个 mRNA 下调，81 个 mRNA 上调。与 WTVs 相比，在 $OD_{600} \approx 1.5$ 的生长平台期阶段，来自 MTVs 的 26 个 mRNA 在丰度上显示出显著差异，其中 23 个 mRNA 被下调，3 个 mRNA 被上调。在 *Vshppd* 基因敲除后，对数生长阶段的 MTVs 与 WTVs 相比表现出更多的差异基因，这表明对数生长阶段可能是 Vshppd 介导灿烂弧菌发挥毒力作用的关键阶段。GO 分析表明，在 $OD_{600} \approx 0.6$ 的生长早期阶段，有机氮化合物代谢过程和转移酶活性相关基因呈下调趋势；在 $OD_{600} \approx 1.0$ 的对数生长阶段，羧酸代谢过程、草酸代谢过程、有机酸代谢过程和细胞内氨基酸代谢过程相关基因呈下调趋势；在 $OD_{600} \approx 1.5$ 的生长平台期阶段，细胞蛋白质代谢过程和细胞质相关基因呈下调趋势。在 $OD_{600} \approx 0.6$ 的生长早期阶段，小分子分解代谢过程和水解酶活性相关基因呈上调趋势；在 $OD_{600} \approx 1.0$ 的对数生长阶段，蛋白质结合、细胞成分的组织或生物发生相关基因呈上调趋势；在 $OD_{600} \approx 1.5$ 的生长平台期阶段，羧酸分解过程、草酸代谢过程和有机酸代谢过程相关基因呈上调趋势。KEGG 分析表明，所有 24 个下调的表达差异基因（differentially expressed genes，DEGs）均富集于 16 条 KEGG 途径。与 WTVs 菌株相比，这 16 条途径在 MTVs 菌株中均被下调。丙氨酸、天冬氨酸和谷氨酸代谢途径相关基因的富集比例最高（图 4-7）。在鞭毛装配途径中，鞭毛钩相关蛋白（flaH）、鞭毛蛋白核心蛋白、鞭毛钩相关蛋白（flgK）和鞭毛钩帽蛋白（flgD）均下调。这些结果表明，突变体中代谢方式的改变可能是由于 4-HPPD 催化的产物富马酸进入三羧酸循环，从而影响谷氨酸代谢，谷氨酸代谢进一步与生物膜形成和鞭毛组装有着直接关系。此外，Vshppd 可能通过三羧酸循环调节能量来影响鞭毛基因的表达以控制毒力。

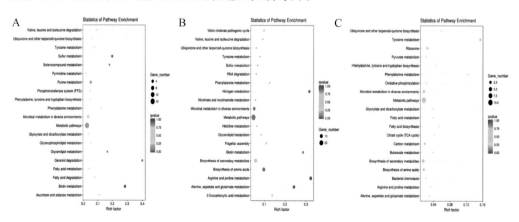

图 4-7　差异基因 KEGG 富集结果

KEGG 图中，纵轴表示 pathway 名称，横轴表示 Rich factor，圆点的大小表示此 pathway 中差异表达基因个数多少，而点的颜色对应于不同的 Qvalue 范围。A: MTVs 0.6 vs WTVs 0.6; B: MTVs 1.0 vs WTVs 1.0; C: MTVs 1.5 vs WTVs 1.5

4.2.4　分泌系统

分泌蛋白参与病原－宿主互作的多个生理过程，包括营养获取、环境适应、细胞间通讯、特定宿主细胞引起特异性免疫反应和破坏宿主细胞失衡等。一般认为，细菌有 I ~ Ⅵ型分泌系统，不同的病原菌通过特有的分泌系统将致病因子分泌到细胞外发挥作用，从而导致宿主发病。目前已有的研究表明，灿烂弧菌中含有与鞭毛同源性较高的三型分泌系统 fT3SS，分泌的效应蛋白参与了灿烂弧菌的致病过程。T3SS 是由多个蛋白组成的"针筒状"结构的复杂系统，其位于基底座的 ATPase 在 T3SS 效应蛋白的去折叠中起着提供能量等重要作用。Zhuang 等（2021）借助自杀性质粒 pDM4，采用框内基因缺失突变的方法构建了灿烂弧菌 T3SS ATPase 突变菌株 $\Delta vscN$，并测定了该突变体对刺参幼体的致病性，结果表明 T3SS ATPase 的敲除导致该菌的 LD_{50} 升高。该突变体聚集到刺参体腔细胞表面的能力明显降低，且潜在效应因子 Hop 蛋白不能如野生型菌株中的 Hop 一样定位于刺参体腔细胞内。通过实时荧光定量 PCR 检测了 *hop* 基因的表达，结果表明，突变体中 *hop* 基因的表达在 RNA 和蛋白质水平上均明显降低。由此表明，Hop 是灿烂弧菌的三型分泌系统效应因子，也是迄今为止唯一得以鉴定的灿烂弧菌三型分泌系统效应因子。Zhuang 等（2020）对灿烂弧菌中的 *hop* 基因进行了克隆，并在大肠杆菌 BL21(DE3) 中进行了体外重组表达，重组的 rHop 蛋白对刺参体腔细胞具有明显的细胞毒性 (图 4-8)。

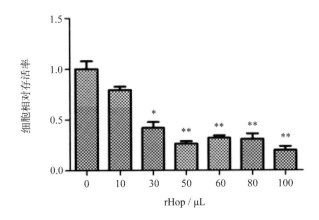

图 4-8　MTT 法检测 rHop 对刺参体腔细胞存活率的影响

加入不同量的 rHop 蛋白于刺参体腔细胞中，采用 MTT 法检测细胞的存活率。

*$P < 0.05$ 表示差异显著；**$P < 0.01$ 表示差异极显著

4.2.5 单 ADP – 核糖转移酶

单 ADP – 核糖转移酶（mARTs）是霍乱、白喉和百日咳等疾病病原体的重要致病因子。来自灿烂弧菌 12B01 的毒素 Vis（UniProt entry A3UNN4），具有单 ADP – 核糖转移酶活性，且通过酶活性发挥杀伤作用。Vis 的一级结构中含有信号肽，但其分泌到靶细胞的途径尚不清楚，它可通过转运体运输，亦可能由灿烂弧菌侵入宿主后直接释放到细胞质中。然而到目前为止，Vis 仅被确定对酵母有毒性，并未发现其对宿主细胞具有毒性作用。尽管研究者试图通过亲和层析试验进行该毒素靶标蛋白的筛选，但从牡蛎细胞和哺乳动物细胞的裂解物中并没有获得目标蛋白（Ravulapalli et al., 2015）。

4.3 灿烂弧菌致病力的调控因子

4.3.1 σ 因子对致病力的调控

温度对病原菌的致病力、宿主抗性以及宿主免疫力均有显著影响，在全球变暖这一大背景下，温度对病原菌致病力和宿主免疫力的影响显得尤为重要，已然成为水产养殖业需要重点关注的问题（Reverter et al., 2020）。温度对灿烂弧菌的致病力以及致病关键因子金属蛋白酶 *vsm* 的表达均有一定的影响，然而这种致病力和表达具有一定的菌株特异性。灿烂弧菌 JZ6 是一株嗜冷菌株，其菌体的致病性、胞外产物（extracellular products, ECP）中 Vsm 的表达量以及成熟 Vsm 形式 JZE1 的量，在 10℃ 时均高于 28℃。σ 因子对致病基因的表达调控是温度调控致病力的重要分子机制。σ 因子是 RNA 聚合酶全酶的重要组成部分，它识别启动子 DNA 共有序列且与 RNA 聚合酶核心酶结合转变为聚合酶全酶。σ 因子本身并不能与 DNA 结合，但是与核心酶的相互作用会激活它的 DNA 结合区域。而温度调控大多是由特定的 σ 因子将 RNA 聚合酶靶向到一系列特异性的启动子上，在特定条件下启动致病基因的表达。Liu 等（2016a）进一步的研究表明，在低温条件下，JZ6 中的 σ 因子 RpoS 通过靶向激活 *vsm* 基因的启动子活性对 *vsm* 基因的表达具有正向调控。而在灿烂弧菌 AJ01 中，*vsm* 基因在较高的温度（28℃）时 RNA 的表达量达到最高，同时，相比之下，σ 因子 RpoD 的表达在 28℃ 时表达量最低。重组 RpoD 并进行凝胶滞缓实验，结果表明

RpoD 可直接结合 *vsm* 基因的启动子区域；同时，通过共转染 RpoD 和 *vsm* 基因启动子，利用 psc11 中的 *lacZ* 报告基因检测 RpoD 对启动子的作用，结果表明 RpoD 对 *vsm* 启动子具有负调控作用；进一步将 *rpoD* 基因通过细菌接合的方式导入灿烂弧菌中，实时荧光定量 RCR 检测到 *vsm* 基因的表达受到抑制，同时蛋白酶活性降低，从多角度证明了 RpoD 负调控 *vsm* 基因的表达（Zhang et al., 2019）。

4.3.2　群体感应对致病力的调控

越来越多的生态学研究结果表明，单一的致病菌并不是导致宿主发病的唯一原因，相反，致病过程是多种细菌产生的群体效应协同完成的过程。革兰氏阴性细菌通常分泌小分子，主要是酰基高丝氨酸内酯（acyl-homoserine lactone，AHLs），作为菌体间互通信息的信号分子，并通过对信号分子的识别进行致病基因的表达调控，这一系统即为群体感应（quorum sensing，QS）（Bassler and Losick，2006）。利用紫色色杆菌（*Chromobacterium violaceum* CV026）和根癌农杆菌［*Agrobacterium tumefaciens* A136 (pCF218/pCF372)］进行信号分子的生物学活性检测，灿烂弧菌可产生 3-OH-C4-HSL 和 C4-HSL 等 QS 信号分子。Purohit 等（2013）检测了 6 株灿烂弧菌的 QS 分子，其中有 4 株分泌短链的 AHLs（C 的个数小于 6），但是 AHLs 的产生具有明显的菌株特异性。灿烂弧菌 LMG 19031 仅分泌 1 个 AHLs（3-OH-C4-HSL），灿烂弧菌 02/066 可产生 C4-HSL 和 3-OH-C4-HSL，其余两株灿烂弧菌均可产生多个 AHLs。Zhang 等（2017a）在刺参病原灿烂弧菌 AJ01 上清中检测到了短链的 AHLs，且采用乙酸乙酯进行了 AHLs 的萃取，采用紫色色杆菌和根癌农杆菌对萃取物中的生物学活性进行了检测。灿烂弧菌 AJ01 培养物的乙酸乙酯提取液含有短链的 AHLs 类信号分子，该粗提物可在低浓度时将菌体的金属蛋白酶 *vsm* 和溶血素 *vsh* 的基因表达分别上调 2.3 倍和 5.0 倍，因此灿烂弧菌 AJ01 具有群体感应调控系统，且对该菌的致病力具有正的调控作用（图 4-9）。灿烂弧菌 AJ01 可产生另一种信号分子吲哚，外源添加 160 μM 吲哚并不会对灿烂弧菌的生长产生影响，但是可以将金属蛋白酶 *vsm* 基因、溶血素 *vsh* 基因和 ABC 转运蛋白基因的 mRNA 表达降低至 16%、13% 和 11% (Zhang et al., 2017b)。AHLs 和吲哚两种信号分子对相同的致病因子具有调控作用，但是对两种信号系统的协同调控机制尚未进行研究。

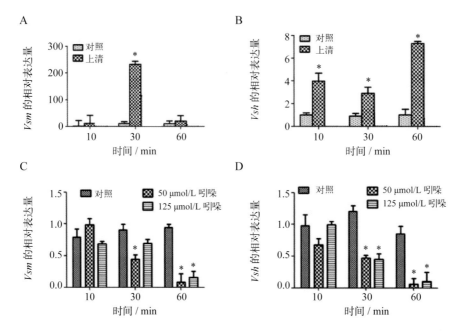

图 4-9　灿烂弧菌群体感应分子 AHLs 和吲哚对致病基因 *vsm* 基因和 *vsh* 基因的调控作用

A：加入含有 AHLs 的上清孵育不同时间后低密度菌体中 *vsm* 基因的表达；B：加入含有 AHLs 的上清孵育不同时间后低密度菌体中 *vsh* 基因的表达；C：添加吲哚后低密度菌体中 *vsm* 基因的表达；D：添加吲哚后低密度菌体中 *vsh* 基因的表达。*$P < 0.05$ 表示差异显著

（资料来源：Zhang et al., 2017a, 2017b）

【主要参考文献】

Acharya D, Sullivan M J, Duell B L, et al., 2019. Rapid bladder interleukin-10 synthesis in response to uropathogenic *Escherichia coli* is part of a defense strategy triggered by the major bacterial flagellar filament flic and contingent on TLR5. mSphere, 4(6): e00545–19.

Bassler B L, Losick R, 2006. Bacterially speaking. Cell, 125(2): 237–246.

Binesse J, Delsert C, Saulnier D, et al., 2008. Metalloprotease Vsm is the major determinant of toxicity for extracellular products of *Vibrio splendidus*. Applied and Environmental Microbiology, 74(23): 7108–7117.

Bruto M, James A, Petton B, et al., 2017. *Vibrio crassostreae*, a benign oyster colonizer turned into a pathogen after plasmid acquisition. ISME Journal, 11(4): 1043–1052.

Dai F, Li Y, Shao Y N, et al., 2020a. FliC of *Vibrio splendidus*-related strain involved in adhesion to *Apostichopus japonicus*. Microbial Pathogenesis, (149): 104503.

Dai F, Zhang W W, Zhuang Q T, et al., 2019. Dihydrolipoamide dehydrogenase of *Vibrio splendidus* is involved in adhesion to *Apostichopus japonicus*. Virulence, 10(1): 839–848.

Dai F, Zhuang Q T, Zhao X L, et al., 2020b. Green fluorescent protein-tagged *Vibrio splendidus* for monitoring bacterial infection in the sea cucumber *Apostichopus japonicus*. Aquaculture, (523): 735169.

Gómez-León J, Villamil L, Lemos M L, et al., 2005. Isolation of *Vibrio alginolyticus* and *Vibrio splendidus* from aquacultured carpet shell clam (*Ruditapes decussatus*) larvae associated with mass mortalities. Applied and Environmental Microbiology, 71(1): 98–104.

Liang W K, Zhang C, Liu N N, et al., 2016a. Cloning and characterization of Vshppd, a gene inducing haemolysis and immune response of *Apostichopus japonicus*. Aquaculture, 464(1): 246–252.

Liang W K, Zhang S S, Zhang W W, et al., 2016b. Characterization of functional fur$_{Vs}$ as a biomarker for the rapid detection of aquatic pathogen *Vibrio splendidus*. Journal of the World Aquaculture Society, 47(4): 577–586.

Liu R, Chen H, Zhang R, et al., 2016a. The comparative transcriptome analysis of *Vibrio splendidus* JZ6 revealed the mechanism of its pathogenicity at low temperature. Applied and Environmental Microbiology, 82(7): 2050–2061.

Liu R, Qiu L, Cheng Q, et al., 2016b. Evidence for cleavage of the metalloprotease vsm from *Vibrio splendidus* strain JZ6 by an m20 peptidase (pept-like protein) at low temperature. Frontiers in Microbiology, (7): 1684.

Macpherson H L, Bergh Ø, Birkbeck T H, 2012. An aerolysin-like enterotoxin from *Vibrio splendidus* may be involved in intestinal tract damage and mortalities in turbot, *Scophthalmus maximus* (L.), and cod, *Gadus morhua* L., larvae. Journal of Fish Diseases, 35(2): 153–167.

Nicholas P C, Robert M A, Baldwin J E, et al., 1997. A mechanistic rationalisation for the substrate specificity of recombinant mammalian 4-hydroxyphenylpyruvate dioxygenase (4-HPPD). Tetrahedron, (20): 6993–6995.

Purohit A A, Johansen J A, Hansen H, et al., 2013. Presence of acyl-homoserine lactones in 57 members of the Vibrionaceae family. Journal of Applied Microbiology, 115(3): 835–847.

Ravulapalli R, Lugo M R, Pfoh R, et al., 2015. Characterization of Vis toxin, a novel ADP-ribosyltransferase from *Vibrio splendidus*. Biochemistry, 54(38): 5920–5936.

Reverter M, Sarter S, Caruso D, et al., 2020. Aquaculture at the crossroads of global warming and antimicrobial resistance. Nature Communications, 11(1): 1870.

Saulnier D, De Decker S, Haffner P, et al., 2010. A large-scale epidemiological study to identify bacteria pathogenic to pacific oyster *Crassostrea gigas* and correlation between virulence and metalloprotease-like activity. Microbial Ecology, 59(4): 787–798.

Song T X, Liu H J, Lv T T, et al., 2018. Characteristics of the iron uptake-related process of a pathogenic *Vibrio splendidus* strain associated with massive mortalities of the sea cucumber *Apostichopus japonicus*. Journal of Invertebrate Pathology, (155): 25–31.

Song T X, Zhao X L, Shao Y N, et al., 2019. Gallium (Ⅲ) Nitrate inhibits pathogenic *Vibrio splendidus* Vs by interfering with the iron uptake pathway. Journal of Microbiology and Biotechnology, 29(6): 973–983.

Steinert M, Flugel M, Schuppler M, et al., 2001. The Lly protein is essential for p-hydroxyphenylpyruvate dioxygenase activity in *Legionella pneumophila*. FEMS Microbiology Letter, 203(1): 41–47.

Wang Z H, Li C H, Xing R L, et al., 2019. β-Integrin mediates LPS-induced coelomocyte apoptosis in sea cucumber *Apostichopus japonicus* via the integrin/FAK/caspase-3 signaling pathway. Developmental and Comparative Immunology, (91): 26–36.

Zhang C, Liang W K, Zhang W W, et al., 2016b. Characterization of a metalloprotease involved in *Vibrio splendidus* infection in the sea cucumber, *Apostichopus japonicus*. Microbial Pathogenesis, (101): 96–103.

Zhang C, Zhang W, Liang W, et al., 2019. A sigma factor RpoD negatively regulates temperature-dependent metalloprotease expression in a pathogenic *Vibrio splendidus*. Microbial Pathogenesis, (28): 311–316.

Zhang S S, Liu N N, Liang W K, et al., 2017a. Quorum sensing-disrupting coumarin suppressing virulence phenotypes in *Vibrio splendidus*. Applied Microbiology and Biotechnology, (101): 3371–3378.

Zhang S S, Zhang W W, Liu N N, et al., 2017b. Indole reduces the expression of virulence related genes in *Vibrio splendidus* pathogenic to sea cucumber *Apostichopus japonicus*. Microbial Pathogenesis, (111):168–173.

Zhang W W, Li C H, 2021. Virulence mechanisms of vibrios belonging to the Splendidus clade as aquaculture pathogens, from case studies and genome data. Reviews in Aquaculture, 13: 2004–2026.

Zhang W W, Liang W K, Li C H, 2016a. Inhibition of marine *Vibrio* sp. by pyoverdine from *Pseudomonas aeruginosa* PA1. Journal of Hazardous Materials, (302): 217–224.

Zhuang Q T, Dai F, Shao Y N, et al., 2021. *vscN* encodes a type Ⅲ secretion system ATPase in *Vibrio splendidus* AJ01 that contributes to pathogenicity and Hop secretion. Aquaculture, (533): 736228.

Zhuang Q T, Dai F, Zhao X L, et al., 2020. Cloning and characterization of the virulence factor Hop from *Vibrio splendidus*. Microbial Pathogenesis, (139): 103900.

第5章　刺参细胞免疫

对于病原微生物来说，侵染宿主的过程主要涉及其在宿主体内的生存、复制、传播及致病等多个过程。病原菌在进化过程中发展了多种策略以攻击宿主，其中最重要的一种方式就是通过毒力蛋白对宿主细胞造成损伤。与此同时，疾病的发生还与宿主的免疫防御息息相关，作为无脊椎动物的刺参只存在先天性免疫，缺乏脊椎动物中的获得性免疫。无脊椎动物主要通过一类被称为模式识别受体（pattern recognition receptors，PRRs）的免疫识别分子识别入侵病原，进而启动细胞免疫和体液免疫抵抗或清除病原（Wang et al., 2020）。研究刺参免疫机制，是建立刺参养殖业绿色发展的前提，对于深入理解病原菌与宿主的互作机制、指导抗感染药物的设计有着重要意义。

5.1　细胞免疫概念

刺参与其他无脊椎动物一样缺乏特异性免疫，因此体腔细胞的免疫功能显得尤为重要。刺参的免疫应答是由参与免疫反应的效应细胞——体腔细胞和多种体液免疫因子共同介导的。刺参具有宽阔的真体腔，体腔内充满体腔液，体腔液类似于淋巴，悬浮着多种参加免疫反应的细胞，体腔细胞具有与红细胞类似的功能。这些细胞具有吞噬和凝集两大免疫功能，其作为消除异物和修复伤口的主要途径，形成了刺参体内防御机制的第一道防线（迟刚等，2009）。一旦受到外来病原的入侵，刺参的体腔细胞会通过包囊外来物质，吞噬外来物质（病原）并释放出具有杀菌作用的细胞因子或细胞溶解颗粒，产生超氧阴离子，或产生具有抗感染效应的免疫酶来积极应对病原的侵袭。

广义的细胞免疫包括内吞作用、自我和非自我的识别及细胞毒性作用等，细胞免疫是应对微生物侵染时最有效的防御和清除手段，也是机体感染后修复愈合过程中的有效手段。在哺乳动物中，细胞免疫机制包括两个方面，吞噬细胞的直接杀伤作用和

通过炎症因子相互合作清除外源物质。如今，水产动物的细胞免疫研究与哺乳动物的细胞免疫研究相比还处在初始阶段（陈璐等，2011）。硬骨鱼类中主要的免疫细胞包括巨噬细胞、中性粒细胞和非特异性细胞毒性细胞（NK 细胞），后来研究证明鱼类的上皮细胞、树突状细胞和 B 细胞等非免疫细胞同样也会参与鱼类的细胞免疫（王卫卫等，2010）。最近的研究也已经证明，所有的无脊椎动物都含有具有内吞作用的变形细胞，刺参体腔液中的细胞也可以高效地辨别外界异物，激发相关免疫基因的表达，通过内吞作用或内化将外源物包裹降解或排出体外，或者通过调节细胞极化来调控刺参体表伤口的愈合过程。具有内吞活性的体腔细胞的发现，表明刺参体腔细胞是抵御入侵的外来病原体或受到外界刺激胁迫后进行自我防卫的第一道免疫防御屏障。细菌和真菌在感染位置能被摄取，这主要是由有内吞活性的体腔细胞来完成。它们主要参与对胞内或胞间的病原微生物的胞吞和清除，同时也是刺参应对疾病的首要细胞。对相关免疫细胞的靶向治疗，已经成为许多物种中解决病害问题的新手段。

5.2　体腔细胞分类

国内外学者对棘皮动物体腔细胞的研究已经长达 30 年之久。由于研究的人员、目的、手段等不同，对刺参体腔细胞种类的划分也各不相同，其体腔细胞类型至今无统一的标准，体腔细胞和血细胞的确切关系也未见描述。Hetzel 等（1963）对刺参体腔细胞形态做了简单的描述，Eliseikina 等（2002）在研究刺参和瓜参（*Cucumaria japonica*）时发现，体腔细胞可以分成祖原细胞、吞噬细胞、有空泡细胞、小（幼）桑椹细胞、桑椹细胞（Ⅰ型、Ⅱ型和Ⅲ型）、晶体细胞和振颤细胞。其中，桑椹细胞包含红色桑椹细胞和无色桑椹细胞两种类型，红色桑椹细胞较无色桑椹细胞密集。当组织损伤和感染时，红色桑椹细胞可发生聚集，参与机体免疫反应。无色桑椹细胞体积较小，且都是可以变形的，无色桑椹细胞的功能至今尚未明确。振颤细胞是球状的，并未表现出变形运动，但其具有一根鞭毛，可在体腔液中运动。振颤细胞可能参与凝血反应，凝血反应是机体受损伤时的重要免疫应答反应。刘晓云等（2005）用电镜技术将刺参体腔细胞分为大颗粒细胞、小颗粒细胞、透明细胞和淋巴样细胞。而有关刺参血细胞的论述则未见报道，有学者认为体腔细胞相当于血细胞，血液类似于体腔液。

李华等（2009）将刺参体腔细胞分为 6 类：淋巴样细胞、球形细胞、变形细胞、纺锤细胞、透明细胞和结晶细胞，其中以淋巴样细胞、球形细胞和变形细胞为主，透明细胞和纺锤细胞次之，结晶细胞数量最少。依据细胞形态、运动能力和细胞内颗粒大小，将球形细胞又分为三个类型：Ⅰ型球形细胞内颗粒小，细胞无运动能力；Ⅱ型球形细胞内颗粒较小，细胞伸出刺状伪足；Ⅲ型球形细胞内颗粒较大，细胞能做阿米巴运动。球形细胞具有吞噬异物的能力，内均有大小不同的颗粒。变形细胞形状不规则，细胞器较发达，与玉足海参（*Holothuria leucospilota*）和小瓜参的吞噬细胞及虾夷马粪海胆（*Strongylocentrotus intermedius*）的变形吞噬细胞相似，吞噬能力强，当遇到刺激时伪足迅速缩回，吞噬异物时则伸长，故依其形状不定之特点，将其命名为变形细胞。淋巴样细胞呈球形或卵圆形，可伸出 1 ~ 3 个伪足，细胞核质比大，胞质内细胞器不发达，与玉足海参的淋巴球细胞相似，考虑到淋巴细胞的特殊功能，称淋巴样细胞。纺锤细胞，以其形状而命名，没有吞噬能力，这与玉足海参的纺锤细胞类似。透明细胞胞质中无颗粒，不能运动和吞噬，内有较多的泡状结构，可能具有分泌某些物质的能力。结晶细胞，结构简单，新月形细胞核偏向一边，真五角瓜参结晶细胞为菱形，箱参属的结晶细胞则为星形。结晶细胞可能与渗透调节有关。刺参体腔中各种细胞的形态见图 5–1。

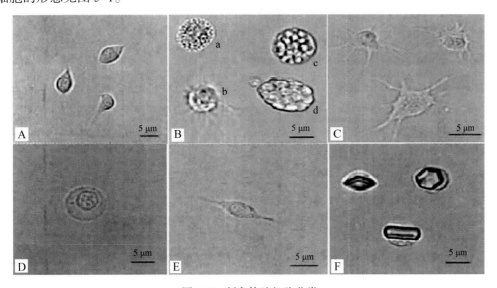

图 5–1　刺参体腔细胞分类

A：淋巴样细胞。B：球形细胞：光镜下，球形细胞呈球形，Ⅰ型球形细胞胞核被胞质中大量的小颗粒遮住，细胞无运动能力，大小为 5 ~ 10 μm（a）；Ⅱ型球形细胞胞核被胞质中大量的小颗粒遮住，细胞外质伸出很多刺状伪足，活体观察犹如"太阳"状，细胞大小为 7 ~ 12 μm，刺状伪足长 4 ~ 7 μm（b）；Ⅲ型球形细胞，大小为 6 ~ 13 μm，静止时呈球形，细胞核被许多颗粒状小球体遮住（c），活体观察细胞可做阿米巴运动，伸出钝状伪足（d）。C：变形细胞。D：透明细胞。E：纺锤细胞。F：结晶细胞

（资料来源：李华等，2009）

吕志猛等利用 Percoll 试剂分离收集灿烂弧菌胁迫不同时间的体腔细胞。研究发现，随着胁迫时间增加，中间层细胞浓度不断增加。吉姆萨染色后发现离心上层细胞

为核质比较小的细胞，中间层细胞为核质比较大的细胞，细胞体积最小，最底层细胞为大核或多核细胞（图 5-2）。

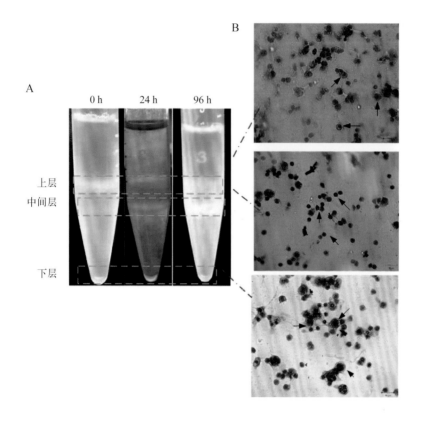

图 5-2　Percoll 试剂分离观察灿烂弧菌胁迫不同时间的体腔细胞

A：Percoll 分离灿烂弧菌胁迫不同时间点细胞；B：吉姆萨染色不同分层细胞

体腔细胞和血细胞的准确分类是研究其功能及其发生的基础。形态学分类具有直观、简单、便于交流等特点，但有其局限性，应用单克隆抗体技术从抗原性角度进行更准确分类是未来研究的重点。

5.3　体腔细胞的免疫功能

5.3.1　体腔细胞的趋化作用

"趋化作用"是指细胞沿浓度梯度向化学刺激物做定向运动。当病原微生物入侵机体后，受损细胞会释放某些化学物质，吸引大量的炎症细胞，并表现为局部炎症反应，此时镜下观察受损组织，会见到大量的炎症细胞浸润现象。Lv 等（2019）通过对腐皮综合征刺参体壁病理切片的观察，发现患病组织具有类似于高等动物的炎症现象，出现了明显的白细胞增多、细胞浸润、组织空泡和肌肉纤维断裂等炎性组织学特点，同时在腐皮综合征的体壁中检测到了炎症标志分子 NO，NO 的含量与正常组相比上调 1.54 倍，同时，总 NOS（TNOS）上调 1.50 倍，诱导型 NOS（iNOS）上调 1.24 倍（图 5-3）。

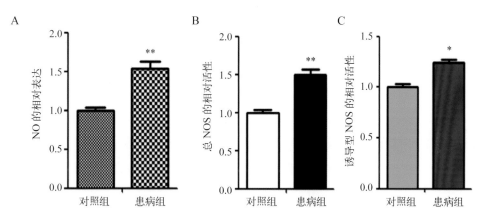

图 5-3　NO 在正常组织和腐皮综合征组织中的表达及 NOS 活性分析

A：NO 的相对表达；B：总 NOS 的相对活性；C：诱导型 NOS 的相对活性。

*$P < 0.05$ 表示差异显著；**$P < 0.01$ 表示差异极显著

（资料来源：Lv et al., 2019）

5.3.2　细胞杀伤功能

　　细胞杀伤功能是刺参体腔细胞免疫功能之一，又被称为细胞毒性。吞噬细胞和桑椹细胞均可产生并释放杀菌物质来分解被吞噬的外来物质，如脂肪酶、过氧化物酶和丝氨酸蛋白酶等。细胞在吞噬异物过程中会产生具有强烈杀菌作用的超氧阴离子自由基，活性氧（Reactive oxygen species，ROS）可以单独或同溶酶体酶等结合抵抗外来病原微生物的入侵，活性氧产生的强弱直接反映了体腔细胞的杀菌机能。Zhang 等（2016）发现利用天然状态的刺参体腔液在体外状态下处理灿烂弧菌能够造成明显的杀伤作用，而热处理过的刺参体腔液在体外状态下处理灿烂弧菌杀伤能力明显减弱，并且这种效果随着灿烂弧菌浓度的升高而减弱，表明刺参体腔细胞的杀伤功能可能是通过蛋白酶活性来实现的。已证明海参（*Holothuria polii*）的吞噬细胞中富含多种溶酶体酶类，包括酸性磷酸酶、碱性磷酸酶、β-葡萄糖苷酶、氨基肽酶、酸性蛋白酶、碱性蛋白酶和脂肪酶。Canicatti 等（1987，1988）研究了 *H. polii* 体腔细胞中的溶菌酶，认为这些酶类具有降解不同外来物质的能力。其中，β-葡萄糖苷酶可能与细菌细胞壁和许多寄生虫被膜的主要组成成分酸性黏多糖的水解有关。加州刺参（*Parastichopus*

californicus）体腔细胞中存在溶菌酶和酸性磷酸酶，叶瓜参（*Cucumaria frondosa*）体腔细胞中也检测到了溶菌酶活性。这些研究结果都暗示着刺参体腔细胞在杀伤病原菌过程中发挥着重要作用。

5.3.3 吞噬功能

吞噬作用是机体内部防御的第一道防线，因此吞噬过程在机体所有免疫应答中居于重要地位。细胞吞噬作用是刺参体腔细胞免疫的主要防御机制，体腔液中的吞噬细胞能够有效地识别并吞噬外源粒子，然后将其降解或直接排出体外。大多数免疫反应都是由具有吞噬作用的变形细胞介导的。刺参体腔细胞中的吞噬变形细胞在启动体内和体外创伤愈合反应过程中起着重要作用，包括聚集、细胞残骸的吞噬作用和受伤部位新细胞层的形成。在这些反应中，变形细胞在形态学上明显显示出两个不同的时期：一是形成花瓣状态时期，此时具有活跃的吞噬活性；二是形成伪足阶段，该阶段可能与凝血作用有关（任媛等，2019）。

深海刺参（*Stichopus tremulus*）的吞噬细胞对海洋微生物具有趋化性，且均对革兰氏阳性细菌具有较强的吞噬作用。这是由于在海洋环境中，革兰氏阳性细菌相对稀少，对棘皮动物来讲该类细菌具有较强的外源性。Wang 等（2016）将整合素抗体与刺参体腔细胞孵育，测定了体腔细胞对荧光微球菌的吞噬能力，证明了刺参体腔细胞膜上的整合素蛋白具有促进细胞吞噬的功能。此外还有研究表明，刺参体腔细胞的吞噬能力与温度关系密切，18℃时吞噬百分率和吞噬指数最高，12℃时次之，4℃和25℃时最低（李华等，2009）。

雷帕霉素靶蛋白复合物 2 型（mechanical target of rapamycin complex 2，mTORC2）最初被鉴定为酵母和哺乳动物中肌动蛋白细胞骨架重组（排）的调节因子，在肌动蛋白细胞骨架生成及运动中起关键作用，能够介导免疫细胞内吞，发挥抵御病原入侵和感染后修复愈合的作用。高等哺乳动物 mTORC2 调控的内吞作用在癌症的治疗和传染病的防治过程中都具有重要的应用价值。mTORC2 由 mTOR、Rictor、mlst8、mSin1、Protor、Ttil、Tel2 和 Deptor 亚基组成。Yue 等（2019）通过 cDNA 末端快速扩增技术（rapid amplification of cDNA ends，RACE）获得了刺参雷帕霉素靶蛋白复合物 2 型关键亚基 *AjRictor*，通过 RNAi 对 *AjRictor* 进行敲降后，流式细胞仪检测表明体腔细胞内吞率显著下降。同时，通过 mTOR 抑制剂雷帕霉素处理体腔细胞 24 h，细胞的内吞率也明显下降（图 5-4）。上述结果表明，刺参 mTORC2 对体腔细胞内吞作用具有正调控作用。

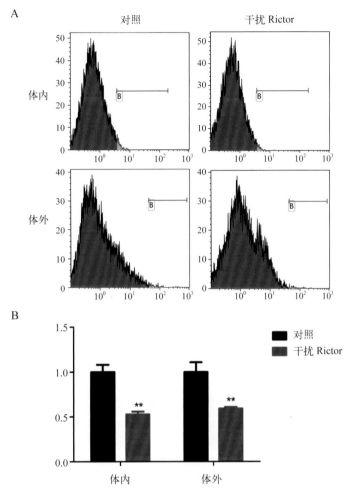

图 5–4　*AjRictor* mRNA 干扰后内吞效率分析

A: mRNA 干扰后体内和体外的内吞率；B: 内吞率柱状图。**$P < 0.01$ 表示差异极显著

（资料来源：Yue et al., 2019）

为进一步明确 mTORC2 介导细胞内吞机制，Yue 等（2019）克隆得到刺参中 mTORC2 信号通路下游调节内吞作用的 AGC 激酶家族成员 *AjSGK1*、*AjPKCα* 和 *AjAkt*。*AjRictor* 干扰抑制后，AjSGK1 和 AjPKCα 的蛋白表达水平以及 AjAkt^{Ser473} 位点的磷酸化水平被显著抑制，而 AjAkt 蛋白含量未发生变化。而雷帕霉素处理不能影响 AjSGK1 和 AjAkt 蛋白水平的表达，AjPKCα 的蛋白表达水平和 AjAkt^{Ser473} 位点的磷酸化水平则被显著抑制。上述结果揭示 AjAkt 的磷酸化修饰可能参与 mTORC2 介导的刺参体腔细胞内吞，而 Rictor 可能独立于 mTORC2 调节 SGK1。

5.4 细胞死亡与免疫

2005 年第一届细胞死亡学术命名委员会（NCCD）对细胞死亡做出了较为清晰的定义：不同于濒死细胞的可逆细胞状态，死亡细胞是指细胞到达生命终点，处于不可逆转的状态（Kroemer et al., 2005）。只有符合以下任一分子水平或者是形态学的条件，才能界定一个细胞的死亡，这些条件主要包括：①细胞失去了质膜的完整性；②细胞形成凋亡小体；③细胞碎片被邻近的细胞吞噬（Kroemer et al., 2009）。

细胞死亡的分类可以按照不同标准来区分：①根据形态学特征可分为凋亡、坏死和自噬等；②根据酶学标准可分为半胱氨酰天冬氨酸特异性蛋白酶（caspase）-依赖型和 caspase-非依赖型；③根据功能方面可分为程序性死亡、意外死亡、病理性死亡及生理性死亡；④根据免疫学特征可分为致免疫性死亡和非致免疫性死亡。本节主要依据形态学分类来探讨刺参体腔细胞细胞死亡的形式与免疫的关系。

5.4.1 细胞凋亡

细胞凋亡（apoptosis）一般是指机体细胞在发育过程中或在某些因素作用下，通过细胞内基因及其产物的调控而发生的一种程序性细胞死亡（programmed cell death）。一般表现为单个细胞的死亡，且不伴有炎症反应。细胞凋亡主要有两种途径：一种是外源性的（即经细胞死亡因子受体介导的细胞凋亡），另一种是内源性的（即经线粒体途径）。虽然经过两种不同的途径，但最终都必须经过一种为 caspases 的家族成员介导的蛋白酶级联反应过程，作用于底物而导致凋亡（Pfeffer et al., 2018）。

5.4.1.1 外源性细胞凋亡

外源性细胞凋亡又叫细胞凋亡的死亡受体途径，因该途径涉及一系列被称为死亡受体（death receptors, DR）的位于细胞膜表面的凋亡信号感受和传递蛋白。典型的死亡受体包括 Fas（apo1/CD95）、TNFR1 及 TRAIL 等（Itoh et al., 1991），这些蛋白均属于肿瘤坏死因子受体超家族（tumor necrosis factor receptor, TNFR），通常以三聚体的形式锚定于细胞表面。死亡受体具有一个胞外配体结合域、一个单次跨膜结构域以及一个膜内死亡结构域，一旦与配体结合，就会在构象上产生变化，随即在膜内通过死亡结构域结合其他接头蛋白，如 FADD（Fas associated death domain）和 TRAF2（TNFR-associated factor 2）等（Danial and Korsmeyer, 2004）。以 FADD 为例，该蛋白含死亡结构域及死亡效应结构域，一旦结合于死亡受体，FADD 即可借助其死亡效应结构域招募细胞质中酶原形式的 caspase-8 或 caspase-10，形成死亡诱导信号复合体（death-inducing signaling complex，DISC），从而激活 caspase-8 或 caspase-10。激活后的 caspase-8 或 caspase-10 又能进一步激活下游的 caspase-3、caspase-6 和 caspase-7 等凋亡酶，进而导致细胞凋亡的发生（Kruidering et al., 2000）。

5.4.1.2　内源性细胞凋亡

内源性细胞凋亡又叫细胞凋亡的线粒体途径，因为线粒体在该途径中发挥重要作用。内源性细胞凋亡通常是由细胞毒性刺激物或环境胁迫因子等刺激引起的。在哺乳动物中，内源性细胞凋亡通路中非常重要的一个环节就是线粒体外膜通透性的上升以及随之导致的一系列线粒体蛋白（包括细胞色素 C、Endo G、SMAC/Diablo 和 AIF 等）向细胞质的释放（Chipuk et al., 2006）。而线粒体外膜通透性改变的过程则主要是由 Bcl-2 家族进行调控的（Chipuk and Green, 2008）。从线粒体中释放的蛋白，能够通过不同的路径诱导细胞发生凋亡，而这些蛋白中，当属细胞色素 C 这个能在电子传递链中传递电子的蛋白最为"著名"。细胞色素 C 在被释放到细胞质之后，能够在 ATP 的辅助下，与凋亡酶激活因子 1（apoptotic protease activating factor-1, Apaf-1）结合，启动对凋亡酶 caspase-9 的招募（Liu et al., 1996）。Apaf-1 蛋白具有一个核酸结合结构域、一个 CARD 结构域和多个 WD40 结构域。细胞色素 C 能够与原本结合于 CARD 结构域的 WD40 结构域结合，从而释放 CARD 结构域。Apaf-1 的 CARD 结构域随后在 ATP 的协助下被充分暴露，并通过结合酶原形式 caspase-9 上的 CARD 结构域实现 Apaf-1 蛋白对酶原形式 caspase-9 的招募。多个酶原形式 caspase-9 在被招募后由于空间上距离变小，导致互相之间发生自我切割，从而实现了 caspase-9 的激活（Acehan et al., 2002）。一旦 caspase-9 被激活，下游的效应因子 caspase-3 也随即被激活，并最终引导细胞凋亡。

5.4.1.3　细胞凋亡在刺参先天免疫防御中的作用

细胞凋亡是细胞为维持内环境稳定，由基因调控的、自主有序的生理性死亡，在刺参抵御病原感染中具有重要作用。目前，在刺参中已扩增得到多个细胞凋亡相关基因。Shao 等（2016）通过 RACE 技术扩增得到了 4 个 caspases 同源基因，即 *Ajcaspase-2*、*Ajcaspase-3*、*Ajcaspase-6* 和 *Ajcaspase-8*。qPCR 分析发现 4 个 caspases 在刺参各个组织中的分布特征及灿烂弧菌诱导后的表达水平均差异显著，表明不同

caspases 在免疫反应中发挥不同功能。随着研究的深入，发现刺参可通过多种途径诱导其体腔细胞凋亡的发生以对抗灿烂弧菌的感染。①细胞凋亡线粒体途径的调控：Chen 等（2017a，2017b）的研究表明灿烂弧菌感染可促进刺参组织蛋白酶 B 活性增加，影响线粒体膜电位的变化并促进细胞色素 c 的释放，进而继续激活下游效应因子 caspases-3 以执行细胞凋亡；Guo 等（2019）通过刺参活体体腔注射 Bax siRNA 并结合拯救实验，进一步证实了促凋亡蛋白 Bax 能促进线粒体介导的细胞凋亡，而抗凋亡蛋白 Bcl-2 能抑制细胞色素 c 的释放进而抑制细胞凋亡（Guo et al.，2020）；Liu 等（2020）发现刺参亲环素 A 可作为 NF-κB 的辅助因子促其核移位，进而调控 Bcl-2 的表达诱导细胞凋亡发生，该研究表明刺参中存在完整的细胞凋亡通路。②细胞凋亡死亡受体途径的调控：Zhao 等（2020）首次阐述了刺参中存在以死亡受体介导的细胞凋亡，caspase-8 作为死亡受体介导的凋亡途径中的关键启动子，具有 FADD 样 DED 结构域，能够与死亡受体蛋白 FADD 结合，形成死亡复合体，进而诱导下游 caspase 基因表达，诱导细胞凋亡。

5.4.2　细胞自噬

细胞自噬（autophagy）是指细胞通过双层膜包裹胞质物、入侵病原或损伤的细胞器、蛋白质等待降解物形成自噬体（autophagosome），并与溶酶体（lysosome）融合形成自噬溶酶体（autolysosome）将包裹物消化降解，从而实现细胞自身的能量物质代谢和细胞器更新的胞内过程（Yorimitsu et al.，2005；Parzych et al.，2014）。其作为一种维持细胞内环境稳态、实现自我更新的进化保守机制，同时也是免疫防御机制的重要组成部分，在机体免疫防御中发挥重要的功能（Harris et al.，2017）。自噬发生一般需要经过以下几个阶段：自噬的启动，自噬体的形成、成熟和降解，并且整个过程受一系列自噬相关基因的严格调控（Harris et al.，2017）。当受到细胞内外刺激因素（饥饿、低氧、病原、放射化疗等）诱导时，经细胞信号通路的转导，诱导细胞形成大量自噬体，以此保护机体免受各种致病因素的侵袭。自噬作为一种机体自我保护的天然免疫机制，尤其在抵御病原微生物感染中发挥重要作用（Gomes et al.，2014）。目前，对病原胁迫下的自噬研究主要集中于高等哺乳动物或无脊椎模式动物果蝇或线虫中（Matsuzawa-Ishimoto et al.，2018）。在海洋无脊椎动物中，对病原胁迫的自噬研究相对缺乏。通过对刺参基因组分析发现，刺参中也存在众多自噬相关基因，且自噬标志性蛋白已在相关文献中报道（Shao et al.，2020；Yue et al.，2019），表明刺参中存在细胞自噬。但关于刺参在病原感染下的自噬完整通路，还有待深入研究。王振辉等发现了灿烂弧菌的 LPS 可通过特异性识别刺参体腔细胞 TLR3 信号通路诱导 TRAF6 泛素化水平，进而促进 Beclin1 泛素化水平，正调控自噬的发生。与此同时，TLR3 激活自噬的负调控子 A20 的表达，降低 Beclin1 的泛素化水平，实现对细胞自噬的双重调控途径（图 5-5）。

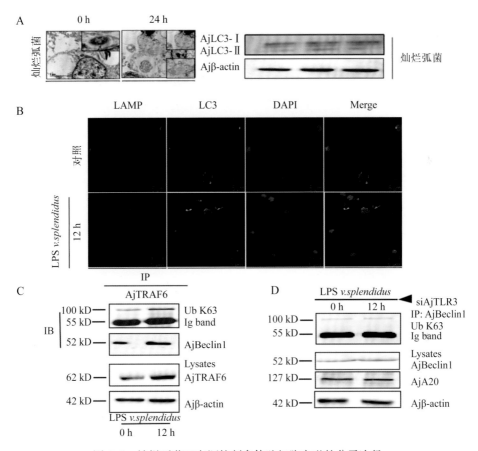

图 5-5 灿烂弧菌双向调控刺参体腔细胞自噬的分子途径

A：灿烂弧菌可以引起刺参体腔细胞自噬；B：灿烂弧菌脂多糖刺激刺参体腔细胞后自噬流的检测；C：TLR3 干扰后降低灿烂弧菌脂多糖诱导的 Beclin1 K63-linked 泛素化；D：TLR3 干扰后降低 A20 表达

王振辉等进一步研究了病原灿烂弧菌 T3SS 调控下刺参体腔细胞的自噬，效应蛋白 VsEprK 可显著抑制刺参体腔细胞的自噬；刺参体腔细胞对 VsEprK 敲除灿烂弧菌菌株的自噬活性明显高于野生菌株，而表面展示得到 VsEprK 效应蛋白的大肠杆菌引起的刺参体腔细胞自噬水平显著低于野生型大肠杆菌。进一步的功能研究揭示，VsEprK 通过靶向磷酸化宿主 AjFAK、AjAKT 和 AjmTOR 的水平抑制细胞自噬（图 5-6）。

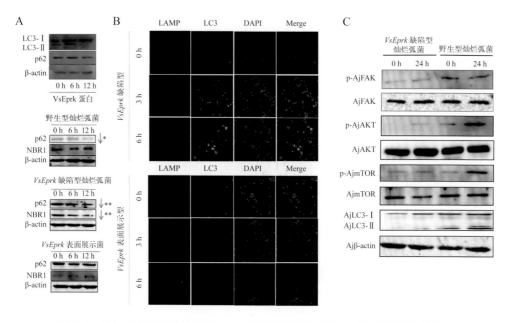

图 5-6　灿烂弧菌Ⅲ型分泌蛋白 VsEprK 靶向 FAK/AKT/mTOR 通路抑制自噬

A：VsEprk 对自噬相关蛋白表达变化的影响；B：VsEprk 对自噬小体和溶酶体的融合影响；C：VsEprk 对自噬相关蛋白与潜在调控蛋白的磷酸化及表达水平影响。*P < 0.05 表示差异显著；**P < 0.01 表示差异极显著

5.4.3　细胞焦亡

细胞焦亡是一种程序性细胞死亡，具有与细胞坏死相似的形态学特征，如细胞质膜上会有孔的形成、细胞肿胀、细胞质膜破裂，随后内容物释放到细胞质外，引发组织急性炎症反应等（Cookson et al., 2001）。经典的炎症小体主要通过细胞质内的模式识别受体（如 NLR 家族蛋白等）识别多种病原体或宿主源性的危险信号来组装，如 NLRC4 炎症小体，主要由细胞内的模式识别受体 NLRC4、接头蛋白 ACS 和炎性 caspase-1 前体组装而成，可以激活炎性 caspase-1 蛋白（Fink et al., 2005）。非经典的炎症小体则可通过炎性 caspase-4/5/11 前体与细胞质内的细菌脂多糖 LPS 直接结合而组装，以激活 caspase-4/5/11 蛋白（Broz, 2015）。活化的 caspase-1 及前体和活化的 caspase-4/5/11 均可以切割 GSDMD 蛋白，使其 N 端结构域和 C 端结构域分离，以解除 GSDMD 蛋白 C 端结构域对 N 端结构域的抑制（Ding et al., 2016）。切割后的 GSDMD 蛋白 N 端结构域可以与细胞质膜上的磷脂酰肌醇结合，在细胞质膜上寡聚并形成 12 ~ 14 nm 内径的膜孔，成熟的 IL-1β 分子可以通过该膜孔释放到细胞质外。细胞质膜上孔的形成破坏了细胞内外的渗透势，导致细胞的肿胀和最终的破裂，内容物

释放到细胞质外，引发组织的急性炎症反应。在刺参中，存在模式识别受体 NLRC4（Chen et al., 2020）或 NLRP3（Lv et al., 2017），但在其基因组中未找到 GSDMD 蛋白和 IL-1β。Shao 等（2019）研究发现，刺参 caspase-1 可促进人胚胎肾细胞 293（HEK293）细胞 GSDMD 和 IL-1β 的表达，表明刺参中可能也存在细胞焦亡，但还需要更深入的研究来讲一步证实。

【主要参考文献】

陈璐，蒋争凡，2011. 天然免疫及其相关细胞信号转导研究进展. 中国科技论文在线.

迟刚，李强，王扬，等，2009. 仿刺参体腔细胞原代培养方法初探. 大连海洋大学学报，24(2): 181–184.

李华，陈静，李强，等，2009. 仿刺参体腔细胞吞噬与凝集功能及其与温度的关系. 大连水产学院学报，24(3): 189–194.

李华，陈静，陆佳，等，2009. 仿刺参体腔细胞和血细胞类型及体腔细胞数量研究. 水生生物学报，33(2): 207–213.

刘晓云，谭金山，包振民，等，2005. 刺参体腔细胞的超微结构观察. 电子显微学报，24(6): 613–615.

任媛，李强，王轶南，等，2019. 棘皮动物体腔细胞的研究进展. 中国农业科技导报，21(2): 91–97.

王卫卫，吴谡琦，孙修勤，等，2010. 硬骨鱼免疫系统的组成与免疫应答机制研究进展. 海洋科学进展，28(2): 257–265.

Acehan D, Jiang X, Morgan D G, et al., 2002. Three-dimensional structure of the apoptosome: implications for assembly, procaspase-9 binding, and activation. Molecular Cell, 9(2): 423–432.

Broz P, 2015. Immunology: caspase target drives pyroptosis. Nature, 526(757): 642–643.

Canicatti C, Ciulla D, 1987. Studies on *Holothuria polii* (Echinodermata) coelomocyte lysate. I. Hemolytic activity of coelomocyte hemolysins. Developmental & Comparative Immunology, 11(4): 705–712.

Canicatti C, Ciulla D, 1988. Studies on *Holothuria polii* (Echinodermata) coelomocyte lysate. II. Isolation of coelomocyte hemolysins. Developmental & Comparative Immunology, 12(1): 55–63.

Chen H H, Lv M, Lv Z M, et al., 2017a. Molecular cloning and functional characterization of cathepsin B from the sea cucumber *Apostichopus japonicus*. Fish & Shellfish Immunology, 60: 447–457.

Chen H H, Lv M, Lv Z M, et al., 2017b. Divergent roles of three cytochrome c in CTSB-modulating coelomocyte apoptosis in *Apostichopus japonicus*. Developmental & Comparative Immunology, 76: 65–76.

Chen K Y, Lv Z M, Shao Y N, et al., 2020. Cloning and functional analysis the first NLRC4-like gene from the sea cucumber *Apostichopus japonicus*. Developmental & Comparative Immunology, 104: 103541.

Chipuk J E, Bouchier-Hayes L, Green D R, 2006. Mitochondrial outer membrane permeabilization during apoptosis: the innocent bystander scenario. Cell Death & Differentiation, 13(8): 1396–1402.

Chipuk J E, Green D R, 2008. How do BCL-2 proteins induce mitochondrial outer membrane permeabilization? Trends in Cell Biology, 18(4): 157–164.

Cookson B T, Brennan M A, 2001. Pro-inflammatory programmed cell death. Trends in Microbiology, 9(3): 113–114.

Danial N N, Korsmeyer S J, 2004. Cell death: critical control points. Cell, 116(2): 205–219.

Ding J, Wang K, Liu W, et al., 2016. Pore-forming activity and structural autoinhibition of the gasdermin family. Nature, 535: 111–116.

Eliseikina M G, Magarlamov T Y, 2002. Coelomocyte morphology in the holothurians *Apostichopus japonicus*, (Aspidochirota: Stichopodidae) and *Cucumaria japonica* (Dendrochirota: Cucumariidae). Russian Journal of Marine Biology, 28(3): 197–202.

Fink S L, Cookson B T, 2005. Apoptosis, Pyroptosis, and Necrosis: mechanistic description of dead and dying eukaryotic cells. Infection & Immunity, 73(4): 1907–1916.

Gomes L C, Dikic I, 2014. Autophagy in antimicrobial immunity. Molecular Cell, 549(2): 224–233.

Guo M, Chen K Y, Lv Z M, et al., 2020. Bcl-2 mediates coelomocytes apoptosis by suppressing cytochrome c release in *Vibrio splendidus* challenged *Apostichopus japonicus*. Developmental & Comparative Immunology, 103: 103533.

Guo M, Lv M, Shao Y N, et al., 2019. Bax functions as coelomocyte apoptosis regulator in the sea cucumber *Apostichopus japonicus*. Developmental & Comparative Immunology, 102:

103490.

Harris J, Lang T, Thomas J P W, et al., 2017. Autophagy and inflammasomes. Molecular Immunology, 86: 10–15.

Hetzel H R, 1963. Studies on holothurian coelomocytes I. A survey of coelomocyte types. Biological Bulletin, 125(2): 289–301.

Itoh N, Yonehara S, Ishii A, et al., 1991. The polypeptide encoded by the cDNA for human cell surface antigen Fas can mediate apoptosis. Cell, 66(2): 233–243.

Kroemer G, El-Deiry W S, Golstein P, et al., 2005. Classification of cell death: recommendations of the Nomenclature Committee on Cell Death 2009. Cell Death & Differentiation, 12(2): 1463–1467.

Kroemer G, Galluzzi L, Vandenabeele P, et al., 2009. Classification of cell death: recommendations of the Nomenclature Committee on Cell Death 2009. Cell Death & Differentiation, 16(1): 3–11.

Kruidering M, Evan G I, 2000. Caspase-8 in Apoptosis: The Beginning of "The End"?. International Union of Biochemistry and Molecular Biology Life, 50(2): 85–90.

Liu J Q, Guo M, Lv Z M, et al., 2020. A cyclophilin A (CypA) from *Apostichopus japonicus* modulates NF-κB translocation as a cofactor. Fish & Shellfish Immunology, 98: 728–737.

Liu X, Kim C N, Yang J, et al., 1996. Induction of apoptotic program in cell-free extracts: requirement for dATP and cytochrome c. Cell, 86(1): 147–157.

Lv Z M, Guo M, Li C H, et al., 2019. Macrophage migration inhibitory factor is involved in inflammation response in pathogen challenged *Apostichopus japonicus*. Fish & Shellfish Immunology, 87: 839–846.

Lv Z M, Wei Z X, Zhang Z, et al., 2017. Characterization of NLRP3-like gene from *Apostichopus japonicus* provides new evidence on inflammation response in invertebrates. Fish & Shellfish Immunology, 168: 114–123.

Matsuzawa-Ishimoto Y, Hwang S, Cadwell K, 2018. Autophagy and Inflammation. Annual Review of Immunology, 36: 55–83.

Parzych K R, Klionsky D J, 2014. An overview of autophagy: morphology, mechanism, and regulation. Antioxidants & Redox Signaling, 20(3): 460–473.

Pfeffer C M, Atk S, 2018. Apoptosis: a target for anticancer therapy. International Journal of Molecular Sciences, 19(448): 1–10.

Shao Y N, Che Z J, Chen K Y, et al., 2020. Target of rapamycin signaling inhibits autophagy in sea cucumber *Apostichopus japonicus*. Fish & Shellfish Immunology, 102: 480–488.

Shao Y N, Che Z J, Li C H, et al., 2019. A novel caspase-1 mediates inflammatory responses and pyroptosis in sea cucumber *Apostichopus japonicus*. Aquaculture, 513: 734399.

Shao Y N, Li C H, Zhang W W, et al., 2016. Molecular cloning and characterization of four Caspases members in *Apostichopus japonicus*. Fish & Shellfish Immunology, 55(1): 203–211.

Wang J X, Vasta G R, 2020. Introduction to special issue: pattern recognition receptors and their roles in immunity in invertebrates. Developmental & Comparative Immunology, 109: 103712.

Wang Z H, Shao Y N, Li C H, et al., 2016. A β-integrin from sea cucumber *Apostichopus japonicus* exhibits LPS binding activity and negatively regulates coelomocyte apoptosis. Fish & Shellfish Immunology, 52(5): 103–110.

Yorimitsu T, Klionsky D J, 2005. Autophagy: molecular machinery for self-eating. Cell Death & Differentiation, 12: 1542–1552.

Yue Z X, Lv Z M, Shao Y N, et al., 2019. Cloning and characterization of the target protein subunit lst8 of rapamycin in *Apostichopus japonicus*. Fish & Shellfish Immunology, 92: 460–468.

Zhang C, Liang W K, Zhang W W, et al., 2016. Characterization of a metalloprotease involved in *Vibrio splendidus* infection in the sea cucumber, *Apostichopus japonicus*. Microbial Pathogenesis, 101: 96–103.

Zhao Y Y, Guo M, Lv Z M, et al., 2020. Fas-associated death domain (FADD) in sea cucumber (*Apostichopus japonicus*): Molecular cloning, characterization and pro-apoptotic function analysis. Developmental & Comparative Immunology, 108: 103673.

第 6 章　刺参免疫因子的
高通量筛选和挖掘

高通量技术（high-throughput technology）的发展从核酸的高通量测序技术到蛋白质组学的同位素标记相对和绝对定量技术，再至由液相、气相及核磁共振发展而来的代谢组学，为分子生物学的发展提供了更多可能，其技术的应用不再局限于模式物种，并可直接进行定性和定量研究，完成免疫因子的高通量筛选和挖掘。随着技术的不断进步、产业的不断完善，技术成本也不断下降，使其成为普通实验室都可使用的技术手段，同时高通量技术的应用越来越开放，不仅仅依赖于单一的研究人员，还可以融合多项技术联合分析以提供更有价值的多种数据资源，并通过构建公共数据库实现高质量数据共享。这为解析更为复杂的免疫学问题，如探究刺参常见疾病发生的分子基础提供了更有效的数据支持。

6.1　基因组

在分子生物学和遗传学领域，基因组指生物体所有遗传物质的总和。这些遗传物质包括 DNA 或 RNA（病毒 RNA）（Gupta et al., 2013）。刺参是一种特殊的棘皮动物，具有皂苷合成、夏眠和器官再生等生物学过程，其基因组信息的解析对于我们了解重要的进化事件和生物学过程具有重要意义。

目前，棘皮动物中有 3 个物种的完整基因组结果：紫海胆（Sodergren et al., 2006）、棘冠海星（Hall et al., 2017）和刺参。2017 年年初，刺参基因组草图发表，仅占估计基因组大小（0.82 Gb）的 80.5%，N50 为 10.5 kb（Jo et al., 2017）。2017 年年末，借助于二代和三代测序技术，更为完整的刺参基因组拼接完成，共得到 805 Mb（N50 达到 486 kb）的基因组序列，预测编码蛋白 30 350 个（Zhang et al., 2017）。2018 年，

Li 等结合二代和三代技术得到了 952 Mb（N50 为 196 kb）刺参基因组，共预测得到 29 451 个编码蛋白，结合已有的遗传图谱，将拼接结果映射到刺参 22 条染色体上（图 6-1）（Li et al., 2018）。

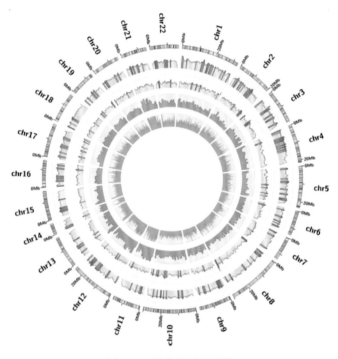

图 6-1　刺参基因组图谱

6.2　表观组学

DNA 甲基化是以 S- 腺苷甲硫氨酸（S-adenosylmethionine，SAM）作为甲基供体，在 DNA 甲基化转移酶（DNMT）的作用下将甲基选择性地添加到胞嘧啶上形成 5- 胞嘧啶的过程，它是一种重要的表观遗传学标记，在调控基因表达、维持染色质结构、基因印记、X 染色体失活以及胚胎发育等生物学过程中发挥着重要作用。特别是不寻常的 DNA 甲基化与疾病之间有着必然的联系（Robertson, 2005）。

Sun 等对健康和腐皮的刺参进行 DNA 甲基化测序，共筛选了 67 269 个超甲基化和 49 253 个低甲基化区域，CpG 区域的甲基化水平明显高于 CHG 和 CHH 区域（图 6-2）。DNA 甲基化组学和转录组学的关联分析发现 DNA 甲基化对基因转录具有明显的负调控作用，其中丝氨酸 / 苏氨酸蛋白激酶、nemo 样激酶和 mTOR 位于调控网络中心位（图 6-3），与刺参腐皮综合征和免疫调控显著相关（Sun et al., 2020）。

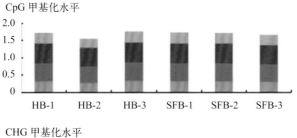

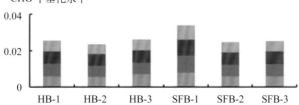

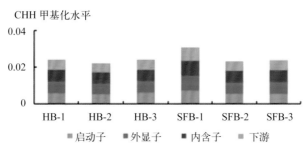

■ 启动子 ■ 外显子 ■ 内含子 ■ 下游

图 6-2 DNA 甲基化在不同基因结构中的分布

基因结构包括启动子、外显子、内含子和下游区域。HB 为健康体壁，SFB 为腐皮体壁

（资料来源：Sun et al., 2020）

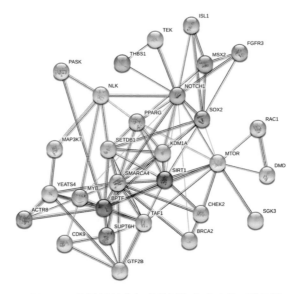

图 6-3 差异甲基化相关基因与免疫应答互作网络

（资料来源：Sun et al., 2020）

6.3　转录组学

比较免疫学发现免疫基因在棘皮动物免疫反应前后会有明显的表达差异（Hibino et al., 2006; Rast et al., 2006），利用高通量测序技术从全转录组水平分析，可全面筛选棘皮动物免疫相关基因的动态表达变化，并筛选出针对不同病症的抗病分子标记。此外，随着高通量测序技术的不断发展，除了编码蛋白的基因表达外，非编码 RNA 的表达及其调控功能也受到了广泛关注。

6.3.1　mRNA

狭义的转录组学研究指所有参与翻译蛋白质的 mRNA 总和。基因表达具有时空特异性，即在不同组织细胞、不同时间下会出现差异。在不同实验条件处理下，基因表达也会有不同的响应模式。差异表达分析的目的是找出不同条件下表达上调、下调或者保持稳定的基因，探究不同条件如何影响基因表达并调控相关生物学过程的机制。

Dong 等（2014）研究了刺参体腔细胞在脂多糖（LPS）刺激下细胞的转录组，共构建了 4 h、24 h 和 72 h 的转录组表达谱，分别筛选了 1 330 个、1 347 个和 1 291 个差异表达基因，其中 25 个病原识别相关基因中有 23 个基因显著上调，细胞骨架重构相关基因多表现为显著下调，可能是细胞骨架的解聚更有助于病原入侵。此外，与病原刺激直接相关的 Toll 样受体信号通路的组成基因、补体系统和凋亡相关基因也显著差异（表 6-1）。根据筛选的免疫应答相关候选基因提出如下的免疫过程（图 6-4）：LPS 激活了 I 型干扰素通路和补体通路，通过 Toll 样受体信号通路将信号传导至 NF-κB 引起炎症反应，其中补体通路中 C3 和 Bf 是棘皮动物补体通路的主要组成部分；此外，LPS 还可直接引起细胞凋亡。

表 6-1　LPS 刺激下，参与免疫应答反应的候选基因

基因名称	转录本编号	4 h	24 h	72 h
病原识别				
CD36-like protein	CL21862.Contig1_haishen	−11.13	1.47	−1.44
Cytosol-type hsp70	CL15292.Contig1_haishen	1.53	20.97	3.39
Fucolectin-7-like	CL7223.Contig2_haishen	13.45	−8.63	−4.76
Fibrinogen-like protein	CL220.Contig10_haishen	2.58	1.70	2.32
Heat shock protein 90	Unigene44996_haishen	2.93	4.49	6.18

续表

基因名称	转录本编号	4 h	24 h	72 h
Lipopolysaccharide-binding protein	CL17187.Contig3_haishen	1.79	−1.99	−2.75
Mannan-binding C-type lectin	CL3438.Contig1_haishen	1.16	−1.23	−2.35
Scavenger receptor cysteine-rich protein type 12 precursor	CL14054.Contig1_haishen	22.16	39.40	6.02
Toll-like receptor	CL791.Contig3_haishen	−1.21	2.97	1.37
Toll-like receptor 3	CL4619.Contig1_haishen	1.44	1.73	1.48
细胞骨架重构				
Actin	Unigene6143_haishen	1.92	−1.19	−1.67
Amassin 2 precursor	Unigene33380_haishen	−12.73	−2.31	−5.90
Amassin 4 precursor	Unigene32576_haishen	−5.62	−2.50	−3.51
Focal adhesion kinase	CL4773.Contig4_haishen	−1.30	−6.11	1.27
Myosin V	CL15948.Contig2_haishen	−2.04	−3.73	−11.79
炎症				
Complement component 3	CL9805.Contig1_haishen	−1.61	1.31	1.09
Complement component 3-2	Unigene40467_haishen	−1.97	1.19	10.33
Complement factor B	CL3046.Contig1_haishen	1.18	1.14	1.23
Complement factor B-2	CL3046.Contig2_haishen	−1.41	1.51	1.26
Complement factor H-like	CL339.Contig6_haishen	1.00	1.17	1.31
LPS-induced TNF-α factor	Unigene174_haishen	−1.12	1.23	1.23
Myeloid differentiation primary response gene 88	Unigene40451_haishen	1.18	1.11	1.32
NF-κB transcription factor Rel	CL9343.Contig1_haishen	1.32	1.39	1.30
TBK1- like	CL13483.Contig1_haishen	1.05	1.18	−1.04
TNF receptor-associated factor 3	CL13373.Contig2_haishen	−1.13	1.83	−1.07
TNF receptor-associated factor 6	CL11554.Contig2_haishen	1.49	1.56	1.12
Thymosin β	CL4869.Contig1_haishen	−5.82	−3.32	−1.32
凋亡				
Caspase 6	CL16102.Contig1_haishen	2.53	6.15	19.29
Caspase 8	CL18389.Contig1_haishen	−1.06	1.28	1.16
Cathepsin B	Unigene3030_haishen	8.86	7.67	9.38
Lysozyme	Unigene8800_haishen	5.13	3.56	1.85

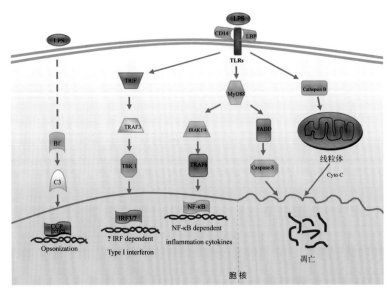

图 6-4　LPS 刺激刺参体腔细胞引起的炎症反应和细胞凋亡模拟图

　　灿烂弧菌刺激后，抗病组（disease-resistant group）和易感组（susceptibility group）刺参与对照组相比转录组测序分别得到了 358 个和 102 个差异表达基因，其中抗病组与对照组相比共得到 13 个上调基因和 345 个下调基因（图 6-5A）；易感组与对照组相比共得到 86 个上调基因和 16 个下调基因（图 6-5B）。功能注释结果筛选了 30 个可能的抗病相关基因和 19 个对病原敏感的基因（表 6-2），并且差异表达基因在 MAPK 信号通路、ERBB 信号通路、溶菌酶系统、内吞和趋化因子信号通路等免疫相关通路都显著富集 (Gao et al., 2015）。

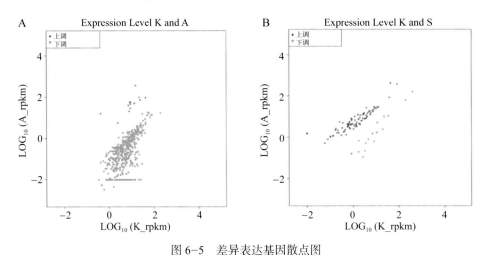

图 6-5　差异表达基因散点图

A：抗病组与对照组；B：易感组与对照组。红点代表上调基因，绿点代表下调基因；横坐标和纵坐标为两组基因表达量的 log 值

表 6-2　与灿烂弧菌抗病和易感相关的候选免疫通路基因

编号	序列号	基因名	预测功能	表达情况	Log_2 FC	登录号	相似性(%)
			Chemokine signaling pathway				
A1	comp76725_c0_seq6	FOXO1-like	Fork head box protein (*Strongylocentrotus purpuratus*)	Down	−2.23	XP_790591.3	78
A2	comp78415_c0_seq14	ADCY2-like	Adenylatecyclase type 2 (*Strongylocentrotus purpuratus*)	Down	−5.91	XP_780688.3	72
A3	comp79708_c0_seq1	STAT5B-like	Signal transducer and activator of transcription 5B (*Strongylocentrotus purpuratus*)	Down	−3.81	XP_003723422.1	70
S1	comp79328_c1_seq13	NFKB-like	Nuclear factor NF-κB p105 subunit (*Apostichopus japonicus*)	Up	1.8	AEP33644.1	68
S2	comp74502_c1_seq4	ADCY2-like	Adenylatecyclase type 2-like (*Strongylocentrotus purpuratus*)	Up	4.18	XP_780688.3	75
			Lysosome				
A4	comp74062_c0_seq5	NEU1-like	Sialidase-1 (*Strongylocentrotus purpuratus*)	Down	−1.88	DAA35227.1	85
A5	comp78701_c0_seq2	AP-1-like	AP-1 complex subunit mu-1-like (*Strongylocentrotus purpuratus*)	Down	−2.67	XP_789616.3	77
S3	comp78293_c0_seq2	ABCA2-like	ATP-binding cassette sub-family A member 2-like (*Cricetulus griseus*)	Up	2.49	XP_003514719.1	70
S4	comp78293_c0_seq4	ABCA2-like	ATP-binding cassette sub-family A member 2-like (*Cricetulus griseus*)	Up	2.49	XP_003514719.1	70

续表

编号	序列号	基因名	预测功能	表达情况	Log$_2$ FC	登录号	相似性 (%)
S5	comp79570_c0_seq6	SGSH-like	N-sulphoglucosamine sulphohydrolaselike (*Strongylocentrotus purpuratus*)	Up	1.01	XP_794467.1	70
S6	comp77223_c0_seq3	ABCA2-like	ATP-binding cassette sub-family A member 2, partial (*Strongylocentrotus purpuratus*)	Up	1.77	XP_798273.3	68
S7	comp80153_c0_seq15	AP-3-like	Adaptor-related protein complex 3, δ 1 subunit-like (*Strongylocentrotus purpuratus*)	Up	1.79	XP_002733668.1	69
Endocytosis							
S8	comp78750_c3_seq11	DNase-II like	Plancitoxin-1 (*Capitella teleta*)	Up	1.89	ELU06802.1	75
A6	comp76401_c0_seq2	VPS37-like	ESCRT-I complex subunit VPS37 (*Nematostella vectensis*)	Down	−3.6	XP_001624048.1	82
S9	comp77471_c1_seq34	rabaptin5-like	RabGTPase -binding effector protein 1-like (*Strongylocentrotus purpuratus*)	Up	1.8	XP_789966.3	77
S10	comp80156_c1_seq5	AP-2-like	AP-2 complex subunit alpha-2 (*Rattus norvegicus*)	Up	1.16	NP_112270.2	74
S11	comp77877_c0_seq1	CHMP5-like	Charged multivesicular body protein 5-like (*Strongylocentrotus purpuratus*)	Up	1.76	XP_786663.1	72
S12	comp75233_c0_seq13	PAR6-like	Partitioning defective 6 (*Hemicentrotus pulcherrimus*)	Down	−2.11	BAF99001.1	77
S13	comp79698_c0_seq6	EGFR/ RTK-like	Epidermal growth factor receptor (*Apostichopus japonicas*)	Up	1.32	AEY55412.1	97

续表

编号	序列号	基因名	预测功能	表达情况	Log₂ FC	登录号	相似性(%)
			ERBB signaling pathway				
A7	comp76122_c1_seq21	NCK2-like	Cytoplasmic protein NCK2 (*Strongylocentrotus purpuratus*)	Up	3.62	XP_784072.1	72
A8	comp76122_c1_seq7	NCK2-like	Cytoplasmic protein NCK2 (*Strongylocentrotus purpuratus*)	Up	2.72	XP_784072.2	72
A3	comp79708_c0_seq1	STAT5B-like	Signal transducer and activator of transcription 5B (*Strongylocentrotus purpuratus*)	Down	−3.81	XP_003723422.1	70
S13	comp79698_c0_seq6	EGFR/RTK-like	Epidermal growth factor receptor (*Apostichopus japonicas*)	Up	1.32	AEY55412.1	97
			MAPK signaling pathway				
A9	comp77146_c0_seq3	MAP3K4-like	Mitogen-activated protein kinase kinase kinase 4 (*Strongylocentrotus purpuratus*)	Down	−2.23	XP_784029.3	72
A10	comp78357_c1_seq8	MAPK10-like	Mitogen-activated protein kinase 10 (*Strongylocentrotus purpuratus*)	Down	−4.43	XP_786040.3	75
S1	comp79328_c1_seq13	NFKB-like	Nuclear factor NF-κB p105 subunit (*Apostichopus japonicas*)	Up	1.8	AEP33644.1	68
S13	comp79698_c0_seq6	EGFR/RTK-like	Epidermal growth factor receptor (*Apostichopus japonicas*)	Up	1.32	AEY55412.1	97

续表

编号	序列号	基因名	预测功能	表达情况	$Log_2 FC$	登录号	相似性(%)
S14	comp80408_c0_seq17	FLNA-like	Filamin-A (*Strongylocentrotus purpuratus*)	Up	1.75	XP_792145.3	74
A11	comp71589_c0_seq4	COX19-like	cytochrome c oxidase assembly protein COX19 (*Danio rerio*)	Down	−2.64	NP_001104010.1	72
A12	comp72396_c0_seq2	DDX47-like	probable ATP-dependent RNA helicase DDX47-like (*Strongylocentrotus purpuratus*)	Down	−4.9	XP_786173.3	76
A13	comp72841_c2_seq2	Trmt1-like	tRNA methyltransferase 1-like (*Saccoglossus kowalevskii*)	Down	−3.12	XP_002736321.1	67
A14	comp73256_c0_seq3	Hrsp12-like	heat-responsive protein 12 (*Mus musculus*)	Down	−3.8	EDL08846.1	77
A15	comp74533_c0_seq6	CNOT10-like	CCR4-NOT transcription complex subunit 10-like (*Ornithorhynchus anatinus*)	Down	−2.52	XP_001509062.1	76
A16	comp74754_c1_seq1	phyhd1-like	phytanoyl-CoA dioxygenase domain-containing protein 1-like (*Strongylocentrotus purpuratus*)	Down	−3.55	XP_789562.2	69
A17	comp74908_c0_seq5	ehhadh-like	Peroxisomal bifunctional enzyme (*Branchiostoma floridae*)	Down	−3.86	XP_002593843.1	73
A18	comp75055_c2_seq2	DHX35-like	probable ATP-dependent RNA helicase DHX35-like (*Strongylocentrotus purpuratus*)	Down	−3.6	XP_783015.1	66

续表

编号	序列号	基因名	预测功能	表达情况	Log$_2$FC	登录号	相似性(%)
A19	comp75531_c0_seq3	RIOK3-like	Serine/threonine-protein kinase RIO3 (*Saccoglossus kowalevskii*)	Down	−2.19	XP_002736242.1	69
A20	comp76071_c1_seq12	Map2k6-like	Dual specificity mitogen-activated protein kinase kinase 6 (*Capitella teleta*)	Down	−2.71	ELT91393.1	72
A21	comp76305_c0_seq6	Gvin1-like	interferon-induced very large GTPase 1-like isoform X2 (*Danio rerio*)	Down	−2.67	XP_684086.4	83
A22	comp76655_c1_seq14	Ndufb3-like	NADH dehydrogenase (ubiquinone) 1 β subcomplex subunit 3-like (*Strongylocentrotus purpuratus*)	Down	−1.02	XP_783578.1	81
A23	comp76725_c0_seq4	PRPFF19-like	pre-mRNA-processing factor 19 (*Strongylocentrotus purpuratus*)	Down	−2.97	XP_787949.3	74
A24	comp77143_c0_seq19	Mapkap1-like	target of rapamycin complex 2 subunit MAPKAP1-like (*Strongylocentrotus purpuratus*)	Down	−7.52	XP_787234.2	65
A25	comp77913_c0_seq1	V1g163483-like	Inosine triphosphate pyrophosphatase (*Rana catesbeiana*)	Down	−3.36	ACO51724.1	75
A26	comp78256_c0_seq1	SMU1-like	WD40 repeat-containing protein SMU1 (*Gallus gallus*)	Down	−2.46	NP_001007980.1	76
A27	comp78900_c0_seq70	ND5-like	NADH dehydrogenase subunit 5 (*Apostichopus japonicas*)	Up	1.15	YP_002836162.1	100

续表

编号	序列号	基因名	预测功能	表达情况	Log$_2$FC	登录号	相似性(%)
A28	comp79236_c0_seq23	YPEL5-like	protein yippee-like 5-like iscform 2 (*Strongylocentrotus purpuratus*)	Down	-3.51	XP_786314.1	75
A29	comp80082_c0_seq9	Usp39-like	tri-snRNP-associated protein 2 (*Strongylocentrotus purpuratus*)	Down	-4.33	XP_001185686.2	71
A30	comp80196_c0_seq6	Hsp70Ab-like	heat shock protein 70 (*Apostichopus japonicas*)	Up	4.6	ACJ54702.1	75
S15	comp73644_c0_seq2	ARHGAP39-like	Rho GTPase-activating protein 39 (*Capiella teleta*)	Up	3.14	ELT94447.1	66
S16	comp74218_c0_seq25	ftsjd2-like	cap-specific mRNA (nucleoside-2'O)-methyltransferase 1-like (*Danio rerio*)	Up	2.04	XP_003729301.1	70
S17	comp75066_c0_seq3	DMBT1-like	scavenger receptor cysteine-rich protein type 12 precursor (*Strongylocentrotus purpuratus*)	Up	1.38	NP_999762.1	70
S18	comp73655_c0_seq9	Calr-like	Calreticulin (*Strongylocentrotus purpuratus*)	Up	1.33	XM_006792233.1	77
S19	comp72192_c0_seq1	ATG5-like	autophagy-related protein 5 (*Strongylocentrotus purpuratus*)	Up	1.32	XM_011665174.1	70

注：A 表示抗病基因；S 表示易感病基因；Log$_2$FC 表示抗病组或易感组与对照组的差异表达水平。

6.3.2　miRNA

miRNA 是近年来在动物、植物以及病毒中发现的一类内源的、长度为 19 ~ 25 nt 的非编码小 RNA 分子。这类小 RNA 分子通过与靶 mRNA 特异性的序列互补配对，导致靶 mRNA 降解或者抑制靶 mRNA 的翻译，进而对基因进行表达调控 (Ambros, 2004; Bartel, 2004)。自 1993 年在秀丽隐杆线虫（*Caenorhabditis elegans*）中筛选出控制发育时序的 lin-4 和 let-7 基因（Lee et al., 1993; Reinhart et al., 2000）以来，miRNA 在动物和植物中都有发现（Tanzer and Stadler, 2004; Axtell and Bartel, 2005; Chen and Rajewsky, 2007）。越来越多的研究表明 miRNA 在生物体的整个生命过程中发挥着广泛而重要的调控作用。

Li 等（2012）基于 illumina Hiseq 2000 高通量测序平台测序技术分别构建了健康（L1）和患腐皮综合征（L2）刺参体腔细胞的 miRNA 文库。序列分析表明，在 L1 和 L2 两个 miRNA 文库中均发现了 40 个保守 miRNAs 在刺参中表达，多数 miRNA 还表现了较高的表达量（表 6-3）。差异表达分析共发现了 8 个差异表达 miRNAs（miR-2008、miR-31、miR-210、miR-200、miR-133、miR-137、miR-9 和 miR-124），统计学校正后显示 miR-2008 和 miR-31 在两个 miRNA 文库中差异显著（表 6-4）。

表 6-3　刺参中鉴定出的保守 miRNA 候选基因

#miRNA	L1 中的表达量	L2 中的表达量	Sequences (5′-3′)	长度 (nt)
spu-let-7	27 614	19 916	ugagguaguagguuauauaguu	22
spu-miR-1	4 600	3 016	uggaauguaaagaaguauguau	22
spu-miR-10	9 943 484	6 369 588	aacccuguagauccgaauuugug	23
spu-miR-124	8	42	uaaggcacgcggugaaugcca	21
spu-miR-125	10 660	7 796	ucccugagacccuaacuuguga	22
spu-miR-133	70	158	uuuggucccuucaaccagccgu	23
spu-miR-137	10	48	uauugcuugagaauacacguag	22
spu-miR-153	30 478	26 040	uugcauagucacaaaagugauu	22
spu-miR-184	251 926	252 652	uggacggagaacugauaagggc	22
spu-miR-200	64 990	68 978	uaauacugucggugaugauguu	23
spu-miR-2002	3 884	3 140	ugaauacaucugcugguuuuuau	23
spu-miR-2004	9 218	9 814	ucacacacaaccacaggaaguu	22

续表

#miRNA	L1 中的表达量	L2 中的表达量	Sequences (5′-3′)	长度 (nt)
spu-miR-2005	258	236	aguccaauagggagggcauugcag	24
spu-miR-2006	160	242	gagcacacuugguagcggugcc	22
spu-miR-2007	578	362	uauuucaggcaguauacugguaa	23
spu-miR-2008	48	274	aucagccucgcgucaauacg	21
spu-miR-2009	2	0	ugaguugucccacaaagaacaca	23
spu-miR-2010	17 296	13 432	uuacuguugaugucagccccuu	22
spu-miR-2011	15 162	37 744	accaaggugugcuagugaugac	22
spu-miR-2012	43 070	898	uaguacuggcauauggacauug	22
spu-miR-2013	856	1 466	ugcagcaugauguaguggugu	21
spu-miR-210	720	1 276	uugugcgugcgacagcgacuga	22
spu-miR-22	1 114	6	cagcugcccggugaaguguaua	22
spu-miR-242	30	31 382	uugcguaggcguugugcacagu	22
spu-miR-252a	9 114	31 298	cuaaguacuagugccguagguu	22
spu-miR-252b	9 038	1 196	cuaaguaguagugccgcaggua	22
spu-miR-278	1 010	2 382	ucggugggacuuucguucgauu	22
spu-miR-29	2 042	152	aagcaccaguugaaaucagagc	22
spu-miR-29b	124	3 450	uagcaccaugagaaagcaguau	22
spu-miR-31	1 802	4	aggcaagauguuggcauagcu	21
spu-miR-33	16	16	gugcauugucguugcauugcau	22
spu-miR-34	6	32 240	cggcaguguaguuagcugguug	22
spu-miR-375	29 532	2	uuguucguucggcucgcgucaa	22
spu-miR-71	28 866	27 024	ugaaagacauggguagugagauu	23
spu-miR-79	726	452	auaaagcuagguuaccaaagau	22
spu-miR-9	32 220	20 654	ucuuugguuaucuagcguaug	22
spu-miR-92a	62 780	58 184	uauugcacuugucccggccuacu	23
spu-miR-92b	234 156	195 542	uauugcacuugucccggccugc	22
spu-miR-92c	121 750	97 510	uauugcacucgucccggccugc	22
spu-miR-96	12	4	uuuggcacuagcacauuuugc	21

表 6-4　β- 负二项分布分析刺参 miRNA 差异表达

#miRNA	位置	p 值	q 值	显著性
spu-mir-2008	Scaffold67887:121547e121640	0.000 011	0.000 319 887	Yes
spu-mir-31	Scaffold56613:252616e252716	0.000 764 371	0.011 083 4	Yes
spu-mir-210	Scaffold57307:204560e204638	0.005 741 82	0.055 504 2	No
spu-mir-200	Scaffold79422:178151e178233	0.016 883 6	0.122 406	No
spu-mir-133	Scaffold4906:363019e363121	0.022 970 4	0.131 379	No
spu-mir-137	Scaffold67887:485394e485467	0.027 181 8	0.131 379	No
spu-mir-9	Scaffold32321:184916e185019	0.044 146 7	0.169 11	No
spu-mir-124	Scaffold6417:137051e137153	0.046 650 9	0.169 11	No

基于前期已得到的差异表达 miRNAs，Zhang 等（2013）利用健康刺参个体和患腐皮综合征刺参个体构建 RNA 文库，利用高通量测序技术和生物信息学筛选差异表达基因，以此为候选基因，使用 miRanda v3.3a 软件筛选差异表达 miRNAs 的靶基因，最终分别筛选到 miR-137 靶基因 21 个，miR-2008 靶基因 28 个，以及 miR-92a 靶基因 23 个，为无参考基因组数据的物种提供了 miRNAs 靶基因预测候选基因库的构建途径。

6.3.3　circRNA

circRNA（circular RNA，环状 RNA）是一类具有闭合环状结构的非编码 RNA 分子，没有 5′ 帽子结构和 3′ poly（A）结构，主要位于细胞质或储存于外泌体中，不受 RNA 外切酶影响，表达更稳定且不易降解，已被证明广泛存在于多种真核生物体内（Li et al.，2015）。大多数 circRNA 是由外显子环化而成，也有部分 circRNA 是由内含子环化而成的套索结构（lariat）。根据来源，circRNA 可大致分为四类：全外显子型的 circRNA、内含子和外显子组合的 circRNA、内含子组成的套索型 circRNA，以及由基因间区序列环化而成的 circRNA。其功能已在哺乳动物中的两个 ecircRNA 得到验证，具有 miRNA 吸附功能，为竞争性内源 RNA（ceRNA），可以通过 miRNA 应答元件（MRE）结合 miRNA 从而影响 miRNA 导致的基因沉默或降解（Hansen et al.，2011; Memczak et al.，2013）。

Zhao 等（2019）分别构建了健康和患腐皮综合征刺参体腔细胞的 circRNA 表达谱文库，共鉴定获得 3 592 个 circRNAs，其中 117 个 circRNAs 上调表达，144 个 circRNAs 下调表达。包含 4 种 circRNA 类型，分别为外显子型、内含子型、外显子 - 内含子型和基因间区型，其中 71.6% 的 circRNAs 为基因间区型 circRNAs（图 6-6），这与高等动物的成环类型有明显差异。对外显子型 circRNAs 的结构组成分析发现，1 087 个基因分别至少表达一个 circRNA，但同时也发现单个基因可产生多个

circRNAs（图 6-7A）。例如，AJAP11965 含有最大数量的 circRNAs，有 24 种不同的 circRNAs；一个 circRNA 内包含的外显子数量范围为 1 ~ 27 个（图 6-7B）；circRNAs 的起始外显子和终止外显子大多富集在基因的第二个外显子区。对于终止外显子，第三和第四外显子区也较为集中（图 6-7C）。这一发现表明基因环化倾向于基因的 5′ 末端。此外，我们还对刺参的剪接信号进行了研究，其中大多数都有典型的 GT/AG 信号（图 6-7D）。

采用 miRanda 算法检测了刺参 circRNAs 与 miRNAs 的靶向关系。结果表明，3 952 个 circRNAs 中有 3 679 个具有高结合力的 miRNA 结合位点。AJAPscaffold156:471337 | 584617 有 622 个 miRNA 结合位点，这是 miRNA 结合位点最多的 circRNAs。而且许多 circRNAs 可以与多个 miRNA 结合，并且有多个结合位点针对同一 miRNA。为了确定差异表达的外显子型 circRNAs 的调节功能，图 6-8 显示了 54 个具有 10 个以上 miRNA 结合位点的外显子型 circRNAs，同时构建了 21 个 circRNAs 和 28 个 miRNAs 的相互作用网络。AJAPscaffold254:100722 | 267769 有 20 个 miRNA 的结合位点，是 miRNA 结合位点最多的 circRNA，在这些 miRNA 结合位点中，miR-2008 的结合位点数量最多，其次为 miR-31、miR-33 和 miR-9。由于可变剪切，有 10 个差异表达的 circRNAs 来自同一序列 AJAPscafforld388，具有不同的表达趋势，但都含有 20 多个 miR-2008 和 miR-31 的结合位点（图 6-9）。

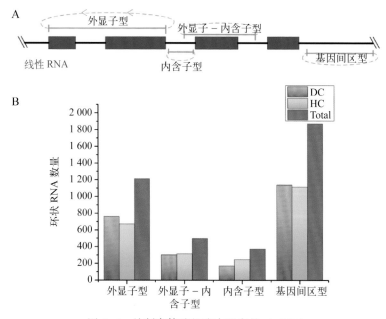

图 6-6 从刺参体腔细胞中鉴定的 circRNAs

A：根据它们的基因组位置分为四类，分别为外显子型、内含子型、外显子 – 内含子型和基因间区型；

B：DC 组患病刺参体腔细胞、HC 组健康刺参体腔细胞和总数中不同类型 circRNA 数目的分布

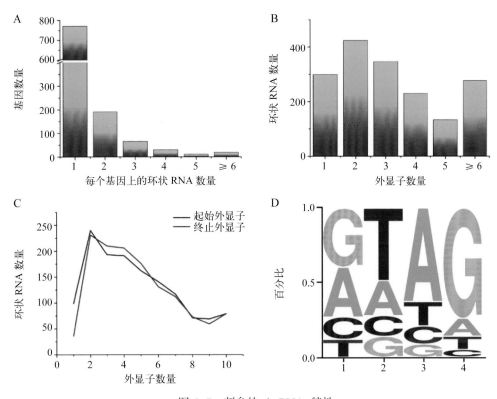

图 6-7　刺参的 circRNAs 特性

A：基因间的 circRNAs 分布；B：外显子型 circRNAs 中包含的外显子数量；C：circRNAs 的起始和终
止外显子；circRNAs 对于涉及 2～4 位置的外显子最为丰富；D：circRNAs 的剪接信号

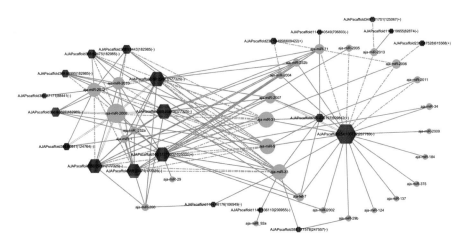

图 6-8　腐皮综合征刺参中差异表达的 circRNA-miRNA 相互作用网络

六边形节点表示 circRNAs，圆形节点表示 miRNAs；节点的大小表示交互关系的数量。灰线代表了 10 多
个 miRNA 结合位点；绿色虚线代表了环 RNA 中 20 多个 miRNA 结合位点；紫色的双线代表了 30 多个
miRNA 结合位点

（资料来源：Zhao et al., 2019）

Li 等（2012）的研究发现 8 个 miRNAs（miRNA-31、miRNA-2008、miRNA-210、miR-200、miR-133、miR-137、miR-9 和 miR-124）参与了刺参腐皮综合征过程中的免疫反应。Zhao 等（2019）进一步预测了差异表达的 circRNAs 与这 8 个 miRNAs 之间的相互作用。图 6-9 显示了同一 circRNA 对同一 miRNA 从 5 到 32 个 miRNA 结合位点数量，miRNA-2008、miR-31 和 miR-9 是 circRNAs 调节最多的 miRNAs。

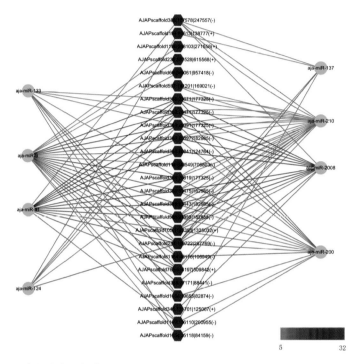

图 6-9　腐皮综合征刺参差异表达 circRNAs 与差异表达 miRNA 的相互作用网络
六边形节点表示 circRNAs，圆形节点表示 miRNAs；绿色到红色的线代表环状 RNA 中
miRNA 结合位点的数量（5 ~ 32 个）
（资料来源：Zhao et al., 2019）

Sanger 测序结果对 circRNAs 进行了实验验证。从每种类型中随机选择两个 circRNAs，使用只扩增一个反向剪接的 circRNA 的发散引物。Sanger 测序证实了预期产物。结果表明，所选的 8 个 circRNAs 的序列均与基因组序列的 5′ 和 3′ 端共价闭合（图 6-10）。

为了了解刺参腐皮综合征引起的体腔细胞 circRNAs 表达水平的变化，Zhao 等（2019）随机挑选了 7 个 circRNAs 的表达模式进行验证。结果表明，表达趋势与转录组分析结果一致，但大多数 circRNAs 的 qRT-PCR 验证结果与 RNA-seq 差异表达分析检测到的结果相比，变化幅度较小（图 6-11）。在其他物种中也发现了这种差异，这可能是因为 qRT-PCR 可以扩增部分降解的转录物所致。

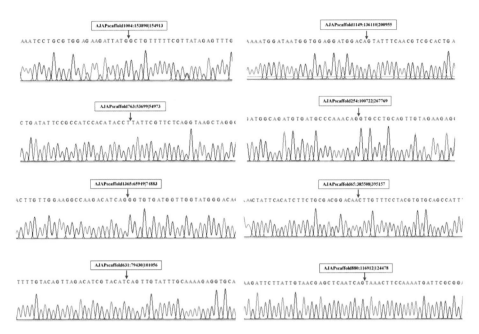

图 6-10　Sanger 测序验证 circRNAs

红色箭头表示反向剪切位点

（资料来源：Zhao et al., 2019）

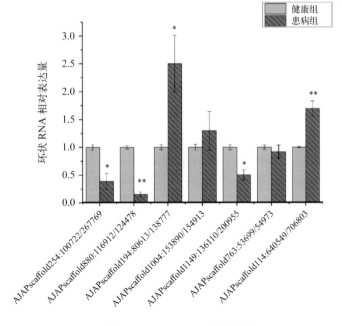

图 6-11　circRNAs 验证实验

qRT-PCR 分析腐皮综合征刺参中 7 个 circRNAs 的表达模式变化；β-actin 作为内参；*$P < 0.05$ 表示差异显著；

**$P < 0.01$ 表示差异极显著；n=3

（资料来源：Zhao et al., 2019）

6.3.4　lncRNA

长链非编码 RNAs（lncRNA）是一类转录本序列长度在 200 bp 以上的非编码 RNA，曾经被认为是基因组转录的"噪音"，无生物学功能。随着研究的深入，发现 lncRNA 参与多种生物学进程。lncRNA 被认为执行了重要的调控功能，也与疾病发展息息相关。lncRNA 包含多种类型的转录本，在结构上类似 mRNA，有时也转录成编码基因的反义转录本。有些 lncRNA 在物种之间相当保守，可以调控一些共有的信号通路。

Mu 等（2016）汇总了 NCBI 数据库中有关 LPS 刺激后发生腐皮状态的刺参以及盐度刺激后的刺参的转录组数据，并从中鉴定出 8 752 条 lncRNAs，对其保守性研究发现仅有 18 个 lncRNAs 与模式动物具有较高的同源性，17 个 lncRNAs 与褐岩海参 *Holothuria glaberrima* 具有较高同源性。

在 LPS 刺激后的不同时间点（4 h、24 h 和 72 h），共筛选到 118 个差异表达的 lncRNAs 和 1 110 个差异表达基因（图 6-12），对两者进行关联性分析，共得到了 35 685 对显著关联的 lncRNA 和基因对（关联系数 >0.75，$P<0.05$），其中包含了 23 439 对正相关和 12 246 对负相关（表 6-5）。对差异表达基因进行功能富集发现，肿瘤坏死因子受体相关因子 6（TRAF6）、Toll 样受体 1（TLR1）、原癌基因 c-Jun（JUN）和前列腺素 E 合成酶 2（PGES2）等免疫相关基因显著富集。

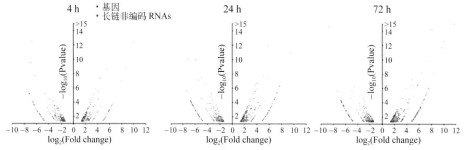

图 6-12　刺参体腔细胞在 LPS 刺激下不同时间点的差异表达 lncRNAs 和基因

横坐标为差异倍数的 log 值；纵坐标为 P 值的 log 值

（资料来源：Mu et al., 2016）

表 6-5　lncRNAs 和基因间的显著关联统计

Species	*Apostichopus japonicus*	
	Significantly correlated	Highly significantly correlated
Number of genes/lncRNAs	1 110 (genes)/118 (lncRNAs)	1 085 (genes)/118(lncRNAs)
Correlated gene/lncRNA pairs	35 685	9 963
Positively correlated pairs	23 439	8 059
Negatively correlated pairs	12 246	1 904

资料来源：Mu et al., 2016。

通过 miRNAs 的靶基因预测（利用 miRanda 算法预测 lncRNA 上的 miRNA 结合靶点），共筛选了 135 对 lncRNA-miRNA 对和 1 701 对 gene-miRNA 对，大部分的 lncRNA 或基因均有一个 miRNA 靶向位点，将三者靶向关系汇总后，共得到了 4 628 个 lncRNA-miRNA-gene 关系网，包括了 121 个 lncRNAs、75 个 miRNAs 和 973 个基因。

6.4　蛋白组学

蛋白质组（proteome）一词最早是 1994 年由澳大利亚科学家 Marc Wilkins 提出的（Pandey et al., 2000），1995 年 7 月最早见诸于 Electrophoresis 杂志（Wasinger et al., 1995），指的是由一个基因组（genome），或一个细胞、组织表达的所有蛋白质（protein）。蛋白质组研究着重于全面性和整体性，是一个在空间和时间上动态变化着的整体。基因表达具有时序性和空间性，不同的组织和细胞，其基因表达情况不同，蛋白质组成也一定是不同的；而即便是在同一个细胞，在不同的发育阶段、不同的生理病理条件或环境影响下，其蛋白质的组成和存在状态也存在差异。对蛋白质组研究的目的在于阐明生物有机体在某种确定状态下的全部蛋白质的表达模式及功能模式，本质在于大规模地研究蛋白质的特征，包括蛋白质的表达水平、蛋白质翻译后修饰以及蛋白质与蛋白质之间的相互作用等，整体而全面地从蛋白质水平上认识细胞的代谢、疾病发生及生长发育等过程。蛋白质组是基因组 DNA 序列与基因功能之间的桥梁，其研究内容包括蛋白质的定量检测、定性鉴定、相互作用和细胞内定位等。蛋白质组测定主要依赖双向电泳技术（two dimensional electrophoresis，2-DE）、同位素标记相对和绝对定量技术（isobaric tags for relative and absolute quantification，iTRAQ），二者均在刺参免疫相关因子鉴定和挖掘中发挥重要作用。

6.4.1　双向电泳技术

双向电泳（2-DE）技术分辨率高，操作较为简单，是目前蛋白质组学研究中最常用的蛋白质分离技术，一直被广泛应用。张鹏等（2013）利用 2-DE 技术对腐皮综合征患病刺参和健康刺参的肠组织中的差异蛋白进行筛选（图 6-13），共发现了 51 个表达量差异两倍以上的蛋白质点，最大表达差异比率为 4.32，结合质谱技术成功鉴定了 23 个差异蛋白，包括铁蛋白、过氧化氢酶、泛素相关修饰子 3、细胞色素氧化酶和肌动蛋白等（表 6-6）。

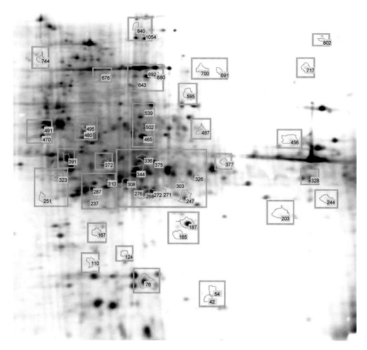

图 6-13　刺参肠组织 2-DE 电泳图谱

表 6-6　刺参腐皮综合征发生相关肠组织差异表达蛋白质谱鉴定结果

差异点编号	蛋白名称	蛋白序列号	得分阈值 (P<0.05)	得分	匹配物种名称
42	二磷酸核糖激酶 (Nucleoside diphosphate kinase)	gi|109975305	32	345	*Apostichopus japonicus*
203	磷酸丙糖异构酶 (Triosephosphate isomerase)	gi|240848094	31	188	*Apostichopus japonicus*
237	细胞骨架亚型 (Cytoskeletal 6C-like isoform)	gi|297691917	48	142	*Pongo abelii*
251	前蛋白 (Proprotein convertase subtilisin/kexin type 9 preproprotein)	gi|240848413	31	160	*Apostichopus japonicus*
271	亲环素 (Cyclophilin-type peptidyl-prolyl cis-trans isomerase-15, Bmcyp-5)	gi|170582740	46	47	*Brugia malayi*
308	细胞色素氧化酶 (Cytochrome oxidase)	gi|231473835	32	294	*Apostichopus japonicus*
310	角蛋白 (Keratin subunit protein)	gi|386854	48	76	*Homo sapiens*
328	前蛋白 (Proprotein convertase subtilisin/kexin type 9)	gi|297382883	53	311	*Apostichopus japonicus*

续表

差异点编号	蛋白名称	蛋白序列号	得分阈值 (P<0.05)	得分	匹配物种名称
372	ATP 合成酶 (ATP synthase beta subunit)	gi|287945	48	60	*Drosophila melanogaster*
539	铁蛋白 (Ferritin)	gi|68303301	48	147	*Apostichopus japonicus*
595	核糖体蛋白 (Ribosomal protein S15)	gi|231473043	33	230	*Apostichopus japonicus*
676	过氧化氢酶 (Catalase)	gi|139293240	46	70	*Paracentrotus lividus*
692	S6 激酶 (S6 kinase)	gi|206840	47	57	*Rattus norvegicus*
717	精氨酸激酶 (Arginine kinase)	gi|231472980	31	88	*Apostichopus japonicus*
802	泛素相关修饰子 3 (Small ubiquitin-related modifier 3)	gi|338720747	86	108	*Apostichopus japonicus*
1054	精氨酸激酶 (Arginine kinase)	gi|231472980	32	154	*Apostichopus japonicus*
54	肌动蛋白 (Actin)	gi|231473286	31	234	*Apostichopus japonicus*
76		gi|231473286	31	233	*Apostichopus japonicus*
187		gi|231473286	31	270	*Apostichopus japonicus*
386		gi|241988732	48	106	*Apostichopus japonicus*
680		gi|231473294	27	31	*Apostichopus japonicus*
691		gi|5751	48	92	*Bombyx mori*
700		gi|1703103	49	118	*Lytechinus pictus*
110, 124, 165, 167, 276, 643 840	未知蛋白				

　　此外，为进一步探究灿烂弧菌引起刺参腐皮综合征发生的机制，Zhang 等（2014a）对灿烂弧菌感染后 24 h、72 h 和 96 h 的刺参体腔细胞取样，利用 2-DE 技术共发现了 40 个差异蛋白点（表 6-7），与对照组相比，32 个蛋白表达上调，8 个蛋白表达下调，其中 33% 的蛋白功能与免疫应答相关。

刺参感染与免疫学

表 6-7　刺参腐皮综合征发生相关体腔细胞中 40 个差异蛋白质谱鉴定点

| 点编号 | 蛋白 [物种] | 比值（实验组 / 对照组） | | | 登录号 | 计算分子量 /等电点 | Mascot 得分 /匹配多肽数 |
		24T/C (mean ± SD)	72T/C (mean ± SD)	96T/C (mean ± SD)			
		免疫相关蛋白					
1	Calreticulin [Pinctada fucata]	10.07±3.97	0.87±0.09	0	ABR68546	48 127/4.44	116/3
4	Phospholipase C-gamma [Strongylocentrotus purpuratus]	2.71±0.42	2.90±0.37	0.44±0.19	GH551932	25 106/9.82	44 222
5	Chaperone protein DnaK [Bombus impatiens]	1.62±0.31	0.42±0.11	0	XP_003494557	70 904/4.83	36 161
12	Ficolin [Strongylocentrotus purpuratus]	5.05±0.99	4.00±0.72	0.95±0.29	GH550879	32 459/4.92	19 725
14	Calumenin [Strongylocentrotus purpuratus]	4.60±1.44	9.53±4.57	2.67±1.83	XP_003728895	31 971/4.96	208/7
20	Guanine nucleotide binding protein (Gprotein) [Saccoglossus kowalevskii]	2.03±0.40	0.65±0.25	0.80±0.40	XP_002735015	35 652/7.60	26 665
21	Glutathione S-transferase [Strongylocentrotus purpuratus]	3.46±0.88	3.75±0.49	1.54±0.18	XP_793270	27 516/7.13	326/8
24	Protein disulfide isomerase [Conus marmoreus]	1.61±0.01	2.65±0.99	0.62±0.15	ABF48564	24 554/4.97	25 204
26	Annexin [Strongylocentrotus purpuratus]	2.04±1.18	1.03±0.27	2.39±0.94	XP_795341	35 288/6.40	128/10
30	Annexin [Strongylocentrotus purpuratus]	2.60±1.37	13.11±1.11	2.88±0.54	XP_798157	35 288/6.40	559/7
34	NIPSNAP1 protein [Ixodes scapularis]	4.36±0.25	1.82±0.40	1.71±0.26	XP_002405129	36 736/9.39	28 856
		物质和能量代谢相关蛋白					
6	30S Ribosomal protein S1 [Ceratitis capitata]	0.70±0.21	0.37±0.10	0	XP_004528068	132 483/7.01	110/2
7	Adenosylhomocysteinase [Danio rerio]	3.30±1.00	2.86±0.39	0.27±0.15	NP_954688	48 504/6.33	34 001

续表

点编号	蛋白 [物种]	比值（实验组 / 对照组）			登录号	计算分子量 /等电点	Mascot 得分 / 匹配多肽数
		24T/C (mean ± SD)	72T/C (mean ± SD)	96T/C (mean ± SD)			
8	3-Hydroxyisobutyrate dehydrogenase [Oryzias latipes]	0.53±0.02	0.61±0.07	0.32±0.10	XP_004077874	35 943/6.24	17 199
11	ATP synthase [Callorhinchus milii]	2.12±0.61	2.82±1.30	0.30±0.17	AFM88287	60 890/8.89	212/3
13	Transketolase [Crassostrea gigas]	1.77±0.31	2.21±0.08	0.32±0.06	EKC40969	75 735/6.86	188/3
15	Citrate synthase [Psammechinus miliaris]	3.68±1.56	5.06±1.71	3.28±0.81	CBK39083	51 611/5.68	19 725
16	Adenosylhomocysteinase [Aedes aegypti]	4.88±0.72	9.98±1.83	1.12±0.15	XP_001659155	48 230/5.49	183/3
18	Glyceraldehyde-3-phosphate dehydrogenase [Apostichopus japonicus]	1.12±0.20	2.36±0.29	0.40±0.05	AEG90847	16 599/9.57	595/6
19	Glyceraldehyde-3-phosphate dehydrogenase [Apostichopus japonicus]	0.54±0.18	0.39±0.17	1.27±0.15	AEG90847	16 599/9.57	395/5
22	Argininekinase [Apostichopus japonicus]	0.43±0.07	0.32±0.06	0.12±0.05	Q9XY07	42 306/6.51	527/8
23	Argininekinase [Stichopus japonicus]	0	0	0.12±0.06	AB025275	29 608/6.10	109/3
25	Glyceraldehyde-3-phosphate dehydrogenase [Apostichopus japonicus]	1.28±0.03	2.56±0.48	0.45±0.10	AEG90847	16 599/9.57	536/6
27	Voltage-dependent anion channel 2 [Xenopus ropicalis]	1.48±0.52	1.63±0.69	2.14±0.54	GH549854	25 437/4.95	13 881
28	ATP synthase [Callorhinchus milii]	1.20±0.37	2.07±0.82	0.28±0.01	AFM88287	60 890/8.89	440/6
32	Argininekinase [Apostichopus japonicus]	1.30±0.31	0.49±0.13	0.20±0.02	Q9XY07	42 306/6.51	558/7
33	Methyltransferase [Strongylocentrotus purpuratus]	1.23±0.09	1.96±0.38	0.69±0.12	XP_003723750	27 451/8.44	131/2

续表

点编号	蛋白[物种]	比值(实验组/对照组)			登录号	计算分子量/等电点	Mascot得分/配多肽数
		24T/C (mean±SD)	72T/C (mean±SD)	96T/C (mean±SD)			
35	Aminopeptidase [Strongylocentrotus purpuratus]	4.62±1.95	1.14±0.33	1.24±0.46	XP_003725966	43 955/6.76	151/1
36	Dihydrolipoamide dehydrogenase [Danio rerio]	0.40±0.17	0.35±0.01	0.37±0.10	AAQ91233	54 157/7.23	29 952
37	Enolase [Hydra cf. oligactis]	1.76±0.49	3.73±1.57	0.77±0.22	AAC47638	18 304/6.97	133/1
38	Aldolase [Fundulus heteroclitus]	3.12±1.05	4.61±0.75	3.15±0.89	AAL18000	20 757/5.96	35 065
	细胞外结构						
39	Collagen protein [Strongylocentrotus purpuratus]	Appear	Appear	—	GH986279	35 357/5.70	326/4
	细胞骨架						
2	Alpha tubulin [Adineta ricciae]	5.53±0.16	1.49±0.09	0.58±0.20	AFR46066	43 749/5.90	20 515
10	Fascin [Crassostrea gigas]	1.97±0.20	3.23±0.51	1.28±0.19	EKC27420	54 653/6.06	267/7
29	Fascin [Crassostrea gigas]	0.23±0.09	1.76±0.40	1.08±0.17	EKC27420	54 653/6.06	649/9
31	Filamin [Apostichopus japonicus]	12.72±3.87	10.22±4.69	4.69±1.21	GO270193	19 590/5.74	114/1
40	Actin [Apostichopus japonicus]	1.68±0.27	3.07±0.49	9.95±3.50	BAH79732	42 135/5.23	698/6
	未知蛋白						
3	Unknown	0	0	0	NA	NA	NA
9	Unknown	0.68±0.14	1.16±0.30	0.55±0.10	NA	NA	NA
17	Unknown	0.58±0.20	0.62±0.28	0.33±0.06	NA	NA	NA

6.4.2 同位素标记相对和绝对定量技术

同位素标记（iTRAQ）技术的出现使高通量的蛋白表达谱分析成为可能，该技术是由美国应用生物系统公司 ABI 研发的一种多肽体外标记技术。该技术采用 4 种或 8 种同位素的标签，通过特异性标记的多肽氨基基团，进行串联质谱分析，可同时比较 4 种或 8 种不同样品中蛋白质的相对含量或绝对含量。具体步骤简言之，是其将提取的蛋白质进行定量和标记处理，再进行 D-LC-MS/MS 分析，以转录组测序组装结果为刺参蛋白参考数据库。利用该技术，对灿烂弧菌处理不同时间点（24 h，48 h，96 h）进行取样，在所有检测时间点内共得到 228 个差异表达蛋白。其中，15 个差异表达蛋白在所有时间点均显示差异表达，包括 13 个蛋白表达下调，2 个蛋白表达上调；24 h 刺激下差异蛋白共有 125 个，而到 48 h 差异蛋白数量降低为 67 个，其功能主要与氧化还原相关，96 h 处理后与氨基酸刺激和代谢过程相关蛋白显著富集（图 6-14）（Zhang et al., 2014b）。功能注释 GO 分析结果表明，表达下调的蛋白主要参与信号整合与转导以及免疫应激激活等生物学过程，这些与细胞通讯相关的蛋白的下调表达可能与灿烂弧菌的免疫逃逸机制相关。此外，基于转录组测序和 miRNA 靶基因预测结果，进一步对与刺参腐皮综合征相关的 miR-31 和 miR-2008 的靶蛋白进行预测和验证，共鉴定了 5 个可能在翻译水平被 miR-31 调控的蛋白，以及 1 个可能被 miR-2008 调控的蛋白（图 6-15）（Zhang et al., 2014b）。

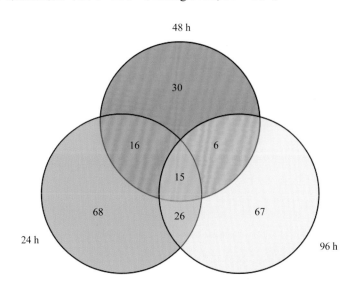

图 6-14 不同时间点差异表达蛋白分布

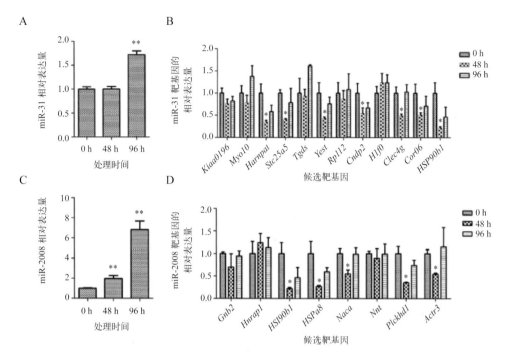

图 6-15　灿烂弧菌刺激下，miR-31 和 miR-2008 的时间表达模式及其候选刺参靶基因的相对表达量

A：不同时间 miR-31 的表达变化；B：不同时间 miR-31 靶基因的表达变化；C：不同时间 miR-2008 的表达变化；D：不同时间 miR-2008 靶基因的表达变化。*$P < 0.05$ 表示差异显著；**$P < 0.01$ 表示差异极显著

　　Lv 等 (2019) 对自然条件下刺参健康体壁（ND-blank）和腐皮体壁（ND-SUS）以及弧菌感染后的健康体壁（Vs-blank）和腐皮体壁 (Vs-SUS) 的蛋白质组比较分析，共检索到 92 种蛋白的功能分类。所鉴定的蛋白具有广泛的功能分布，主要包括翻译后修饰蛋白、蛋白周转蛋白和伴侣蛋白（O，23 个蛋白）；能量产生与转化（C，10 个蛋白）；信号转导机制（T，8 个蛋白）；细胞周期控制、细胞分裂、染色体分裂（D，7 个蛋白）（图 6-16）。进一步进行了 GO 和 KEGG 富集分析，以探索在刺参腐皮综合征中可能发挥重要作用的生物分子功能和途径。

　　GO 富集分析表明（图 6-17），生物过程（BP）、细胞成分（CC）和分子功能（MF）类别中分别富集了 80 种、14 种和 6 种蛋白质。ND-SUS 组的差异蛋白主要位于线粒体中，表达差异主要表现在氧化应激途径或谷胱甘肽代谢途径(谷胱甘肽过氧化物酶）。基于 GO 和 KEGG 富集结果，发现这些蛋白质均与线粒体活性氧（ROS）产生相关。Vs-SUS 组的差异蛋白主要通过 GO 富集集中在细胞质（STAT、HSP90、14-3-3、SOD 和半胱天冬酶）和细胞外基质（MMP1 和 TIMP）。进一步的 KEGG 途径富集显示，Vs-SUS 组蛋白主要参与免疫和细胞外基质降解（图 6-18）。

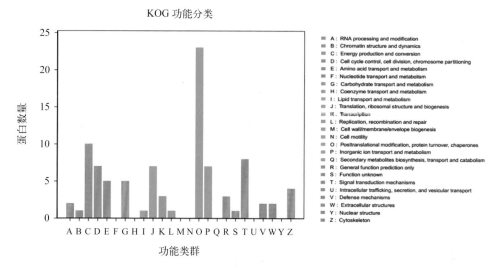

图 6-16　基于 KOG 数据库的刺参体壁蛋白质功能分布研究

（资料来源：Lv et al., 2019）

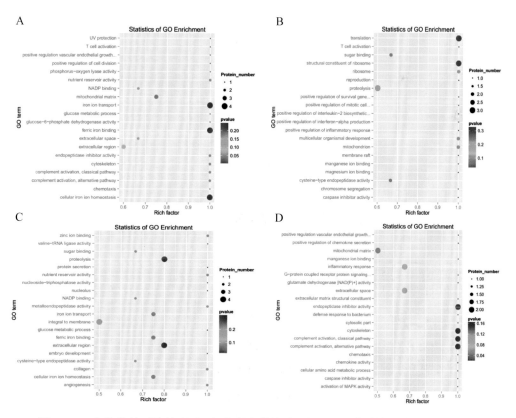

图 6-17　自然条件下的健康（A）和患病体壁（B）以及弧菌感染下的健康（C）和
患病体壁（D）差异表达蛋白的 GO 富集分析

（资料来源：Lv et al., 2019）

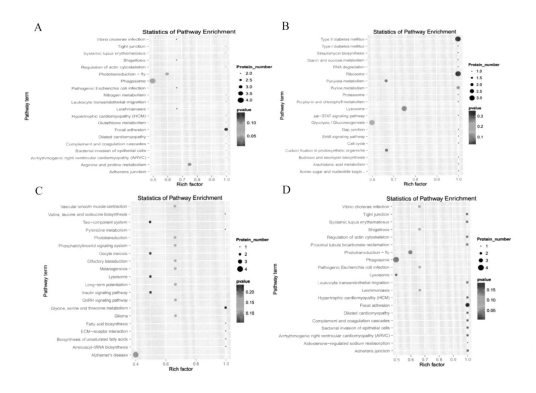

图 6-18　自然条件下的健康（A）和患病体壁（B）以及弧菌感染下的健康（C）和
患病体壁（D）差异表达蛋白的 KEGG 通路富集分析
（资料来源：Lv et al., 2019）

用 STRING 分析鉴定 ND-SUS 与 ND-blank 的差异表达蛋白（DEP）互作网络
（图 6-19A）和 Vs-SUS 与 Vs-blank DEP 互作网络（图 6-19B）。在 ND-SUS 组的
DEP 中观察到能量代谢和氧化应激相关的蛋白质相互作用，其以过氧化氢酶为中心，
包括：GLUL、GPx、HSP60、HSP10、CAT 和 CKB。然而，Vs-SUS 蛋白相互作用网
络比 ND-SUS 更复杂。除了应激反应调节蛋白 HSP90、GPx 和 SOD 等，网络中还存
在大量免疫相关蛋白，如 MMPs、TIMP、CASP、STATs 和 CTSs。蛋白质相互作用网
络分析显示，这些蛋白质从 HSP90 辐射而来（Lv et al., 2019）。

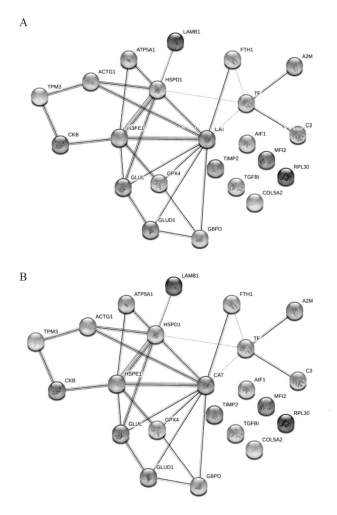

图 6-19　与对照组相比，ND-SUS（A）和 Vs-SUS（B）体壁中表达差异蛋白的
蛋白－蛋白相互作用网络
（资料来源：Lv et al., 2019）

6.5　代谢组学

代谢组学是一种新兴的组学方法，也是系统生物学重要组成部分之一。其研究领域已广泛渗透到功能基因组学（Kokushi et al., 2010）、药物毒理学（Katsiadaki Ioanna et al., 2010）、环境毒理学（Fent et al., 2011）及疾病诊断（Dunn et al., 2011）等方面。而基于核磁共振（nuclear magnetic resonance, NMR）的代谢组学能把基因和蛋白表达的微小变化在代谢物上得到放大，目前被认为是筛选和识别重要生理过程相关分子标记物的重要手段，因此使用基于 NMR 的代谢组学方法对深入研究水产动

物生理过程具有重要的现实意义。Shao 等（2013）通过基于核磁共振的代谢组学研究了刺参自然发病与灿烂弧菌模拟感染随时间变化的肌肉带代谢轨迹。首先，采用 NMR 实验共检测到 26 种刺参肌肉带代谢产物，主成分分析（principal component analysis, PCA）表明当灿烂弧菌分别胁迫到 48 h、72 h、96 h 时，与对照组相比差异显著，表明灿烂弧菌胁迫后，刺参肌肉带代谢产物发生了显著变化（图 6-20）。为进一步区分灿烂弧菌胁迫后刺参肌肉带代谢产物之间的差异，通过偏最小二乘判别分析（orthogonal partial least squares discrimination analysis, OPLS-DA）方法进一步分析各个时间点的代谢产物对组间区分贡献的显著性意义，当灿烂弧菌胁迫 48 h 时，代谢产物 ATP 显著下降，而代谢产物支链氨基酸、葡萄糖和 AMP 显著增加；当胁迫到 72 h 时，ATP 含量开始显著增加，而葡萄糖和 AMP 开始显著下降，另外，其他的氨基酸如苏氨酸、丙氨酸及糖原在该时间点呈现下调的趋势；当胁迫到 96 h 时，ATP 含量持续增加，同时，精氨酸含量也显著增加（图 6-21）。灿烂弧菌胁迫后代谢产物的显著变化表明，病原胁迫扰乱了机体的能量代谢与渗透调节。其次，通过对自然发病刺参与健康刺参进行 OPLS-DA 分析发现，代谢产物葡萄糖和糖原在自然发病刺参中其含量显著增加，而代谢产物 ATP、苏氨酸、丙氨酸、谷氨酸、谷氨酰胺、牛磺酸和精氨酸在自然发病组中显著下调（图 6-22），说明在刺参腐皮综合征发生的过程中也同时扰乱了机体的能量代谢和渗透调节。值得注意的是，代谢产物精氨酸在自然发病个体和病原感染个体中呈现相反的反应模式，揭示了该代谢产物的含量可能是疾病发生和发展过程中的重要分子标记物。综上，基于 NMR 的代谢组学在刺参上的应用有助于刺参腐皮综合征相关代谢标记物的发掘，筛选出与刺参腐皮综合征发生相关的分子标记物，进而更系统、更全面地揭示刺参腐皮综合征发生的内在调控机制。

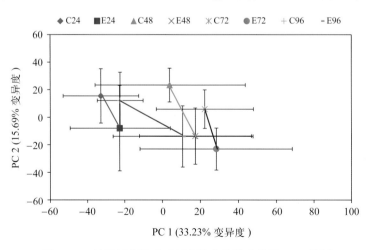

图 6-20　灿烂弧菌胁迫后刺参肌肉带提取物的 PCA 分析

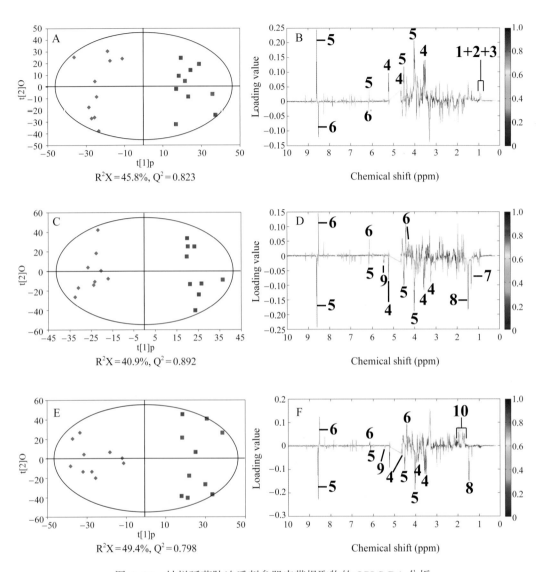

图 6-21　灿烂弧菌胁迫后刺参肌肉带提取物的 OPLS-DA 分析

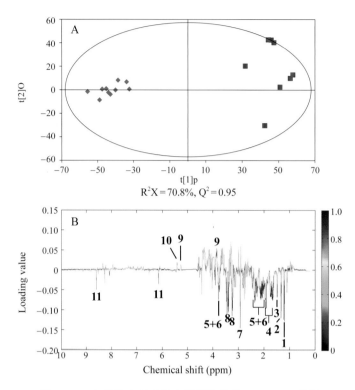

图 6-22　自然发病刺参肌肉带提取物的 OPLS-DA 分析

代谢组学阐明了病原胁迫下刺参肌肉组织中的代谢变化，在感染后 24 h 对海参样品没有明显的生物学效应。在 48 h 时，刺参的能量储存和免疫反应增强，以葡萄糖和支链氨基酸的增加为标志。结合蛋白组学分析，对体腔细胞的代谢变化进行研究，感染后 24 h，磷酸戊糖途径中磷酸葡萄糖异构酶 -1 和转醛醇酶 -1 的下调会导致 α-D-葡萄糖 -6- 磷酸和 β-D- 结构糖 -6 磷酸的积累和 D- 甘油醛 -3 磷酸的缺乏，从而增加丙酮酸的浓度，抑制糖酵解途径。过量的丙酮酸会促进亮氨酸、异亮氨酸和缬氨酸的生物合成，导致葡萄糖和支链氨基酸水平增加。在感染 48 h 后，果糖和甘露糖代谢途径中磷酸三磷酸异构酶 -1 的上调会增加细胞内甘油醛 -3 磷酸的水平，从而加速糖酵解途径。此外，精氨酸和脯氨酸代谢中鸟氨酸氨基转移酶和精氨酸琥珀酸合成酶 -1 的上调将促进尿素循环，这将进一步促进丙氨酸代谢。另外，可能是由于细胞氨基酸水平降低和能量需求增加所致。感染后 96 h 观察到的蛋白质合成相关蛋白，如核糖体蛋白 L4 和 L8 表现为下降趋势，这与蛋白质合成降低、能量需求量增加的结果相吻合（Zhang et al., 2014b），在代谢组中也同样发现，弧菌胁迫后 48 h，能量积累与免疫应答显著增强，而 72 h 至 96 h，能量需求量显著增加，并伴随着葡萄糖和糖原的降低以及 ATP 水平的增加。

【主要参考文献】

张鹏, 李成华, 李晔, 等, 2013. 刺参 (*Apostichopus japonicus*) 腐皮综合征发生相关蛋白的分离与鉴定. 海洋与湖沼, 44(3):741–746.

Ambros V, 2004. The functions of animal microRNAs. Nature, 431(7006): 350–355.

Andrews S C, Harrison P M, Yewdall S J, et al., 1992. Structure, function, and evolution of ferritins. Journal of Inorganic Biochemistry, 47(1):161–174.

Axtell M J, Bartel D P, 2005. Antiquity of microRNAs and their targets in land plants. Plant Cell, 17(6): 1658–1673.

Bartel D P, 2004. MicroRNAs: genomics, biogenesis, mechanism, and function. Cell, 116(2): 281–297.

Bonnett T R, Robert J A, Pitt C, et al., 2012. Global and comparative proteomic profiling of overwintering and developing mountain pine beetle, *Dendroctonus ponderosae* (Coleoptera: Curculionidae), larvae. Insect Biochemistry and Molecular Biology, 42(12):890–901.

Chen K, Rajewsky N, 2007. The evolution of gene regulation by transcription factors and microRNAs. Nature Review Genetics, 8(2): 93–103.

Dong Y, Sun H, Zhou Z, et al., 2014. Expression analysis of immune related genes identified from the coelomocytes of sea cucumber (*Apostichopus japonicus*) in response to LPS challenge. International Journal of Molecular Sciences, 15(11):19472–19486.

Dunn W B, Goodacre R, Neyses L, et al., 2011. Integration of metabolomics in heart disease and diabetes research: current achievements and future outlook. Bioanalysis, 3(19):2205–2222.

Fent K, Sumpter J P, 2011. Progress and promises in toxicogenomics in aquatic toxicology: is technical innovation driving scientific innovation? Aquatic Toxicology, 105(3–4):25–39.

Gao Q, Liao M, Wang Y, et al., 2015. Transcriptome analysis and discovery of genes involved in immune pathways from coelomocytes of sea cucumber (*Apostichopus japonicus*) after *Vibrio splendidus* challenge. International Journal of Molecular Sciences, 16(7):16347–16377.

Hall M R, Kocot K M, Baughman K W, et al., 2017. The crown-of-thorns starfish genome as a guide for biocontrol of this coral reef pest. Nature, 544(7649): 231–234.

Hansen T B, Wiklund E D, Bramsen J B, et al., 2011. miRNA-dependent gene silencing involving Ago2-mediated cleavage of a circular antisense RNA. EMBO Journal, 30(21):4414–4422.

Harrison P M, Arosio P, 1996. The ferritins: molecular properties, iron storage function and

cellular regulation. Biochimica et Biophysica Acta (BBA)-Bioenergetics, 1275(3):161–203.

Hibino T, Loza-Coll M, Messier C, et al., 2006. The immune gene repertoire encoded in the purple sea urchin genome. Developmental Biology, 300(1):349–365.

Jo J, Oh J, Lee H G, et al., 2017. Draft genome of the sea cucumber *Apostichopus japonicus* and genetic polymorphism among color variants. Gigascience, 6(1):giw006.

Katsiadaki I, Williams T D, Ball J S, et al., 2010. Hepatic transcriptomic and metabolomic responses in the Stickleback (*Gasterosteus aculeatus*) exposed to ethinyl-estradiol. Aquatic Toxicology, 97(3):174–187.

Kokushi E, Uno S, Harada T, et al., 2012. 1H NMR-based metabolomics approach to assess toxicity of bunker a heavy oil to freshwater carp, *Cyprinus carpio*. Environmental Toxicology, 27(7):404–414.

Lee R C, Feinbaum R L, Ambros V, 1993. The *C. elegans* heterochronic gene lin-4 encodes small RNAs with antisense complementarity to lin-14. Cell, 75(5): 843–854.

Li C, Feng W, Qiu L, et al., 2012. Characterization of skin ulceration syndrome associated micrornas in sea cucumber *Apostichopus japonicus* by deep sequencing. Fish & Shellfish Immunology, 33(2): 436–441.

Li Y, Zheng Q P, Bao C Y, 2015. Circular RNA is enriched and stable in exosomes: a promising biomarker for cancer diagnosis. Cell Research, 25(8): 981–984.

Li Y, Wang R, Xun X, et al., 2018. Sea cucumber genome provides insights into saponin biosynthesis and aestivation regulation. Cell Discovery, 4(1):1–7.

Lv Z, Guo M, Li C, et al., 2019. Divergent proteomics response of *Apostichopus japonicus* suffering from skin ulceration syndrome and pathogen infection. Comparative Biochemistry and Physiology Part D: Genomics and Proteomics, 30:196–205.

Memczak S, 2013. Circular RNAs are a large class of animal RNAs with regulatory potency. Nature, 495(7441):333–338.

Mu C, Wang R, Li T, et al., 2016. Long non-coding RNAs (lncRNAs) of sea cucumber: large-scale prediction, expression profiling, non-coding network construction, and lncRNA-microRNA-gene interaction analysis of lncRNAs in *Apostichopus japonicus* and *Holothuria glaberrima* during LPS challenge and radial organ complex regeneration. Marine Biotechnology, 18(4):485–499.

Pandey A, Mann M, 2000. Proteomics to study genes and genomics. Nature, 405(6788): 837–846.

Rast J P, Smith L C, Loza-Coll M, et al., 2006. Genomic insights into the immune system of the sea urchin. Science, 314(5801):952–956.

Reinhart B J, Slack F J, Basson M, et al., 2000. The 21-nucleotide let-7 RNA regulates developmental timing in *Caenorhabditis elegans*. Nature, 403(6772): 901–906.

Robertson K D, 2005. DNA methylation and human disease. Nature Reviews Genetics, 6(8):597–610.

Shao Y, Li C, Ou C, et al., 2013. Divergent metabolic responses of *Apostichopus japonicus* suffered from skin ulceration syndrome and pathogen challenge. Journal of Agricultural and Food Chemistry, 61(45):10766–10771.

Shet A, 2013. High concordance of genotypic coreceptor prediction in plasma-viral RNA and proviral DNA of HIV-1 subtype C: implications for use of whole blood DNA in resource-limited settings. Journal of Antimicrobial Chemotherapy, 68(9):2003–2006.

Sodergren E, Weinstock G M, Davidson E H, et al., 2006. The genome of the sea urchin *Strongylocentrotus purpuratus*. Science, 314(5801):941–952.

Sun H, Zhou Z, Dong Y, et al., 2020. Insights into the DNA methylation of sea cucumber *Apostichopus japonicus* in response to skin ulceration syndrome infection. Fish & Shellfish Immunology, 104:155–164.

Tanzer A, Stadler P F, 2004. Molecular evolution of a microRNA cluster. Journal of Molecular Biology, 339(2):327–335.

Theil E C, 1987. Ferritin: structure, gene regulation, and cellular function in animals, plants, and microorganisms. Annual Review of Biochemistry, 56(1):289–315.

Thorne M A, Worland M R, Feret R, et al., 2011. Proteomics of cryoprotective dehydration in *Megaphorura arctica* Tullberg 1876 (Onychiuridae: Collembola). Insect Molecular Biology, 20(3):303–310.

Wasinger V C, Cordwell S J, Cerpa-Poljak A, et al., 1995. Progress with gene product mapping of the Mollicutes: *Mycoplasma genitalium*. Electrophoresis, 16(7):1090–1094.

Yamashita M, Ojima N, Sakamoto T, 1996. Molecular cloning and cold-inducible gene expression of ferritin H subunit isoforms in rainbow trout cells. Journal of Biological Chemistry, 271(43):26908–26913.

Yang H, Yuan X, Zhou Y, et al., 2005. Effects of body size and water temperature on food consumption and growth in the sea cucumber *Apostichopus japonicus* (Selenka) with special

reference to aestivation. Aquaculture Research, 36(11):1085–1092.

Zhang X, Sun L, Yuan J, et al., 2017. The sea cucumber genome provides insights into morphological evolution and visceral regeneration. PLoS Biology, 15(10):e2003790.

Zhang P, Li C, Zhang L, et al., 2013. De novo assembly of the sea cucumber *Apostichopus japonicus* hemocytes transcriptome to identify miRNA targets associated with skin ulceration syndrome. Plos One, 8(9):e73506.

Zhang P, Li C, Li Y, et al., 2014a. Proteomic identification of differentially expressed proteins in sea cucumber *Apostichopus japonicus* coelomocytes after *Vibrio splendidus* infection. Developmental & Comparative Immunology, 44(2):370–377.

Zhang P, Li C, Zhang P, et al., 2014b. iTRAQ-based proteomics reveals novel members involved in pathogen challenge in sea cucumber *Apostichopus japonicus*. PLoS One, 9(6):e100492.

Zhao X, Duan X, Fu J, et al., 2019. Genome-wide identification of circular RNAs revealed the dominant intergenic region circularization model in *Apostichopus japonicus*. Frontiers in Genetics, 10:603.

第 7 章　刺参免疫因子功能

细胞内各种不同的生化反应途径都是由一系列不同的免疫因子组成的，当细胞里要发生某种反应时，信号从细胞外到细胞内传递了一种信息，细胞要根据这种信息来做出反应的现象称为信号转导（signal transduction）或信号通路（signal pathway）。在刺参免疫学效应发生过程中同样存在多种信号通路参与，包括 Toll 样受体信号通路、IL17 信号通路、JAK-STAT 信号通路、Integrin 信号通路等。

7.1　Toll 样受体信号通路

Toll 样受体（TLR，Toll-like receptor）属于固有免疫病原模式识别受体，可以识别入侵生物体的病原微生物的蛋白、核酸和脂类及其在反应过程中合成的中间产物和代谢产物，如革兰氏阴性菌的脂多糖（LPS）、革兰氏阳性菌的肽聚糖和病毒的双链RNA 等，这些都是属于分子结构高度保守的病原相关分子模式（pathogen-associated molecular pattern，PAMP）。TLR 通过对 PAMP 的识别，快速激活包括接头蛋白、信号复合体和转录因子复合体负责的细胞内信号级联反应，最终导致机体产生促炎细胞因子、抗炎细胞因子及趋化因子。TLR 通过不同的识别途径活化多种免疫细胞，启动非特异性免疫应答并激活适应性免疫以清除病原体。它们是抵御病原体入侵的第一道防线，在炎症、免疫细胞调控、存活和增殖方面发挥着关键作用。

到目前为止，已经在哺乳动物中发现 13 种 TLR，其中 TLR1-9 为人、大鼠和小鼠共有，TLR10 存在于人类、大鼠和负鼠，TLR11 存在于小鼠。TLR 属于 I 型跨膜蛋白，可分为胞膜外区、跨膜区和胞内区三部分。TLR1、TLR2、TLR4、TLR5、TLR6、TLR10 和 TLR11 位于细胞膜上，TLR3、TLR7、TLR8 和 TLR9 位于细胞内的细胞器膜上。TLR 信号通路转导方式主要有两种：一种是髓样分化因子 88（myeloid differentiation factor 88，MyD88）依赖型 TLR 信号转导通路；另一种是 MyD88 非依

赖型 /TRIF（IFN-β）依赖型信号转导通路。除 TLR3 以外，所有的 TLR 信号通路都由 MyD88 介导。当 MyD88 与 TLR 结合的时候，MyD88 通过死亡结构域之间的相互作用招募 IRAK（IL-1 受体相关激酶）家族成员。IRAK-1 和 IRAK-4 为参与 TRAF6（TNF 受体相关因子 6）磷酸化和活化的丝氨酸 / 苏氨酸激酶，而 TRAF6 起泛素连接酶（E3）作用。在 TAB（TAK-1 binding protein-1）介导下活化 MAP3K 家族成员 TAK（transforming growth factor β 激活激酶），活化的 TAK 可以磷酸化 MAPK（mitogen-activated protein kinases），同时 TRAF6 还可以直接激活 TAK-1，进而活化 IκBα 激酶复合物（IKK）引起 IκBα 自体磷酸化降解，NF-κB 释放，激活两条不同信号通路的信号转导（王海坤等，2006）。

7.1.1　刺参 Toll 样受体信号通路的组成

刺参 Toll 样受体成员分子已基本鉴定完成（图 7-1），其中包括 TLR 受体成员分子两个（分别命名为 AjTLR3 和 AjToll），TLR 通路正调控蛋白：关键接头分子 - 髓样分化因子 88 (MyD88) 和肿瘤坏死因子受体相关因子 6（TRAF6）及 MyD88 下游的激酶——IL-1R 相关激酶 1、4（IL-1R-association kinase 1、4, IRAK-1、4），NF-κB 的两个亚基——Ajrel 和 Ajp105。同时，还包括了 TLR 信号通路负调控因子：NF-κB 抑制剂（IκB）和 Toll 相互作用蛋白（Tollip）。

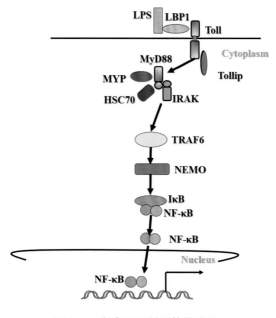

图 7-1　刺参 Toll 样受体模式图

7.1.2　Toll 样受体的克隆及功能研究

在海洋中生活着地球上近 80% 的动物的 25 个门类。对海洋低等无脊椎动物免疫系统的研究有助于我们探索先天性免疫系统的起源，模式识别受体（pattern recognition receptor，PRR）可通过识别病原相关分子模式（PAMPs），进而激活免疫系统。而 TLR 是 I 型跨膜蛋白，属于先天性免疫系统中最古老的模式识别受体。TLR 胞外区是由亮氨酸重复序列（Leucine-rich repeat，LRR）形成的螺线管状结构，根据 LRRs 结构差异可以将 TLR 分为：脊椎动物类 TLR（Vertebrate-like TLR, V-TLR）和原口动物类 TLR（Protostome-like TLR, P-TLR）（图 7-2），后口动物则存在两种不同类型的 TLR。V-TLR 胞外区含有一组"LRRNT-LRRs-LRRCT"（N-terminal LRR, LRRNT; C-terminal LRR，LRRCT）序列，P-TLR 胞外区含有一组额外的 LRRCT-LRRNT 基序。TLR 胞质区是一个与 IL-1（Interleukin-1）受体家族具有高度同源性的 TIR（TLR 和 IL-1 受体结构域）结构，能够募集含有 TIR 结构的接头蛋白参与信号转导。

脊椎动物 TLR（V-TLR）

原口动物 TLR（P-TLR）

Extra LRRCT &LRRNT

图 7-2　TLR 的两种结构类型

（资料来源：Sun et al., 2013）

Sun 等（2013）采用 RACE 方法，首次从刺参体腔细胞中克隆得到了两个 TLRs 的 cDNA 全长。将两条序列分别进行 BLASTX 比对，结果显示一条序列与其他物种的 TLR3 序列相似，另一条序列与其他物种的 Toll 序列相似，因此分别命名为 *AjTLR3* 和 *AjToll*。*AjTLR3* 的 cDNA 全长为 3 483 bp，开放阅读框长 2 679 bp，编码 892 个氨基酸；*AjToll* 的 cDNA 全长为 4 211 bp，开放阅读框长 2 853 bp，编码 950 个氨基酸。SMART 结构预测表明，AjTLR3 和 AjToll 均具有典型的 TLR 结构：胞外亮氨酸重复序列 LRR 区、跨膜区（transmembrane，TM）和胞内 TIR（Toll/interleukin-1 receptor）区，

说明 TLR 在无脊椎动物进化过程中是高度保守的。系统进化分析发现 AjTLR3 与脊椎动物类 V-TLR 聚为一支，而 AjToll 与原口动物 P-TLRs 聚在一起，表明刺参中存在两种不同类型的 TLR（图 7-3）。采用实时荧光定量 PCR 的方法检测两个基因在各个组织中的表达量以及免疫刺激后各组织表达量的变化情况。结果显示，*AjTLR3* 和 *AjToll* 在体壁、体腔细胞、管足、肠和呼吸树中都有表达，并且在呼吸树中表达量最高，而在其他组织中表达量相对较低。分别采用病原革兰氏阳性菌、革兰氏阴性菌、真菌和病毒的类似物：肽聚糖（peptidoglycan，PGN）、脂多糖（lipopolysaccharides, LPS）、酵母聚糖（zymosan A）和聚肌胞苷酸（polyinosinic-polycytidylic acid，Poly I:C），胁迫刺参体腔细胞。荧光定量结果分析表明，这两个基因的表达模式在不同的组织中针对不同的刺激有所不同：在 PGN 刺激下，*AjTLR3* 和 *AjToll* 在体腔细胞中的表达变化最显著；在 LPS 和 Poly I:C 刺激下，*AjTLR3* 和 *AjToll* 在管足中表达变化最显著；在 Zymosan A 的刺激下，*AjTLR3* 和 *AjToll* 在呼吸树中表达变化最显著，由此推测 AjTLR3 和 AjToll 在对抗细菌感染过程中发挥着重要作用（图 7-4）（Sun et al., 2013）。

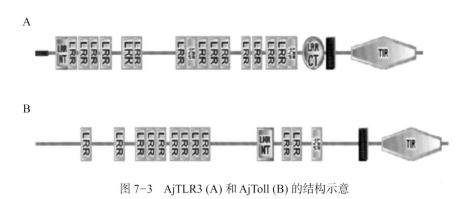

图 7-3　AjTLR3 (A) 和 AjToll (B) 的结构示意

（资料来源：Sun et al., 2013）

7.2　Toll 样受体信号通路的激活

7.2.1　Toll 样受体信号通路关键接头分子鉴定

7.2.1.1　MyD88 与 TRAF6 的克隆及功能解析

MyD88 和 TRAF6 是 Toll 样受体信号转导中触发先天免疫下游级联反应的两个关键接头分子。Lu 等（2013a）等分离并鉴定了 MyD88 和 TRAF6 的全长 cDNAs（分别命名为 *AjMyD88* 和 *AjTRAF6*）。这两个因子与它们的哺乳动物和果蝇直系同源物都

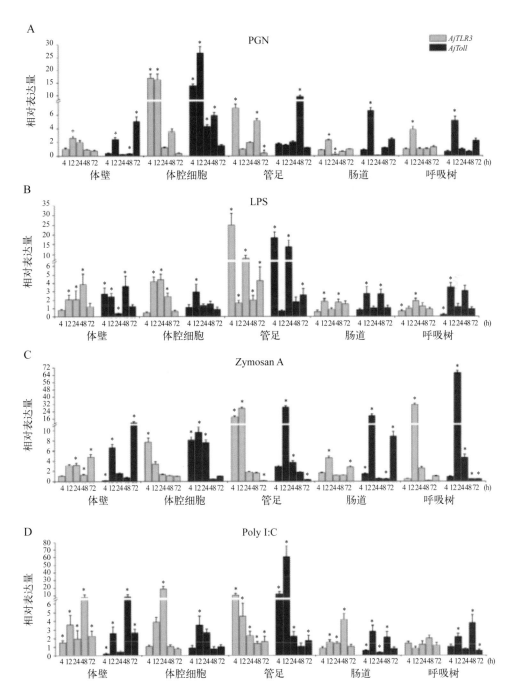

图 7-4 五种组织中 *AjTLR3* 和 *AjToll* 在 PGN、LPS、Zymosan A 和 Poly I:C 刺激下的表达变化（A-D）

AjTLR3 和 *AjToll* 的相对表达量用倍数变化表示，以 Cytb 作为内参基因。柱形图代表倍数变化的平均值 ± 标准差。星号表示的是差异显著水平（$P < 0.05$）

具有非常高的结构保守性，例如 AjMyD88 预测的氨基酸序列中，存在一个典型的死亡域（death domain，DD）和一个保守的 Toll / IL-1R（TIR）域；AjTRAF6 中存在一个 RING 型的锌指、两个 TRAF 型的锌指、一个卷曲螺旋域以及一个 MATH 域。同时，上述两个基因在基因水平呈现组成型表达模式。*AjMyD88* 的 mRNA 在肠道和呼吸树中高表达，而 *AjTRAF6* 在体腔细胞和触手中高表达。

在灿烂弧菌胁迫实验中，与对照组相比，*AjTRAF6* 的表达水平显著升高，且升高幅度大，持续时间更长。*AjMyD88* 在 6 h 时表达量达到峰值，增加至 1.80 倍；*AjTRAF6* 在 24 h 时表达量达到峰值，增加至 3.73 倍（图 7-5），表明 *AjMyD88* 和 *AjTRAF6* 可能在刺参抗菌反应中起重要作用（Lu et al., 2013a）。

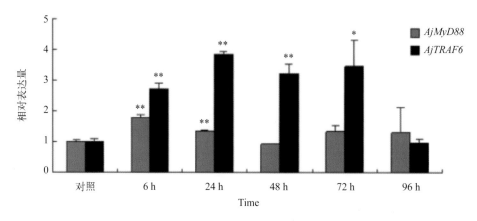

图 7-5　*AjMyD88* 和 *AjTRAF6* 在体腔细胞中表达随时间的变化

*$P<0.05$ 表示差异显著；**$P<0.01$ 表示差异极显著

7.2.1.2　MyD88 互作蛋白及功能解析

在不同物种中 TLR 信号通路的激活通常涉及不同的相互作用蛋白。该信号通路的核心成员分子已在多种物种中得以鉴定，其中包括刺参。然而，这些蛋白质不作为孤立分子个体发挥作用，而是参与到一个与其他蛋白质互作的动态细胞生物分子网络环境中。Lv 等（2019）通过 GST-pull down 实验筛选了刺参体腔细胞中能与 MyD88 相互作用的蛋白。GST-pull down 获得了 4 条分子量约为 150 kDa、90 kDa、70 kDa 和 26 kDa 的差异条带（图 7-6A）。反相液相色谱 – 质谱 RPLC-MS 鉴定表明，这些蛋白质分别为 MYP、IRAK-1、HSC70 和 TIR 域蛋白结构域蛋白（表 7-1）。进一步结合转录组数据，获得了 HSC70 和 MYP 的全长 cDNAs，cDNAs 编码的蛋白质与质谱法和 GST-pull down 分析确定的分子量完全一致。

Lv 等（2019）进一步通过免疫共沉淀实验分析了蛋白质之间的互作。结果表明，

GST-HSC70 和 GST-MYP 融合蛋白可分别与 AjMyD88 结合（图 7-6B）。MyD88 被证明位于细胞质中并诱导 NF-κB 进入细胞核。进一步通过激光共聚焦显微镜对 AjHSC70 和 AjMYP 与 MyD88 进行了共定位分析，结果表明 AjHSC70 和 AjMYP 主要分布于刺参体腔细胞的细胞质（图 7-7A），AjMyD88 与二者共定位于细胞质（图 7-7B）。

表 7-1　MyD88 相互作用蛋白的 LC-MS 鉴定

蛋白质名称	登录号	匹配物种	序列覆盖率	PI 值	得分	分子量	查询覆盖率	序列一致性
Major yolk protein 1	gi:240846031	*Apostichopus japonicus*	21%	7.05	622	132 868	100%	100%
HSP70	gi:338201102	*Apostichopus japonicus*	12%	5.35	1145	76 492	87%	99%
MyD88	gi:558651248	*Apostichopus japonicus*	46%	5.55	611	34 953	100%	100%
TIR domain protein	gi:1275007461	*Apostichopus japonicus*	13%	5.63	362	26 368	89%	90%
IRAK-1	gi:746873480	*Apostichopus japonicus*	28%	6.47	593	88 462	91%	99%

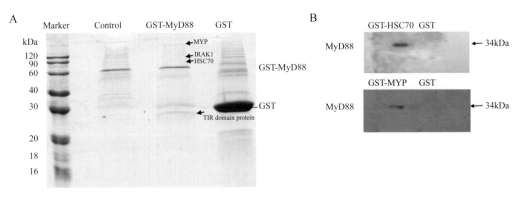

图 7-6　利用 GST-pull down 和 RPLC-MS 对 MyD88 相互作用蛋白进行鉴定和表征

A：GST 标记的 MyD88 与体腔细胞裂解液孵育，并进行 RPLC-MS 分析，箭头为 RPLC-MS 分析的差异条位置；B：通过免疫共沉淀验证 MyD88 相互作用蛋白，箭头表示杂交条带和分子量。Marker：蛋白质 marker；Control：未与体腔细胞裂解液孵育的纯化 GST-MyD88 蛋白；GST：GST 标记蛋白与体腔细胞裂解物孵育；GST-MyD88：GST-MyD88 与细胞裂解物孵育

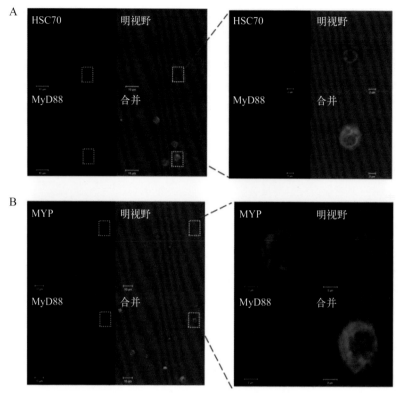

图 7-7　激光共焦显微镜对刺参体腔细胞 MyD88、HSC70 和 MYP 蛋白的亚细胞定位分析

A：HSC70（FITC 抗小鼠抗体，绿色）和 MyD88（Cy3 抗兔抗体，红色）；B：MYP（FITC 抗小鼠抗体，绿色）和 MyD88（Cy3 抗兔抗体，红色）

（资料来源：Lv et al., 2019）

借助蛋白与蛋白之间的分子对接（ZDOCK）计算蛋白互作模型，再进行全原子分子动力学（MD）计算和 MM/PB/GBSA 计算，调整和改善粗分子对接获得的蛋白质 - 蛋白质复合物模型。Lv 等进一步利用 MD 方法分析了 MyD88-HSC70 和 MyD88-MYP 配合物模型。HSC70 与 MyD88 结合所必需的残基分别为 HSC70 的 K574、D591、E592 和 E619 以及 MyD88 的 E75、R76、K197 和 R203，分别位于 MyD88 口袋 1、2 和 3 中（图 7-8A）。MyD88 与 HSC70 的静电相互作用及范德华力相互作用如表 7-2 所示，HSC70 的 K574 与 MyD88 的 E75 有较大的静电力和范德华力相互作用（-54.224 4），而 HSC70 的 E591 和 MyD88 的 K197 之间的相互作用力较小，为 -30.297 8（图 7-9A）。同时，MYP 的 K260、K452、K467 和 E839 以及 MyD88 的 D29、R40 和 E62 残基（图 7-9B）为预测的 MyD88-MYP 结合模型的互作位点（图 7-8B）。MYP 的 K260 和 MyD88 的 E62 之间的静电力最大且存在范德华力（-48.255 5），而 MYP 的 E839 与 MyD88 的 R40 之间的相互作用力较小，为 -34.028 6（表 7-3）。

表 7-2　MyD88-HSC70 复合物的结合位点静电相互作用和范德华作用力预测

HSC70 残基	HSC70 残基序列位置	MyD88 残基	MyD88 残基序列位置	静电力	范德华力	静电力 + 范德华力
ASP	591	LYS	197	−30.124 2	−0.173 6	−30.297 8
LYS	574	GLU	75	−54.295 5	0.071 0	−54.224 4
GLU	592	ARG	203	−41.291 8	−0.382 2	−41.674 1
GLU	619	ARG	76	−47.134 3	−0.926 4	−48.060 7

表 7-3　MyD88-MYP 复合物的结合位点静电相互作用和范德华作用力预测

MYP 残基	MYP 残基序列位置	MyD88 残基	MyD88 残基序列位置	静电力	范德华力	静电力 + 范德华力
LYS	260	GLU	62	−48.505 7	0.250 2	−48.255 5
LYS	452	ASP	29	−44.450 6	−0.776 8	−45.227 4
LYS	467	ASP	29	−48.256 5	0.688 8	−47.567 6
GLU	839	ARG	40	−33.755 9	−0.272 7	−34.028 6

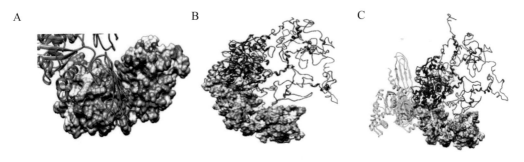

图 7-8　使用 ZDOCK 预测 MyD88-HSC70 和 MyD88-MYP 复合体对接

A：MyD88（彩色）和 HSC70（红色）复合物；B：MyD88（彩色）和 MYP（蓝色）复合物；

C：MyD88（彩色），HSC70（绿色）和 MYP（蓝色）复合物

（资料来源：Lv et al.，2019）

　　将正电荷或中性电荷的氨基酸残基代替带负电荷的氨基酸残基，则正电荷或中性电荷残基能够调节离子相互作用，可以实现氨基酸位点突变。根据 ZDOCK 预测 MyD88-HSC70 和 MyD88-MYP 的结构模型，通过替换一个残基，得到了用于 MD 模型计算的突变体。其中，HSC70 突变体为 K574Q、D591A、E592A、E619G，MyD88 突变体（与 HSC70 互作）为 E75A、R76G、K197Q、R203G；MYP 突变体为 K260Q、K452Q、K467Q、E839A，MyD88 突变体（与 MYP 互作）为 D29A、R40G、E62A。

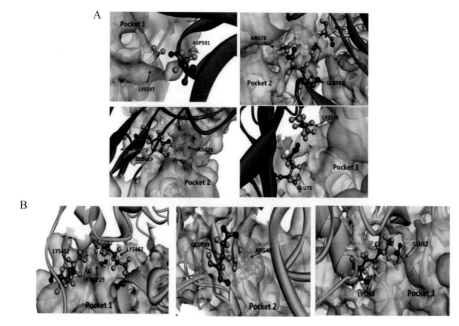

图 7-9 通过 ZDOCK 和 MM/PB/GBSA 计算分析，预测了 MyD88-HSC70 和
MyD88-MYP 配合物相互作用模型

A：MyD88（黄色）和 HSC70（红色）复合体。MyD88 的 4 个界面残基（E75、R76、K197 和 R203）与 HSC70 结合，HSC70 的 4 个界面残基（K574、D591、E592 和 E619）与 MyD88 结合。B：MyD88（黄色）和 MYP（绿色）复合体。MyD88 与 MYP 结合的 3 个界面残基（D29、R40 和 E62），以及 MYP 与 MyD88 结合的 4 个界面残基（K260、K452、K467 和 E839）

（资料来源：Lv et al., 2019）

通过 BLItz™ 系统分析每种突变体蛋白和野生型（WT）蛋白之间的相互作用。分别分析了 MyD88-WT 与 HSC70 突变体的相互作用，MyD88 突变体与 HSC70-WT 的相互作用，MyD88-WT 与 MYP 突变体的相互作用，MyD88 突变体与 MYP-WT 的相互作用，如图 7-10 所示。HSC70 突变体（WT、K574Q、D591A、E592A 和 E619G）样本分别与 MyD88-WT 结合，结合常数 KD 值为 $< 1^{-12}$ M、6.289^{-6} M、6.599^{-6} M、5.79^{-6} M、6.015^{-6} M；MyD88 突变体（WT、E75A、R76G、K197Q 和 R203G）与 HSC70-WT 的结合常数 KD 值为 $< 1^{-12}$M、8.438^{-3}M、3.785^{-2}M、$< 1^{-12}$ M。上述结合模式可以反映 HSC70 和 MyD88 之间残基相互作用，但 MyD88 K197Q 和 HSC70-WT、MyD88 R203G 与 HSC70-WT 之间的相互作用不明显。同时进一步研究了 MYP 突变体（WT、K260Q、K452Q、K467Q 和 E839A）与 MyD88-WT 的结合情况，结合的 KD 值为 $< 1^{-12}$ M、1.019^{-6}M、3.019^{-5} M、3.853^{-6} M、7.818^{-6} M；MyD88 突变体（WT、D29A、R40G 和 E62A）与 MYP-WT 结合的 KD 值分别为 $< 1^{-12}$ M、3.251^{-5} M、6.654^{-2} M、9.326^{-6}M。

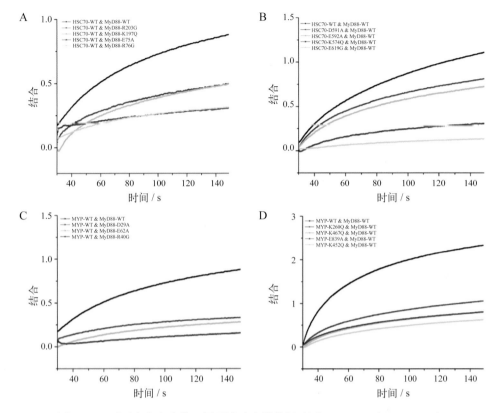

图 7-10　通过定点突变的双层干涉动力学分析验证 AjMyD88（2.5 mg/mL）、
AjHSC70（2.5 mg/mL）和 AjMYP（2.5 mg/mL）的关键相互作用位点

A：AjHSC70（WT）与不同 MyD88 突变体（E75A/R76G/K197Q/R203G）的结合；B：AjMyD88（WT）与不同 HSC70 突变体（K574Q/D591A/E592A/E619G）的结合；C：AjMYP（WT）与不同 MyD88 突变体（D29A/R40G/E62A）的结合；D：AjMyD88（WT）与不同 MYP 突变体（K260Q/K452Q/K467Q/E839A）的结合。每张图进行 3 次生物学重复

（资料来源：Lv et al., 2019）

上述研究结果表明 HSC70 和 MYP 可以与 MyD88 相互作用。但目前还不清楚它们是作为 MyD88 信号激活过程中所必需的分子辅助分子还是信号通路直接激活分子。因此，通过转染后 AjMyD88、AjHSC70 和 AjMYP siRNA 来检测 TLR 信号通路的变化，结果显示 MyD88 可以被显著抑制超过 58%（图 7-11）。在 AjMyD88 基因敲降后，AjIRAK-1 mRNA 和 Ajp105 mRNA 分别降低至对照组的 49% 和 46%，且 MyD88 蛋白表达显著降低（图 7-11B）。此外，在 AjHSC70 和 AjMYP 基因敲降后，AjIRAK-1 mRNA 显著降低至对照组的 45% 和 36%，Ajp105 mRNA 显著降低至对照组的 44% 和 46%（图 7-11C，D）。Western blot 分析结果显示，AjMyD88、AjMYP 和 AjHSC70 基因敲降 48 h 后，Ajp50 蛋白表达水平显著低于阴性对照组（图 7-11 E）。AjMYP、AjHSC70 和 AjMyD88 敲降后 VPCC 和 PDI mRNA（与 TLR

途径无关基因）无显著变化（图7-11F）。上述结果表明AjMYP和AjHSC70作为AjMyD88依赖的信号通路的辅助分子参与信号的级联反应。

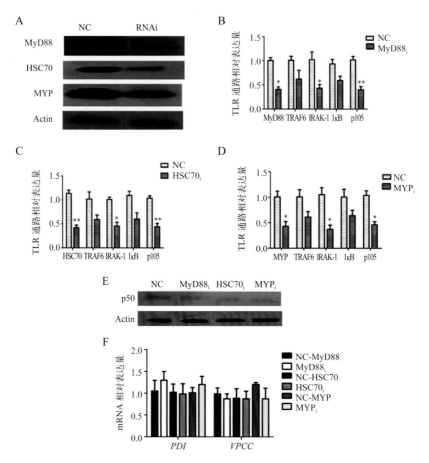

图7-11 AjMyD88、AjHSC70和AjMYP激活刺参体腔细胞TLR途径

A：转染 AjMyD88、AjHSC70 和 AjMYP 特异性 siRNA 后的敲降效率；B：AjMyD88 敲降后 TLR 相关基因（AjTRAF6、AjIRAK4、AjIκB、AjNFκB）的 mRNA 表达水平；C：AjHSC70 敲降后 TLR 相关基因的 mRNA 表达水平；D：AjMYP 敲降后 TLR 相关基因的 mRNA 表达水平；E：AjMyD88、AjHSC70 和 AjMYP 敲降后 p50 蛋白水平；F：AjMYP、AjHSC70 和 AjMyD88 敲降后 AjVPCC、AjPDI（与 TLR 途径无关）的表达水平。数值表示为平均值±标准差（n=5）。*P<0.05 表示差异显著；**P<0.01 表示差异极显著

7.2.2 IRAK-1 和 IRAK-4 的功能解析

在高等动物静息状态下，Toll 相关蛋白（Toll-interaction protein, Tollip）与 MyD88 下游的 IRAK 结合在一起，如果 Toll 的受体可以跟配体识别，募集接头分子以及下游的 IRAK，Tollip 就会被磷酸化从而从二聚体上分离，IRAK 与 MyD88 结合。此时的 MyD88 的 C 端 TIR 结构域与受体结合，N 端则负责将具有死亡结构域

的 IRAK-1、IRAK-4 或 TRAF6 一起招募到受体上，活化的 IRAK 和 TRAF6 发生进一步的磷酸化。

7.2.2.1　IRAK-4 功能解析

Cui 等（2018）研究发现刺参 IRAK-4（*AjIRAK-4*）的全长 cDNA 为 2 024 bp，含有 1 311 bp 的开放阅读框，编码 436 个氨基酸残基的多聚蛋白，具有典型的死亡结构域（10 ~ 113 aa）和激酶结构域（160 ~ 426 aa）。检测了 *AjIRAK-4* mRNA 在刺参 5 种组织中的空间表达模式。所有组织检测数据以体腔细胞表达量为参照进行归一处理，结果显示：*AjIRAK-4* 在肌肉中表达最高，为体腔细胞的 7.20 倍；其次，在呼吸树中的表达为 5.71 倍（$P<0.05$）、触手为 5.08 倍（$P<0.05$）、肠道为 4.29 倍（$P<0.05$），体腔细胞中表达最低。

灿烂弧菌和 LPS 暴露均可显著上调 *AjIRAK-4* 的 mRNA 表达（图 7–12）。与对照组相比，灿烂弧菌胁迫后体腔细胞中 *AjIRAK-4* 的 mRNA 在 6 h 急剧上调，增加至 2.47 倍（$P<0.05$），24 h 后保持较高表达，为 2.64 倍（$P<0.01$），*AjIRAK-4* 的表达在 48 h 和 72 h 恢复到对照组水平（图 7–12A）。在 LPS 暴露的原代细胞中也检测到类似的上调表达模式（图 7–12B）。暴露 1 h 后未发现明显变化。随后，在 3 ~ 24 h *AjIRAK-4* 的 mRNA 诱导表达，24 h 时 *AjIRAK-4* 的表达达到高峰，为对照组的 2.44 倍（$P<0.05$）。

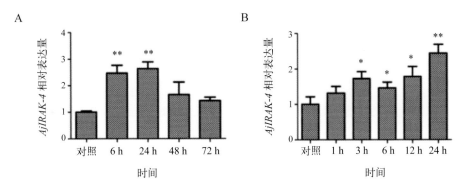

图 7–12　*AjIRAK-4* 在灿烂弧菌胁迫刺参（A）和 LPS 暴露（B）体腔细胞中的时间表达分析

*$P<0.05$ 表示差异显著；**$P<0.01$ 表示差异极显著

（资料来源：Cui et al., 2018）

为了探讨 AjIRAK-4 是否参与了 Toll 样受体信号通路的级联激活，分析了 *AjIRAK-4* 基因敲降后 TLR 信号通路中下游成员的表达水平。在体外实验中，siRNA 转染使 *AjIRAK-4* 在 mRNA 水平上降低了 43%，蛋白质水平降低了 60%（图 7–13A，D）。

同时，*AjIRAK-1*、*AjTRAF6* 和 *Ajp105* 的 mRNA 水平分别下降了 53%、32% 和 39%（图 7-13B）。与阴性对照组相比，*AjIRAK-4* 沉默 48 h 后，Ajp105 蛋白表达显著降低（图 7-13 C，E）。在体内实验中，*AjIRAK-4* 的 mRNA 在 siRNA 沉默后下调了 40%（图 7-13A），同时 *AjIRAK-1*、*AjTRAF6* 和 *Ajp105* 的 mRNA 分别下调了 38%、37% 和 28%（图 7-13B）。

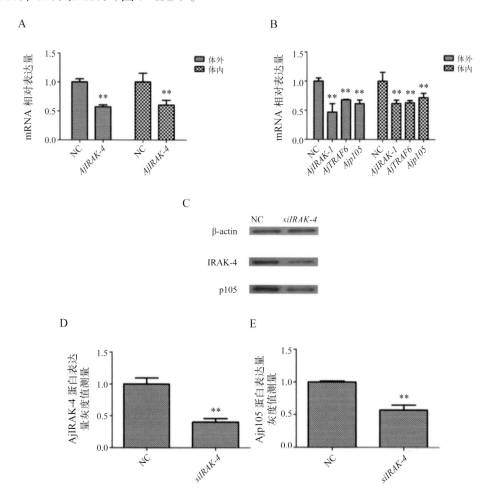

图 7-13　转染 *AjIRAK-4* siRNA 后，*AjIRAK-4*（A）及其下游分子的 mRNA 表达水平（B），蛋白水平（C），AjIRAK-4 蛋白表达灰度值（D）和 Ajp105 蛋白表达灰度值（E）

**P < 0.01 表示差异极显著

（资料来源：Cui et al., 2018）

　　AjIRAK-4 介导的体腔细胞凋亡结果如图 7-14 所示。在体外 / 体内沉默 *AjIRAK-4* 后（图 7-14A），分别检测体外细胞凋亡水平（图 7-14C）［转染 NC-siRNA 作为阴性对照（图 7-14B）］和体内细胞凋亡水平（图 7-14E）［转染 NC-siRNA 作为阴性对照（图 7-14D）〕。刺参体腔细胞的凋亡率在体外和体内与阴性对照组相比分别显著增加至 1.82 倍和 1.95 倍（图 7-14F），且凋亡前蛋白 *AjBax* 的 mRNA 表达水平比对照组分别上调至 2.76 倍和 1.68 倍（图 7-14G）。

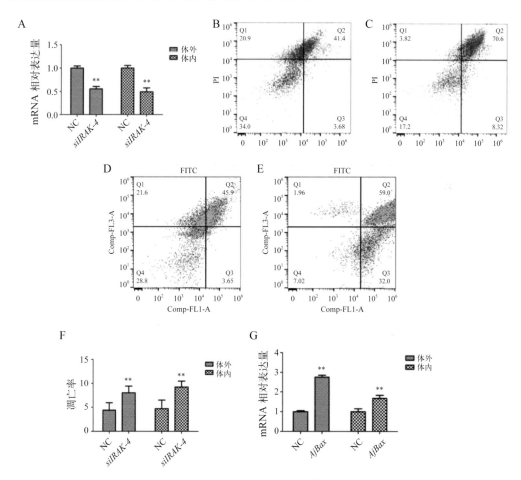

图 7-14　*AjIRAK-4* 干扰后流式细胞仪检测细胞凋亡

A：*AjIRAK-4* siRNA 转染后 *AjIRAK-4* 的表达水平；B：体外转染阴性对照特异性 siRNA 24 h 后 siRNA-NC 组细胞凋亡检测；C：体外转染 *AjIRAK-4* 特异性 siRNA 后 si*AjIRAK-4* 组细胞凋亡检测；D：体内转染阴性对照特异性 siRNA 24 h 后 siRNA-NC 凋亡的检测；E：体内转染 *AjIRAK-4* 特异性 siRNA 24 h 后 si*AjIRAK-4* 组细胞凋亡检测；F：体内 / 体外 *AjIRAK-4* 干扰后的细胞凋亡率；G：体内 / 体外 *AjIRAK-4* 干扰后 *AjBax* 的表达量。Q1 代表检测错误，Q2 代表坏死细胞和晚期凋亡细胞，Q3 代表正常细胞，Q4 代表细胞早期凋亡。数值为平均值 ± 标准差，n=3。星号表示与相应对照组显著不同：*$P<0.05$，**$P<0.01$

（资料来源：Cui et al., 2018）

7.2.2.2　IRAK-1 功能解析

Lu 等（2015）通过 RACE 技术，获得了 *AjIRAK-1* 基因全长（GeneBank 号：KJ918751）。*AjIRAK-1* 基因全长 3 342 bp，5′ UTR 长 234 bp，3′ UTR 长 744 bp，在 3′ UTR

中包含有 2 个 miR-133 的结合位点，ORF 全长 2 364 bp，编码 787 个氨基酸，蛋白分子量为 88.46 kDa，等电点（pI）为 6.47。SMART 分析显示 *AjIRAK-1* 基因包含一个长为 93 个氨基酸的保守的死亡结构域 DD 和一个 285 个氨基酸的典型的中心激酶结构域（kinase domain，KD），参与蛋白质磷酸化；在激酶结构域中还包含 ATP 结合位点和丝氨酸苏氨酸蛋白酶激活位点。同时，*AjIRAK-1* 的 3′ UTR 的双荧光素酶报告分析表明，miR-133 能够作用于 *AjIRAK-1* 基因的 3′ UTR。通过荧光定量 PCR 和 Western blot 检测发现，相于于对照组，转染 miR-133 类似物组的 *AjIRAK-1* 在 mRNA 水平和蛋白水平上都显著下降（$P<0.05$），而转染 miR-133 抑制剂组的 *AjIRAK-1* 在 mRNA 水平和蛋白水平上显著升高（$P<0.05$），进一步证实 *AjIRAK-1* 基因是 miR-133 的靶基因且 miR-133 负调控 *AjIRAK-1*。最后，通过对刺参体腔细胞吞噬作用进行研究发现，miR-133 类似物和 *AjIRAK-1* 基因沉默能够显著促进刺参体腔细胞对灿烂弧菌的吞噬作用（详见第 8 章）。

7.2.3 Toll 信号通路中的负调控因子

Toll 样受体信号级联通过对不同 PAMPs 的特异性识别，在宿主细胞识别和对微生物病原体的反应中起着重要作用。Lu 等（2013b）利用转录组测序和 RACE 技术首次在刺参中鉴定出两种负调控因子，分别为 NF-κB 抑制剂 AjIκB 和 Toll 相互作用蛋白 AjTollip。这两个因子与哺乳动物的同源序列具有非常高的结构保守性，如预测 AjIκB 氨基酸序列存在与高等动物相似的 ankyrin 重复结构域（ARD），AjTollip 中则存在相对保守的 C2 和 CUE 结构域。*AjIκB* 和 *AjTollip* 的 mRNA 分别在触手和肌肉表达最高。灿烂弧菌胁迫下，*AjIκB* 和 *AjTollip* 在 48 h 内表达水平呈下降趋势，与对照组相比分别下降了 47% 和 39%（图 7-15）。上述研究结果表明，AjIκB 和 AjTollip 在 TLR 级联反应中起负调节作用。

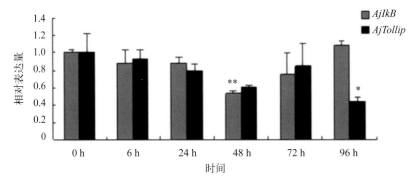

图 7-15　*AjIκB* 和 *AjTollip* 在灿烂弧菌胁迫 0 h、6 h、24 h、48 h、72 h 和 96 h 时体腔细胞的表达谱
*$P<0.05$ 表示差异显著；**$P<0.01$ 表示差异极显著

（资料来源：Lu et al., 2013b）

7.2.4　NF-κB 亚基的鉴定及功能分析

7.2.4.1　NF-κB 亚基的鉴定

Wang 等（2013）鉴定了刺参中 NF-κB 的两个亚基，其中 *Ajrel* 的全长 cDNA 序列为 2 273 bp（GenBank 号：JF828765），ORF 为 1 611 bp，编码 537 个氨基酸组成的蛋白（图 7-16）。氨基酸分析表明，Ajrel 具有其他物种 NF-κB 蛋白的保守性。它在 N 端包含一个 279 个氨基酸（残基 50-328）的 RHD 同源结构域（图 7-16）。Ajrel 还包含两个保守的基序，一个为 NF-κB 蛋白共有序列 R-F-R-Y-P-C-E-G，是所有 NF-κB 蛋白与 DNA 结合所必需的 DNA 识别环。此外，NF-κB 蛋白还包含核定位信号（KRKR），是 NF-κB 蛋白的核定位必不可少的结构域。Ajrel 的 Rel 同源结构域与其他 NF-κB 蛋白的序列相似性为 39% ~ 44%。

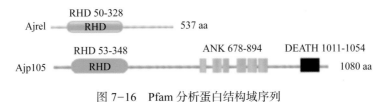

图 7-16　Pfam 分析蛋白结构域序列

Ajp105 的全长 cDNA 序列为 3 993 bp。该 cDNA 具有 3 240 bp 的 ORF，其编码由 1 080 个氨基酸组成的蛋白质（GenBank 号：JF828766）。预测编码蛋白在 N 端区域包含一个 RHD 同源结构域（残基 53-348）和一个带有 6 个锚蛋白重复序列的 C 端 IκB 样结构域。与其他物种中的 NF-κB1 蛋白相似，Ajp105 在 C 端具有一个死亡结构域（图 7-16）。Ajp105 还具有保守的 DNA 结合基序和核定位位点。当 p105 被磷酸化时，随后的 26S 蛋白酶体降解并激活了 p50 亚基活性，使得核蛋白结合位点得以暴露，促进 p50 的核转移。

为测定经 LPS 刺激后 *Ajrel*、*Ajp50* 和 *Ajp105* 的表达规律，在刺参经 LPS 刺激后 0 min、10 min、30 min、60 min、120 min、240 min 和 360 min 的时间点收集体腔细胞。Real-time（RT-PCR）方法分析了 *Ajrel*、*Ajp50* 和 *Ajp105* 的 mRNA 表达模式。RT-PCR 采用刺参 β- 肌动蛋白作为对照。分析显示，*Ajp105* 的下调最为显著，在 10 min 时与对照水平有显著差异，在胁迫 60 min 后回到基线水平。在 LPS 刺激后 10 min，*Ajp50* 的 mRNA 表达显著增加，达到最高水平，并在大约 60 min 后恢复到正常水平（图 7-17）。结果表明，*Ajp50* 的增加是由于 *Ajp105* 的快速降解。在本实验中，未检测到 *Ajrel* mRNA 的显著升高或降低。

在特定的时间点制备细胞质和核提取物，通过 Western blot 分析，检测 Ajrel、Ajp50 和 Ajp105 在蛋白水平上的表达（图 7–18）。Western blot 分析表明，LPS 显著降低了胞浆中 Ajp105 和 Ajp50 的蛋白水平，LPS 刺激后 120 min，细胞核中 Ajp50 显著增加。然而，LPS 处理后 360 min，胞浆中 Ajp105 和 Ajp50 的蛋白水平有所恢复，细胞核中未检测到 Ajp50 蛋白。同时发现，在未经 LPS 刺激的体腔细胞中，Ajrel 主要存在于细胞质中；而在 LPS 刺激的刺参体腔细胞中，Ajrel 向细胞核转运，表达模式与 Ajp50 相似。

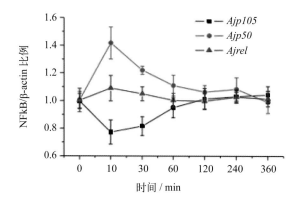

图 7–17　RT-PCR 分析经 LPS 刺激后的 NF-κB 亚基（*Ajrel*、*Ajp50* 和 *Ajp105*）表达模式，结果表示为相对于初始对照（0 min）增加的倍数，0 min 设定为 1。数值表示为平均值 ± 标准差（n = 3）

（资料来源：Wang et al., 2013）

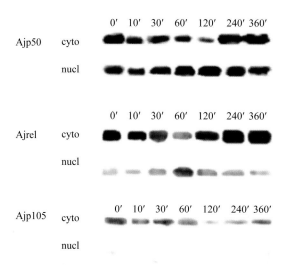

图 7–18　用 LPS 对刺参进行刺激，于 0 min、10 min、30 min、60 min、120 min、240 min 和 360 min 收集体腔细胞，制备了胞质和核提取液，通过 Western blot 检测了 Ajrel、Ajp50 和 Ajp105 在蛋白水平上的表达

（资料来源：Wang et al., 2013）

7.2.4.2 NF-κB 亚基的其他调控因子

Shao 等（2016 a，2016b）研究发现，在刺参一氧化氮合酶（*AjNOS*）、精氨酸酶（*Ajarginase*）和精胺酶（*Ajagmatinase*）的启动子区分别存在多个 NF-κB 结合位点，通过共转染鲤鱼上皮瘤细胞（endothelial progenitor cells，EPC）发现 Ajrel 是 *AjNOS* 的关键转录因子，序列分析表明 −375 bp 到 −366 bp 是 NF-κB 的结合位点，对启动 *AjNOS* 转录起了重要作用；而共转染 *Ajarginase* 启动子后，荧光素酶的转录活性极显著下降，表明转录因子 Ajrel 可能负调控 *Ajarginase* 基因的转录；此外，共转染 *Ajagmatinase* 启动子后，荧光素酶活性无显著变化，表明转录因子 Ajrel 对 *Ajagmatinase* 启动子的活性无影响。Jiang 等（2019）研究发现，刺参纤维相关蛋白（AjFREP）的表达也受转录因子 Ajrel 的调控。有趣的是，*AjFREP* 基因干扰后，*Ajrel* 的 mRNA 表达水平显著降低，表明 AjFREP 可以负反馈调节 Ajrel 表达。此外，Liu 等（2020）通过 GST-pull down 和免疫荧光技术发现刺参亲环素 A（AjCypA）能够与 Ajrel 互作，进一步通过干扰技术和 Western blot 技术研究发现 AjCypA 作为辅助因子促进 NF-κB 的核移位。

7.3 刺参 IL17 信号通路

白细胞介素是在炎症发生过程中，由抗原提呈细胞（antigen pusentatin cell，APC）所识别，进一步由免疫细胞活化产生的一大类与炎症发生相关的细胞因子，它可以作为重要的免疫调节因子，在免疫细胞的免疫、增殖发育以及炎症反应的调节中发挥着重要作用。自 1970s 发现 IL-1 以来，先后已有 27 种白细胞介素家族成员分子被发现。虽然大多数细胞因子家族可能只在脊椎动物谱系中进化，但以 IL17s 为代表的细胞因子家族可能在脊椎动物和无脊椎动物进行分化之前就已经进行了进化。这或许可以解释，当其他白细胞介素家族分子在无脊椎动物中没有存在迹象时，IL17 却出现在海胆 / 刺参基因组中。无脊椎动物免疫反应相对简单，白细胞介素成员远没有高等动物丰富。刺参作为低等的棘皮动物，只有先天免疫存在，破译的刺参基因组中只发现了 IL17 家族成员分子而没有其他白细胞介素家族成员分子，提示在低等动物中 IL17 存在功能多样性的潜质。

7.3.1 IL17 信号通路组成

脊椎动物白细胞介素 17（Interleukin 17，IL17）家族由 6 个成员 IL17A-F 组成，而 IL17 受体家族由 5 个成员 IL17RA-RE 组成（Cua et al.，2010）。IL17RA 是一种常

见的受体，与 IL17RB、IL17RC 和 IL17RE 形成异源二聚体复合物（Ryzhakov et al.，2011）。IL17 受体可以通过招募 Act1 或直接招募 TRAF6 作为下游信号转导的衔接分子。IL17A 和 IL17F 通过 IL17RA-RC 复合物传递信号，触发 TRAF6 依赖的靶基因转录和 TRAF6 非依赖的 NF-κB 抑制因子激酶（inhibitor of nuclear factor kappa-B kinase，IKKi）mRNA 稳定，这两种信号在宿主自身免疫性疾病和癌症的发生过程中起到重要作用。IL17 信号在信号级联的不同水平受到严格控制（Schmidt et al.，2018）。静息状态下，IL17RD 与 Act1 相互作用，与 IL17RA 和 TRAF6 隔离，当接受到 IL17 刺激时，IL17RD 与 IL17RA 相互作用，激活 TRAF6。TRAF3 和 TRAF4 等 TRAF 作为负调控因子干扰下游信号复合体的形成。当 TRAF3 与 IL17R 结合并阻止 Act1 和 TRAF6 的募集时，TRAF4 与 TRAF6 竞争结合 Act1。去泛素化酶如 USP25 和 A20 调节 TRAFs（如 TRAF5 和 TRAF6）的泛素化状态，阻断信号级联。同时 IL17A 依赖的 miR-23b，调节 NF-κB 的活化。IL17A 诱导的转录因子如 C/EBPδ 抑制炎症基因的表达。IL17E（IL-25）通过 IL17RA-RB 受体复合物通过激活 MAPK 和 NF-κB 途径诱导 Th2 应答。IL17C 通过 IL17RA-RE 复合体传递信号。IL17B 与 IL17RB 相互作用。IL17D 的受体尚不清楚。IL17B、IL17C 和 IL17D 的生物学功能尚不清楚（王静静等，2016）。

7.3.2　IL17 分子鉴定及功能研究

Lv 等（2022）结合刺参基因组信息和 RACE 技术获得了白细胞介素 17（*AjIL17*）和 IL17 受体（*AjIL17R*）的 cDNA 全长。AjIL17 具有高等生物同源蛋白的 IL17 结构域（190 ~ 261 aa），AjIL17R 则具有纤维结合素Ⅲ（FN3）结构域（226 ~ 327 aa）和跨膜结构域（396 ~ 418 aa）。

进一步对灿烂弧菌胁迫刺参后 *AjIL17* mRNA 的表达量进行分析，发现 *AjIL17* 在短时间内升高，感染 6 h 后 *AjIL17* 的表达量升高了 25.6 倍（*P* < 0.01），在感染 24 h 后，*AjIL17* 的 mRNA 表达量达到最大值 86.4 倍（*P* < 0.01），同时直到 96 h 依然保持着相对比较高的表达量（图 7-19）。

为进一步验证 AjIL17 与刺参炎症发生的关系，免疫荧光检测灿烂弧菌胁迫过程中 AjIL17 在刺参细胞中的动态变化，如图 7-20 所示，正常状态下，细胞中 AjIL17 表达量很少，感染 24 h 后，AjIL17 在细胞中的表达量开始增加，48 h 荧光强度达到最大值。

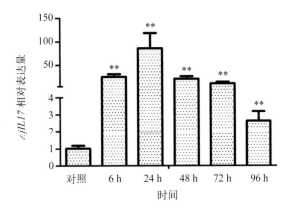

图 7-19　灿烂弧菌感染 0 h、6 h、24 h、48 h、72 h 和 96 h 过程中 *AjIL17* 时序表达变化

**P < 0.01 表示差异极显著*

（资料来源：Lv et al., 2022）

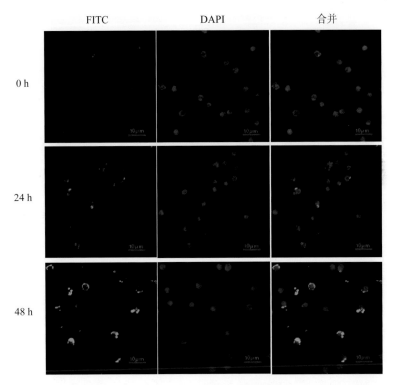

图 7-20　灿烂弧菌胁迫（0 h、24 h 和 48 h）刺参体腔细胞中 AjIL17 的表达检测

DAPI 染细胞核（蓝色），FITC 染 AjIL17（绿色）

（资料来源：Lv et al., 2022）

　　为进一步验证 IL17 与腐皮综合征发生的关系，以及 IL17 对刺参炎症的调控作用，用纯化的 AjIL17 重组蛋白（rAjIL17）30 μL（50 μg/μL）注射稚参（30 ± 5 g）4 天后，处理组刺参出现了不同程度的腐皮现象（图 7-21B），腐皮面积为 2.3 ± 0.3 cm²；

用纯化的 rAjIL17 蛋白 120 μL（50 μg/μL）注射成参（123 ± 17 g），4 天后出现了不同程度的腐皮现象，腐皮面积为 5.0 ± 1.3 cm^2（$P < 0.01$）（图 7-21D），表明刺参腐皮综合征的发生与 rAjIL17 的量呈正相关关系。用稀释的 AjIL17 抗体（1 × 10^5 倍）浸泡腐皮成参 3 天后，腐皮组织得到了不同程度的恢复，腐皮面积为 1.5 ± 0.5 cm^2（$P < 0.01$）（图 7-21E）。进一步通过组织切片观察，确定 AjIL17 对刺参炎症的调控作用。正常组织中边界比较清晰完整，肌肉线条规整，组织中炎性细胞比较少，很少有炎症细胞的出现（图 7-21F）。在腐皮综合征发生的刺参体壁中，可以观察到明显的组织断裂和组织空泡，组织连续性中断，同时出现了大量的炎性细胞的浸润和迁移（图 7-21G）。

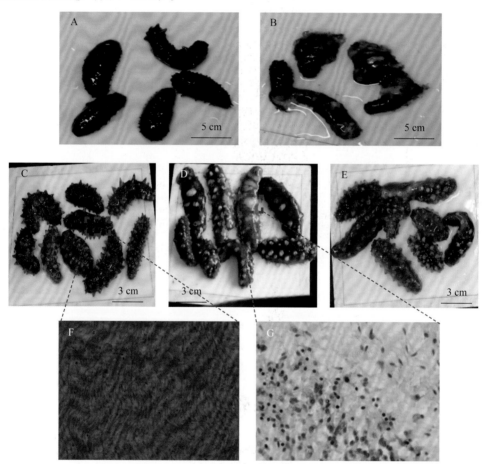

图 7-21　胎牛血清白蛋白（BSA，1.5 mg）注射稚参，体壁没有明显变化（A）；rAjIL17（1.5 mg）注射稚参，体壁出现了腐皮现象，腐皮面积为 2.3 ± 0.3 cm^2（B）；BSA（6 mg）注射成参，体壁没有明显变化（C）；rAjIL17（6 mg）注射成参，体壁出现了腐皮现象，腐皮病病面积为 5.0 ± 1.3 cm^2（D）；AjIL17 抗体（1 × 10^5 倍稀释）浸泡患病成参 3 天后，损伤组织面积减少到 1.5 ± 0.5 cm^2（E）；正常刺参体壁组织，无炎性细胞浸润，组织纹理清晰（F）；rAjIL17 诱导患病刺参组织，存在大量炎性细胞浸润，组织空泡，组织断裂（G）

为了探讨炎症发生过程中 AjIL17 与迁移炎性细胞的关系，通过 Transwell 实验确定刺参细胞的迁移作用。结果显示，50 ng、150 ng 和 300 ng 的 rAjIL17 处理体腔细胞12 h 后，与未经重组蛋白处理的体腔细胞相比细胞迁移率分别增加 178.31% ± 19.12%（$P < 0.05$）、463.53% ± 47.75%（$P < 0.01$）和 1 327.39% ± 73.89%（$P < 0.01$）（图 7–22A，C）。人类的 IL17（HsIL17）同样对刺参体腔细胞的趋化有促进作用，50 ng、150 ng 和 300 ng 的 rHsIL17 可将刺参体腔细胞的迁移率分别提高至 108.38% ± 17.59%（$P < 0.05$）、323.33% ± 25.75%（$P < 0.01$）和 527.27% ± 51.09%（$P < 0.01$）（图 7–22B，C）。

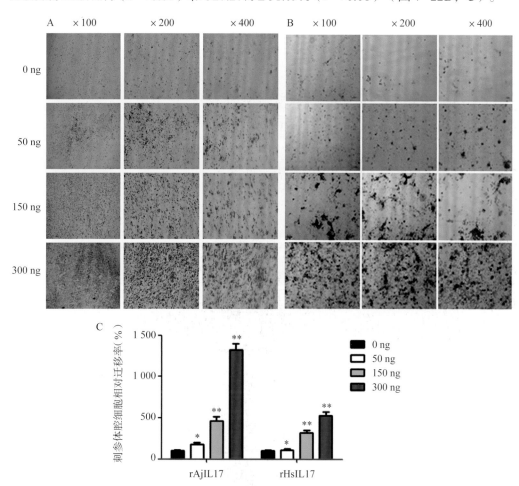

图 7–22　不同浓度 rAjIL17（50 ng、150 ng 和 300 ng）处理体腔细胞 12 h 后，与未经处理的体腔细胞相比分别加速细胞迁移 178.31% ± 19.12%、463.53% ± 47.75% 和 1 327.39% ± 73.89%（A）；不同浓度 rHsIL17（50 ng、150 ng 和 300 ng）处理体腔细胞 12 h 后，与未经处理的体腔细胞相比分别加速细胞迁移 108.38% ± 17.59%、323.33% ± 25.75% 和 527.27% ± 51.09%（B）；分别对 A、B 细胞迁移率统计分析（C）

（资料来源：Lv et al., 2022）

7.3.3 IL17 受体鉴定及功能研究

为进一步确定 AjIL17 与 IL17R 相互作用的情况，在终浓度 10^7 CFU/mL 灿烂弧菌胁迫不同时间点收集体腔细胞，利用 Percoll 试剂分离体腔细胞。对不同细胞层分别用异硫氰酸荧光素（fluorescein isothiocyanate，FITC）标记 AjIL17，荧光素 Cy3 标记 AjIL17R，激光共聚焦观察发现，AjIL17 及 AjIL17R 主要定位于中间层细胞（图 7-23）。因此，损伤部位趋化细胞与体腔细胞趋化实验细胞类型相似，主要为核质比较大的细胞（见第 5.2 节）。

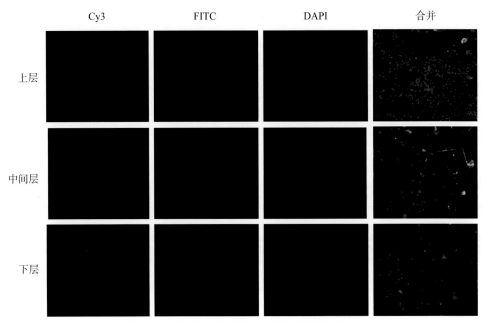

图 7-23　Percoll 分离灿烂弧菌胁迫不同时间点细胞，激光共聚焦分析 AjIL17R 及 AjIL17 在不同细胞中的定位

Cy3 红色标记 AjIL17R；FITC 绿色标记 AjIL17；DAPI 标记细胞核

为验证 AjIL17 信号激活必须依赖 AjIL17 受体，将刺参体腔细胞于 rAjIL17 重组蛋白（对照组：rAjmGST）孵育后，用 FITC 荧光标记的二抗杂交，后续进行激光共聚焦显微镜观察。结果显示，AjIL17 可定位于细胞膜表面，而对照组中无荧光信号（图 7-24 红色箭头所示）。

AjIL17R 具有明显的胞外段（AjIL17R-ECM）和胞内段（AjIL17R-ICM）两个部分，为验证两段蛋白是否均参与了 AjIL17 信号通路的激活过程，Lv 等首先将 AjIL17R 的胞外段（AjIL17R-ECM）和胞内段（AjIL17R-ICM）分别进行重组，并获得重组蛋白，同时重组 GST 标签纯化蛋白作为对照。免疫共沉淀（co-IP）结果表明，AjIL17 可以与 AjIL17R-ECM 结合而不能与 AjIL17R-ICM 结合（图 7-25A）。Far-western blot 杂交进一步验证了上述结果（图 7-25B），用 AjIL17R-ECM 的抗体进行 Far-western blot 杂交，结果表明 AjIL17 及 HsIL17 均可以与 Aj17R-ECM 结合（图 7-25C）。

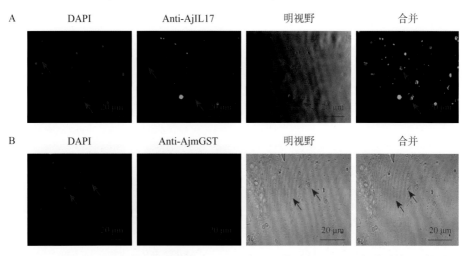

图 7-24　rAjIL17（50 ng）孵育刺参体腔细胞 6 h，FITC 标签二抗检测，AjIL17 与其受体识别定位（A）；rAjmGST（50 ng）孵育刺参体腔细胞 6 h，FITC 标签二抗检测，rAjmGST 的定位（B）

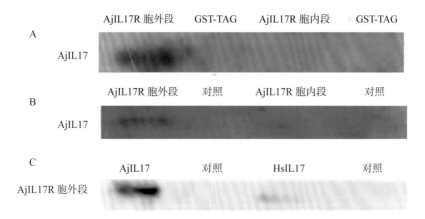

图 7-25　分别以 AjIL17R 胞外段和 AjIL17R 胞内段为诱饵蛋白，借助 co-IP 方法验证 AjIL17 与上述蛋白的相互作用（A）；将 AjIL17R 胞外段、AjIL17R 胞内段及对照蛋白参照 western blot 方法转移至 PVDF 膜，与 rAjIL17 孵育，然后用 AjIL17 抗体检测，借助 Far-western 方法再次验证 AjIL17 与 AjIL17R 相互作用（B）；借助 Far-western 方法验证 AjIL17R 胞外段分别与 AjIL17 和 HsIL17 相互作用（C）

（资料来源：Lv et al., 2022）

7.3.4　IL17 信号激活途径

为进一步研究 AjIL17 与受体识别后信号激活途径，在细胞水平转染 AjIL17 特异 siRNA 敲降 AjIL17。如图 7-26A 所示，转染 *AjIL17* siRNA 后 *AjVEGF* 和 *AjMMP1* 的 mRNA 分别下调了 58%（$P < 0.05$）和 49%（$P < 0.05$）。在 *AjIL17* 表达量下调了 58% 时（$P < 0.05$），*Ajp105* mRNA 下调了 43%（$P < 0.05$）（图 7-26B），而其他转录因子 *AjAP-1*、*AjC/EBP*、*AjERK* 表达量与对照组无显著差异。同时，为了进一步明确 AjIL17 调控 NF-κB 激活过程，*AjIL17* siRNA 转染刺参体腔细胞 24 h，Western blot 测定 AjTRAF6 蛋白表达量没有显著变化，分别用 LPS（10 μg/mL）刺激 6 h 和 12 h 后，AjTRAF6 蛋白表达水平及泛素化水平与转染 NC siRNA 的对照组相比有所下降（图 7-26C）。

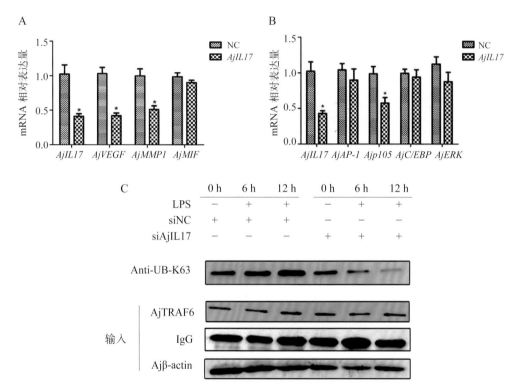

图 7-26　*AjIL17* siRNA 转染 24 h 后分别检测不同细胞因子（*AjVEGF*、*AjMMP1*、*AjMIF*）mRNA 表达情况（A）；*AjIL17* siRNA 转染 24 h 后分别检测不同转录因子（*AjAP-1*、*Ajp105*、*AjC/EBP*、*AjERK*）mRNA 表达情况（B）；*AjIL17* siRNA 转染 24 h 后分别用 LPS 刺激 6 h 和 12 h，借助固定于 A+G 琼脂糖柱的 AjTRAF6 抗体，获取 AjTRAF6 总蛋白及泛素化蛋白（C）

*$P < 0.05$ 表示差异显著

（资料来源：Lv et al., 2022）

哺乳动物中，TNF-α 和 IL-6 作为炎症发生的重要标志分子，其表达量的变化可以直接反应炎症的发生状态（Ruddy et al., 2004）。为进一步证明 AjIL17 与 HsIL17 功能相似性及对炎症的激活作用，分别转染带有 Flag 标签的细胞过表达重组质粒——pCMA-Flag 2C-HsIL17、pCMA-Flag 2C-AjIL17 和 pCMA-Flag 2C 空载至 EPC 细胞。

转染质粒 pCMA-Flag 2C-HsIL17 24 h 后，TNF-α 和 IL-6 分别由对照组的 1.42 pg/mL 和 0.25 pg/mL 上调至 4.23 pg/mL（$P<0.01$）和 0.91 pg/mL（$P<0.01$），48 h 后 TNF-α 和 IL-6 表达量分别由对照组的 1.56 pg/mL 和 0.35 pg/mL 上调至 5.47 pg/mL（$P<0.01$）和 1.19 pg/mL（$P<0.01$）。转染 pCMA-Flag 2C-AjIL17 质粒组，TNF-α 和 IL-6 表达量同样表现出显著增加趋势，转染 24 h 后 TNF-α 和 IL-6 分别上调至 4.57 pg/mL（$P<0.01$）和 1.41 pg/mL（$P<0.01$），转染 48 h 后 TNF-α 和 IL-6 表达量分别上调至 6.43 pg/mL（$P<0.01$）和 1.91 pg/mL（$P<0.01$）（图 7-27）。因此，刺参 AjIL17 与人类 HsIL17 相似，具有激活炎症发生的功能。

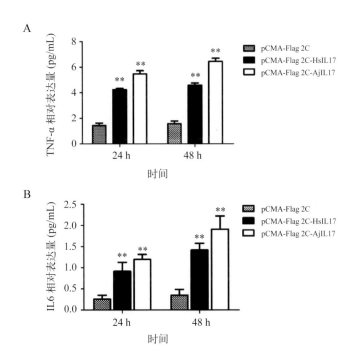

图 7-27　分别转染 pCMA-Flag 2C-HsIL17、pCMA-Flag 2C-AjIL17 和 pCMA-Flag 2C 空载至 EPC 细胞 24 h 和 48 h，检测 TNF-α 表达量（A）和 IL6 表达量（B）

（资料来源：Lv et al., 2022）

7.4　JAK/STAT 信号通路

7.4.1　JAK/STAT 信号通路的构成

JAK/STAT 信号通路在机体普遍存在。以哺乳动物为例，其有 4 个 JAKs 和 7 个 STATs。JAKs 是一类非受体型酪氨酸激酶，包括 4 个成员，分别是 JAK1、JAK2、JAK3 和 Tyk2（Schindler et al., 2008）。JAKs 分子量在 12 ~ 14 kDa 之间，每个 JAKs

成员具有 7 个保守的结构域，无跨膜结构域。C 末端 JH1 和 JH2 结构域具有催化功能，N 末端的 4 个 JH 域不具有酪氨酸激酶活性，可能参与 JAKs 及其他信号蛋白分子的结合，研究表明，细胞因子与 JAKs 之间并不存在一一对应关系，即一种细胞因子可以激活多种胞内 JAKs，或多种细胞因子同时激活相同 JAKs 发挥生物学效应。

STATs 的发现源于对干扰素信号转导机制的研究。研究发现 STATs 包括 STAT1、STAT2、STAT3、STAT4、STAT5a、STAT5b 和 STAT6 共 7 个成员。STAT 蛋白由 6 个功能区组成（Schindler et al., 2007）：氨基末段结构域、卷曲螺旋结构域、DNA 结合域、src 同源 2 区结合域（SH2 结构域）、酪氨酸激活域和转录激活域。氨基末段结构域在结构上独立，可以使未活化的 STATs 形成同源二聚体，研究表明这个结构域在入核转运过程中协同 DNA 结合域结合到串联的 GAS 元件。卷曲螺旋结构域由一个 4-α-螺旋束组成，该结构域提供了大量的亲水性的表面，并结合调节因子。DNA 结合域是由一个 β-免疫球蛋白折叠构成，可以直接结合到增强子 GAS 家族。SH2 结构域是一个高度保守的结构域，可与细胞因子受体酪氨酸磷酸化特异性结合，因此决定细胞因子与 STATs 结合的特异性。酪氨酸激活域直接和 SH2 结构域相邻，可以阻止自身磷酸化。C-末端残基组成了转录激活域，不同的 STATs 成员之间有很大的差异，这使得 STATs 可以和各种不同的转录调节相关联。

7.4.2 JAK/STAT 信号通路的调控

JAK/STAT 信号通路基本传递过程是：细胞因子与其受体结合后引起受体分子的二聚化，使得与受体偶联的 JAKs 相互接近并通过交互的酪氨酸磷酸化而活化，活化的 JAKs 催化受体本身的酪氨酸磷酸化并形成相应的 STATs 停靠位点，使 STATs 通过 SH2 结构域与受体结合并在 JAKs 的作用下实现其磷酸化活化，然后 STATs 形成同 / 异二聚体并入核，与相应的靶基因启动子结合而激活相应的基因转录和表达。而 JAK/STAT 的负调节主要涉及以下 3 个负调节因子：细胞因子信号转导抑制蛋白（suppressor of cytokine signaling, SOCS）、活化 STATs 蛋白抑制因子（protein inhibitor of activated STATs，PIAS）和蛋白酪氨酸磷酸酶（protein tyrosine phosphatase，PTPs）。另外，还有很多负性调节因子被报道，包括 STAT1/3/5 C-端缺失突变体、酪氨酸磷酸化抑制剂 AG-490、环腺苷酸（cAMP）等（Rakesh et al., 2005）。

7.4.3 刺参 JAK/STAT 信号通路

目前，有关刺参 JAK/STAT 信号通路的研究相对缺乏，仅 STAT5 被报道。Shao

等（2015）克隆了刺参 *STAT5*（*AjSTAT5*），其 cDNA 全长为 2 643 bp，编码 787 个氨基酸组成的蛋白。AjSTAT5 蛋白由 STAT 结合结构域、STAT α 结构域、STAT DNA 结合结构域和 SH2 结构域组成。灿烂弧菌和 LPS 刺激后，*AjSTAT5* 的 mRNA 表达水平显著上调，转录因子 *AjFOXP* 的 mRNA 水平也显著上调，而 *AjSOCS2* 的表达趋势与 *AjSTAT5* 相反。进一步干扰 *AjSTAT5* 的表达后，*AjFOXP* 的 mRNA 表达水平显著下调，表明 AjSTAT5 可能正调控 *AjFOXP* 转录；而 *AjSOCS2* 的 mRNA 表达水平极显著上调，表明 AjSTAT5 负调控 *AjSOCS2* 表达（图 7-28）。关于刺参 JAK/STAT 信号通路的其他成员，还有待进一步研究。

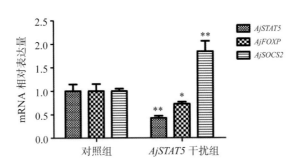

图 7-28　*AjSTAT5* 干扰后，*AjFOXP* 和 *AjSOCS2* 的 mRNA 表达变化情况

（资料来源：Shao et al., 2015）

7.5　Integrin 信号通路

7.5.1　Integrin 的结构组成

整合素（integrin）是一类普遍存在于细胞表面的跨膜蛋白质，在细胞与细胞外基质（extracelluar matrix，ECM）的信号转导中发挥重要作用。整合素位于细胞膜上，是由 α 和 β 两个亚基通过非共价键组成的异型二聚体（Zhu et al., 2008）。α 和 β 亚基都有一个较大的球形的细胞外区、一个跨膜区和一个较短的细胞内区。整合素的 N 末端细胞外的配体识别结构域为 β 亚基，包含 A 结构域和杂交结构域（hybrid domain）（Xiong et al., 2001）。此外，所有的整合素分子都可以作为双向信号的转导分子，细胞内的信号是通过整合素的配体结合域的改变而实现的（Mamali et al., 2009）。整合素的配体主要是细胞外基质成分，典型的如胶原和纤维连接蛋白分子，整合素识别这类配体上的特殊氨基酸序列，如 Arg-Gly-Asp（RGD）（童津津等，2010）。RGD 是整合素识别此类配体的最普遍的结构域，研究发现，含有 RGD 序列的合成肽可以抑制整合素与细胞外基质的结合，从而阻断整合素介导炎症反应。随着研究的深入，人

们发现整合素的结构与功能的多样性远比我们想象中的复杂，系统深入地研究整合素的功能和作用机制有助于我们更充分地了解整合素家族。

7.5.2 Integrin 的信号转导机制

整合素介导胞外和胞内间的信号转导是一个受到严密调控的双向过程（Giancotti et al., 2003，2007）。在由内向外的信号转导过程中，整合素介导胞内信号的转导，使细胞活化，从而调节整合素与细胞外配体的特异性与亲和力；在由外向内的信号转导过程中，整合素首先与配体结合把胞外信号传入胞内，由此引起细胞骨架重组、基因表达和细胞分化等。整合素与配体的结合可以调节胞内钙离子浓度、激活磷脂酶、蛋白激酶、脂类激酶的活性以及黏着斑的形成，是细胞黏附细胞外间质的基础，也是整合素介导的信号转导的结构基础（Graneott et al., 1999）。

7.5.3 刺参 Integrin 信号通路

7.5.3.1 刺参 β 型 Integrin 分子特征

根据实验室前期转录组测序所得到的刺参 β 型 Integrin（命名为 *AjITGB*）部分序列，通过 RACE 扩增，序列拼接，获得了刺参 *ITGB* 基因的全长 cDNA 序列，命名为 *AjITGB*，GenBank 号为 KU363799。*AjITGB* cDNA 全长 1 038 bp，其中 5′ 端非编码区 196 bp，3′ 端非编码区 104 bp，开放阅读框 738 bp，且 3′ 端有典型的 Poly A 尾巴。开放阅读框共编码了 246 个氨基酸，预测其分子量为 26.36 kDa，等电点为 4.67。SMART 预测结构域分析表明，AjITGB 含有一个保守的 RGD 结合结构域（Arg^4–Gln^{82}），在 RGD 结合结构域中含有一个保守的 S-diglycerid 半胱氨酸残基（Cys^{31}）、跨膜结构域（Asp^{120}–Pro^{180}）以及一个胞内结构域（Gly^{207}–Thr^{245}）。另外，在 RGD 结合结构域中具有一个半胱氨酸重复区（Cys^{24}–Cys^{57}，重复率为 16%）。BLAST 分析表明，刺参整合素与已报道的其他物种的 β 型整合素具有显著的保守性，发现其与墨西哥脂鲤（*Astyanax mexicanus*）β–整合素（XP_007239222.1）的同源性为 89%，与海豆芽（*Lingula anatina*）β–整合素（XP_013404046.1）的同源性为 82%。此外，用 Mega7.0 软件以邻位相接法（neighbor-joining, NJ）构建了 *AjITGB* 基因氨基酸的系统进化树，采用 Bootstrap 重复 1 000 次检验。结果发现，AjITGB 首先与海豆芽聚成一小分支，表明 AjITGB 分子进化地位与海豆芽的生物学分类地位基本一致；随后，与其他无脊椎动物 ITGB 聚合形成一分支，最后和脊椎动物聚在一起。刺参的 β 型整合素与其他物种整合素保守的特征和高度的相似率共同表明了 AjITGB 属于整合素家族的新成员（Wang et al., 2016）。

7.5.3.2　刺参 β 型 Integrin 的组织分布特征

为验证刺参整合素基因 *AjITGB* 的组织特异性表达，利用 qRT-PCR 技术检测了目的基因在体腔细胞、肌肉、呼吸树、肠和触手中的表达情况（图 7-29），发现其在所检测的 5 个组织中均能检测到（Wang et al., 2016）。其中表达量最高的是肌肉，表达水平为体腔细胞的 13.15 倍（$P < 0.05$），表达量最低的是呼吸树，表达水平为体腔细胞的 0.6 倍（$P < 0.05$）。目前，已有报告指出整合素在脊椎动物中参与了机体胚胎的早期免疫反应，补体受体依赖的吞噬作用以及对细胞增殖和细胞凋亡的调节作用（Boudreau et al., 1995）。因此，刺参 *AjITGB* 基因的组织特异性分布表明其在正常的生理或病理过程中可能也发挥着多种生物学功能。

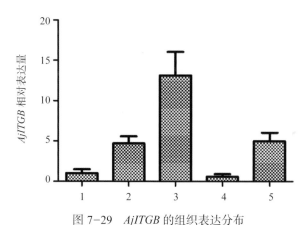

图 7-29　*AjITGB* 的组织表达分布

1：体腔细胞；2：肠；3：肌肉；4：呼吸树；5：触手

（资料来源：Wang et al., 2016）

7.5.3.3　刺参 β 型 Integrin 的诱导表达特征

利用 qRT-PCR 技术检测灿烂弧菌胁迫或 LPS 刺激后，*AjITGB* 基因在刺参体腔细胞中的表达变化情况（Wang et al., 2016）。研究表明，*AjITGB* 的 mRNA 表达水平在灿烂弧菌胁迫 96 h 后，显著下调为对照组的 0.3 倍（$P < 0.05$）（图 7-30）。目的基因 *AjITGB* mRNA 在 LPS 刺激下的表达变化与在灿烂弧菌胁迫下的表达变化相似（图 7-31）。在 LPS 刺激 12 h 后，*AjITGB* mRNA 水平相比于对照组下调了 0.4 倍（$P < 0.05$）。在太平洋牡蛎（*Crassostrea gigas*）的研究中发现，其血细胞中的整合素表达水平在病原菌灿烂弧菌刺激后也发生了显著的下调，然而，在 LPS 刺激

24 h后，与对照组相比，整合素基因的表达水平却显著上调（Jia et al., 2015）。此外，Kwok 等（2007）报道 β2 整合素（CD18）介导了幽门螺杆菌分泌的空泡毒素 VacA 进入人类 T 细胞内，下调 T 细胞应答，从而破坏宿主适应性免疫应答，建立持久感染。在我们的研究中，无论是 LPS 刺激还是灿烂弧菌的胁迫均能使刺参整合素表达水平显著下调，推测整合素在刺参的免疫反应中可能起到负调控的作用。

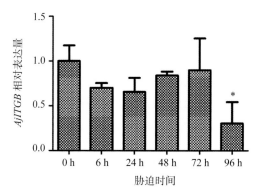

图 7-30　灿烂弧菌胁迫后 *AjITGB* 的诱导表达分析

（资料来源：Wang et al., 2016）

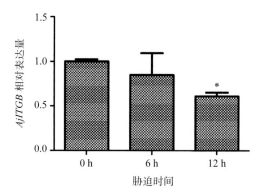

图 7-31　LPS 刺激刺参体腔细胞后 *AjITGB* 表达水平变化

（资料来源：Wang et al., 2016）

7.5.3.4　刺参 β 型 Integrin 重组蛋白结合内毒素活性分析

为研究 AjITGB 的功能，构建重组表达质粒 pET-28a(+)-AjITGB，并进行诱导纯化，得到有活性的重组 AjITGB 蛋白，采用酶联免疫吸附法（ELISA）检测 rAjITGB 对 MAN、LPS、PGN 3 种 PAMPs 的体外结合能力（图 7-32）（Wang et al., 2016）。结果表明，重组蛋白对 LPS 呈现较强的结合活性，最大结合能力时的吸光度为 2.44，而对 PGN 和 MAN 的结合能力较弱，最大结合能力时的吸光度分别为 1.09 和 1.08。因此，整合素对 LPS 的结合能力较 PGN 和 MAN 两种内毒素强，差异倍数均大于 2 倍。刺参整合素对不同内毒素不同的结合能力表明了机体可能对革兰氏阴性病原菌特异的免疫反应，为以后研究整合素是否通过此方式进行对病原菌的吞噬奠定了工作基础。

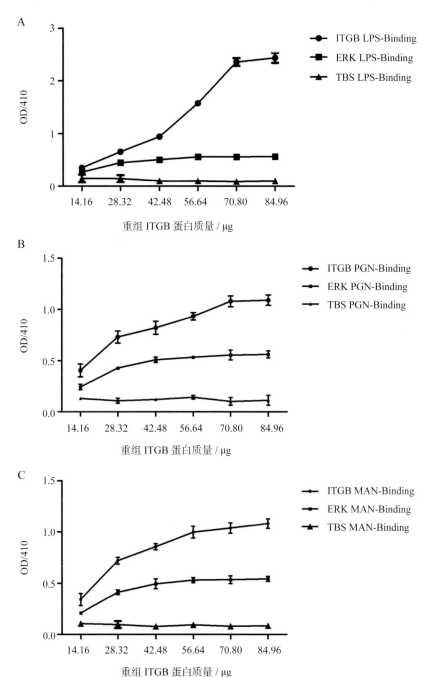

图 7-32　重组 ITGB 蛋白对 3 种微生物内毒素的结合作用

A：脂多糖；B：肽聚糖；C：甘露聚糖

【主要参考文献】

童津津, 曲波, 李庆章, 2010. 整合素生物学功能的研究进展. 中国畜牧兽医, 37(10): 35–38.

王海坤, 韩代书, 2006. Toll 样受体 (TLRs) 的信号转导与免疫调节. 生物化学与生物物理进展, 33(9): 820–827.

王静静, 宋昕阳, 钱友存, 2016. 白介素 –17 家族细胞因子的研究进展. 生命科学, 28(2): 170–181.

Boudreau N, Sympson C J, Werb Z, et al., 1995. Suppression of ICE and apoptosis in mammary epithelial cells by extracellular matrix. Science, 267(5199): 891–893.

Cua D J, Tato C M, 2010. Innate IL17-producing cells: the sentinels of the immune system. Nature reviews immunology, 10(8): 611.

Cui Y, Jiang L T, Xing R L, et al., 2018. Cloning, expression analysis and functional characterization of an interleukin-1 receptor-associated kinase 4 from *Apostichopus japonicus*. Molecular Immunology, 101: 479–487.

Giancotti F G, 2003. A structural view of integrin activation and signaling. Developmental Cell, 4(2): 149–151.

Graneott F G, Ruoslahti E, 1999. Integrin signaling. Science, 285(5430): 1028–1033.

Jia Z H, Zhang T, Jiang S, et al., 2015. An integrin from oyster *Crassostrea gigas* mediates the phagocytosis toward *Vibrio splendidus* through LPS binding activity. Developmental & Comparative Immunology, 53(1): 253–264.

Jiang L T, Wei Z X, Shao Y N, et al., 2019. A feedback loop involving FREP and NF-κB regulates the immune response of sea cucumber *Apostichopus japonicus*. International Journal of Biological Macromolecules, 135: 113–118.

Kwok T, Zabler D, Urman S, et al., 2007. Helicobacter exploits integrin for type Ⅳ secretion and kinase activation. Nature, 449(7164): 862–866.

Liu J Q, Guo M, Lv Z M, et al., 2020. A cyclophilin A (CypA) from *Apostichopus japonicus* modulates NF-κB translocation as a cofactor. Fish & Shellfish Immunology, 98: 728–737.

Lu M, Zhang P J, Li C H, et al., 2015. miRNA-133 augments coelomocyte phagocytosis in bacteria-challenged *Apostichopus japonicus* via targeting the TLR component of IRAK-1 in vitro and in vivo. Scientific Reports, 5: 12608.

Lu Y L, Li C H, Zhang P J, et al., 2013a. Two adaptor molecules of MyD88 and TRAF6 in

Apostichopus japonicus Toll signaling cascade: molecular cloning and expression analysis. Devlopmental & Comparative Immunology, 41(4): 498–504.

Lu Y L, Li C H, Wang D Q, et al., 2013b. Characterization of two negative regulators of the Toll-like receptor pathway in *Apostichopus japonicus*: inhibitor of NF-κB and Toll-interacting protein. Fish & Shellfish Immunology, 35(5): 1663–1669.

Lv Z M, Guo M, Zhao X L, et al., 2022. IL-17/IL-17 receptor pathway-mediated inflammatory response in *Apostichopus japonicus* supports the conserved functions of cytokines in invertebrates. The Journal of Immunology, 208: 1–16.

Lv Z M, Li C H, Guo M, et al., 2019. Major yolk protein and HSC70 are essential for the activation of the TLR pathway via interacting with MyD88 in *Apostichopus japonicus*. Archives of Biochemistry and Biophysics, 665: 57–68.

Mamali I, Lamprou I, Karagiannis F, et al., 2009. A β Inegrin subunit regulates bacterial phagocytosis in medfly haemocytes. Devlopmental & Comparative Immunology, 33(7): 858–866.

Rakesh K, Agrawal D K, 2005. Controlling cytokine signaling by constitutive inhibitors. Biochemical Pharmacoligy, 70(5): 649–657.

Ruddy M J, Wong G C, Liu X K, et al., 2004. Functional cooperation between interleukin-17 and tumor necrosis factoralpha is mediated by CCAAT/enhancer-binding protein family members. Journal of Biological Chemistry, 279(4): 2559–2567.

Ryzhakov G, Blazek K, Udalova I A, 2011. Evolution of vertebrate immunity: sequence and functional analysis of the SEFIR domain family member Act1. Journal of molecular evolution, 72(5-6): 521–530.

Schmidt T, Luebbe J, Paust H J, et al., 2018. Mechanisms and functions of IL-17 signaling in renal autoimmune diseases. Molecular Immunology, 104: 90–99.

Schindler C, Plumlee C, 2008. Inteferons pen the JAK-STAT pathway. Seminars in Cell and Developmental Biology, 19(4): 311–318.

Schindler C, Levy D E, Decker T, 2007. JAK-STAT signaling: from interferons to cytokines. Journal of Biology Chemistry, 282(28): 20059–20063.

Scibelli A, Roperto S, Manna L, et al., 2007. Engagement of integrins as a cellular route of invasion by bacterial pathogens. Vetrinary Journal, 173(3): 482–491.

Shao Y N, Wang Z H, Lv Z M, et al., 2016a. NF-κB/Rel, not STAT5, regulates nitric oxide synthase transcription in *Apostichopus japonicus*. Developmental & Comparative Immunology, 61: 42–47.

 刺参感染与免疫学

Shao Y N, Li C H, Zhang W H, 2016b. Cloning and comparative analysis the proximal promoter activities of arginase and agmatinase genes in *Apostichopus japonicus*. Developmental & Comparative Immunology, 65: 299–308.

Shao Y N, Li C H, Zhang W H, 2015. Three members in JAK/STAT signal pathway from the sea cucumber *Apostichopus japonicus*: Molecular cloning, characterization and function analysis. Fish & Shellfish Immunology, 46(2): 523–536.

Sun H J, Zhou Z C, Dong Y, et al., 2013. Identification and expression analysis of two Toll-like receptor genes from sea cucumber (*Apostichopus japonicus*). Fish & Shellfish Immunology, 34(1): 147–158.

Wang T, Sun Y, Jin L, et al., 2013. Aj-rel and Aj-p105, two evolutionary conserved NF-κB homologues in sea cucumber (*Apostichopus japonicus*) and their involvement in LPS induced immunity. Fish & Shellfish Immunology, 34(1): 17–22.

Wang Z H, Shao Y N, Li C H, et al., 2016. A β-integrin from sea cucumber *Apostichopus japonicus* exhibits LPS binding activity and negatively regulates coelomocyte apoptosis. Fish & Shellfish Immunology, 52: 103–110.

Xiong J P, Stehle T, 2001. Crystal structure of the extracellular segment of integrin alpha Vbeta3 in complex with an Arg-Gly-Asp ligand. Science, 294(5541): 339–345.

Zhu J H, Luo B H, Xiao T, et al., 2008. Structure of a complete integrin ectodomain in a physiologic resting state and activation and deactivation by applied forces. Molecular Cell, 32(6): 849–861.

第8章 刺参非编码 RNA
免疫功能研究

传统上认为 RNA 是 DNA 和蛋白质之间的中间介质。随着 DNA 测序技术的发展，人们发现人类基因组中蛋白质编码基因却小于 2%。然而，基因序列的主要转录可形成巨大的分子网络非编码 RNA（ncRNA），并在真核生物调节细胞活动中发挥核心作用。越来越多的研究表明 ncRNA 是以从转录到 mRNA 的剪接、RNA 的降解和翻译的形式参与调控诸多生命过程的关键基因，这些生命过程包括：果蝇细胞增殖、细胞凋亡和脂类代谢（Brennecke et al., 2003; Xu et al., 2003）、线虫的神经生成（Johnston et al., 2003）、哺乳动物造血系统的分化（Chen et al., 2004）、植物叶和花的发育（Aukerman et al., 2003）以及宿主和病原的相互作用（Sullivan et al., 2005; Pedersen et al., 2007）等。随着 ncRNA 生物学功能得到越来越多的阐明，ncRNA 在疾病发生发展过程中的作用日益引起研究人员的关注。而对 ncRNA 作用机理进一步的深入研究，将会拓展人们对疾病发生发展机制的深入理解，使 ncRNA 成为疾病诊断的新的生物学标记，并使得这一分子成为药靶，或是模拟这一分子进行新药研发，这将会给包括水产养殖动物在内的疾病的治疗提供一种新的手段。

8.1 刺参 miRNA 功能

8.1.1 miRNA 概述

miRNA 是近年来在动物、植物以及病毒中发现的一类内源的、长度为 19 ~ 25 nt 的非编码小 RNA 分子。这类小 RNA 分子通过与靶 mRNA 特异性的序列互补配对，导致靶 mRNA 降解或者抑制靶 mRNA 的翻译，进而对基因进行表达调控（Ambros et al., 2004; Bartel et al., 2004）。自 1993 年在秀丽隐杆线虫（*Caenorhabditis elegans*）

中筛选出控制发育时序的 *lin-4* 和 *let-7* 基因以来（Lee et al., 1993; Reinhart et al., 2000），大量 miRNA 在动物和植物中也相续被发现（Tanzer et al., 2004; Axtell et al., 2005; Chen et al., 2007）。越来越多的研究表明 miRNA 在生物体的整个生命过程中发挥着广泛而重要的调控作用。根据 Li 等（2012）构建的患腐皮综合征刺参体腔细胞 miRNA 文库中鉴定的 86 个 miRNA 候选基因中，进一步分析发现了多个差异表达显著的 miRNAs，包括 miR-92a、miR-2008、miR-31、miR-210、miR-200、miR-133、miR-137、miR-9 和 miR-124 等。

8.1.2　基于 RNA-seq 的 miR-92a 靶基因预测及其功能分析

miR-92a 属于 miR-17-92 簇（miR-17、miR-18、miR-19a、miR-19b、miR-20 和 miR-92a），是最早被发现的原癌基因（He et al., 2005）。该簇的成员调节了许多关键的生命过程，如细胞的增殖、凋亡和血管内皮细胞的形成等（Tan et al., 2014; Kaluza et al., 2013）。除此之外，异常表达的 miR-92a 也与肿瘤的产生和发展密切相关。如在结直肠癌中，表达上调的 miR-92a 与淋巴结的转移及其预后状态有关（Zhou et al., 2013）；miR-92a 通过靶向细胞周期调节因子 p63 调控了人髓样细胞的细胞增殖（Manni et al., 2009）。更重要的是，最近的研究表明，miR-92 家族参与了宿主的先天性免疫应答过程。在巨噬细胞中，miR-92a 通过靶向 Mitogen-activated protein kinase kinase 4（MKK4）负向调节了 TLR 引发的炎症反应（Lai et al., 2013）。Yang 等（2013）证明了 miR-92d 通过靶向 C3 以调控文昌鱼细菌感染后的急性免疫应答。

Zhang 等（2013）使用 miRanda v3.3a 程序预测了 miR-92a 的潜在靶基因，筛选得分大于 90 且自由能小于 −17 kcal/mol 的 Unigene 作为候选靶基因。随后结合转录组测序与杂交 PCR 法，共得到 miR-92a 的 37 个候选靶基因（表 8-1）。其中，14-3-3ζ 是一种保守的酸性蛋白，是哺乳动物中 7 种 14-3-3 蛋白亚型之一（z, g, h, ζ, b, q, s）（Fu et al., 2000）。14-3-3ζ 蛋白通过与各种信号级联相互作用发挥调节细胞代谢、分裂、分化、自噬和凋亡等衔接分子的功能（Tzivion et al., 2001; Aitken et al., 2016; Kleppe et al., 2011）。最近的研究表明，14-3-3ζ 蛋白也是先天免疫的重要调节因子，如 Schuster 等（2011）证明人 14-3-3q 蛋白负调节 TLR2 依赖的 NF-κB 活性并促进 TLR4 依赖的转录因子活化。在刺参中，Lv 等（2017a）通过生物信息学预测 miR-92a 的种子序列（5′UAUUGCACUU···3′）与 *Aj14-3-3ζ* 3′UTR（357 ~ 378 nt）的结合具有最低的自由能和较高的匹配度（图 8-1）。因此，首先选择 *Aj14-3-3ζ* 基因作为 miR-92a 的主要靶基因进行下一步研究。

表 8-1　转录组测序与杂交 PCR 结合得到的 miR-92a 部分候选靶基因

方法	基因名称（NCBI 注释）	方法	基因名称（NCBI 注释）
转录组测序	Notch 同源蛋白	杂交 PCR	E3 泛素蛋白连接酶 SMURF
	蛋白激酶 C 结合蛋白 NELL		溶质运输家族蛋白
	甜菜碱高半胱氨酸甲基转移酶		类蛋白激酶 C 结合蛋白
	溶菌酶 L 相关蛋白		β-2- 巨球蛋白
	磷脂酶 A2		蛋白小体激活蛋白
	酪氨酸 - 蛋白磷酸酶 Lar		丝氨酸 / 苏氨酸蛋白激酶
	纤维蛋白原蛋白 A		SH2 结构域蛋白
	跨膜丝氨酸蛋白酶		E3 泛素蛋白连接酶 SMURF
	清道夫受体蛋白前体		泛素蛋白特异性肽酶
	双重氧化酶		LIM 结构域蛋白
	前蛋白转化酶枯草溶菌素 9		热休克蛋白 70
	多血管内皮生长因子样蛋白		多血管内皮生长因子样蛋白
	类 E3 泛素蛋白连接酶		细胞色素 C 氧化酶
	97 kDa 热休克蛋白		肽酶抑制蛋白
	Poly(rC) 结合蛋白		
	富含亮氨酸蛋白		
	羧肽酶		
	纤维蛋白原 C 结构域蛋白		
	GABA 转运子		
	14-3-3 蛋白		
	富含半胱氨酸分泌蛋白		
	糖基转移酶 EXTL		
	凝血酶敏感蛋白		

miR-92a　　　3' UCAUCCGGCCCUGUUC**ACGUUA**U 5'

　　　　　　　** ||||:|* *|* :|||* |||:||

Aj14-3-3ζ　357-5'... TA TAGGTCT AGCT AAG**GGCAGT**A ...3'-378

图 8-1　miR-92a 在 *Aj14-3-3ζ* 3′UTR 中的结合位点

　　为进一步阐明 miR-92a 和 *Aj14-3-3ζ* 基因之间的功能关系，采用 miR-92a 类似物和抑制剂分别转染刺参活体，转染 24 h 后检测了 *Aj14-3-3ζ* 基因的 mRNA 水平变化，并于 48 h 后检测了 Aj14-3-3ζ 蛋白的表达水平变化。结果显示，转染 24 h 后，miR-92a 在体内的过表达和抑制表达分别导致了 miR-92a 自身表达量的显著升高和降低（图 8-2 A，B），并且转染 miR-92a 类似物 24 h 后，*Aj14-3-3ζ* 的 mRNA 表达水平显著下降（图 8-2 C），而转染 miR-92a 抑制剂 24 h 后，*Aj14-3-3ζ* 的 mRNA 表达水平却显著上调（图 8-2 D）。Western blot 分析结果进一步表明，体内过表达 miR-92a 能够显著下调 Aj14-3-3ζ 蛋白的表达水平，而其体内抑制表达 miR-92a 则能够显著上调 Aj14-3-3ζ 蛋白的表达水平（图 8-2 E）。上述结果说明了 miR-92a 负调控 *Aj14-3-3ζ* 的表达。

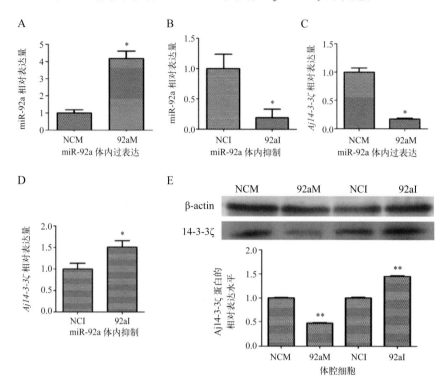

图 8-2　miR-92a 在体内靶向 *Aj14-3-3ζ* mRNA 和蛋白质水平的功能验证

A：qRT-PCR 检测 miR-92a 类似物转染刺参体腔细胞 24 h 后 miR-92a mRNA 表达量变化；B：qRT-PCR 检测 miR-92a 抑制剂转染刺参体腔细胞 24 h 后 miR-92a mRNA 表达量变化；C：qRT-PCR 检测 miR-92a 类似物转染刺参体腔细胞 24 h 后 *Aj14-3-3ζ* mRNA 表达量变化；D：qRT-PCR 检测 miR-92a 抑制剂转染刺参体腔细胞 24 h 后 *Aj14-3-3ζ* mRNA 表达量变化；E：Western blot 分析刺参体内转染 miR-92a 类似物或抑制剂 48 h 后 Aj14-3-3ζ 蛋白表达水平变化。数据用平均归一化印迹条带密度 ±S.D 表示。NCM：miR-92a 类似物的阴性对照；92aM：miR-92a 类似物；NCI：miR-92a 抑制剂的阴性对照；92aI：miR-92a 抑制剂。*$P < 0.05$ 表示差异显著；**$P < 0.01$ 表示差异极显著；$n = 3$

（资料来源：Lv et al., 2017a）

　　为进一步探究 miR-92a 是否能够调控刺参体腔细胞，对刺参活体分别转染 miR-92a 类似物和抑制剂，并于转染后 48 h 时检测了刺参体腔细胞的凋亡水平变化。结果如图 8-3 所示，转染 miR-92a 类似物后，刺参体腔细胞的凋亡率增加至 3.4 倍（$P < 0.01$），而转染 miR-92a 抑制剂后，刺参体腔细胞的凋亡率降低了 56.9%（$P < 0.01$）（图 8-3）。以上结果证实了 miR-92a 通过靶向 Aj14-3-3ζ 发挥调控刺参体腔细胞凋亡的功能作用。

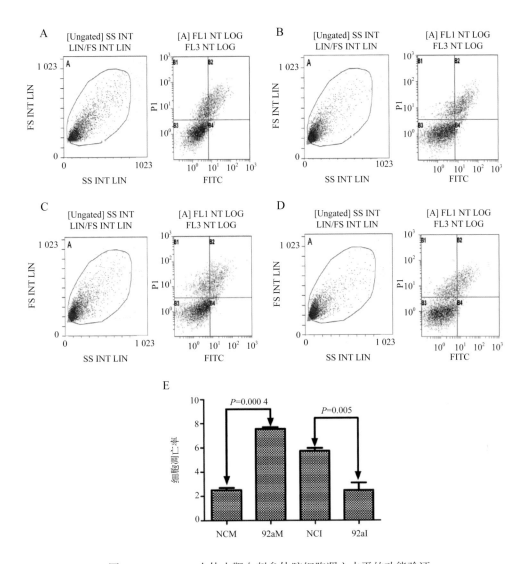

图 8-3 miR-92a 在体内靶向刺参体腔细胞凋亡水平的功能验证

A：流式细胞术检测转染 miR-92a 类似物阴性对照 NCM 后体腔细胞凋亡水平变化；B：流式细胞术检测转染 miR-92a 类似物后体腔细胞凋亡水平变化；C：流式细胞术检测转染 miR-92a 抑制剂阴性对照 NCI 后体腔细胞凋亡水平变化；D：流式细胞术检测转染 miR-92a 抑制剂后体腔细胞凋亡水平变化；E：A–D 条形图代表细胞凋亡率，数据用平均归一化印迹条带密度 ± S.D 表示。NCM：miR-92a 类似物的阴性对照；92aM：miR-92a 类似物；NCI：miR-92a 抑制剂的阴性对照；92aI：miR-92a 抑制剂。$P < 0.01$ 表示差异极显著；$n = 3$

（资料来源：Lv et al., 2017a）

8.1.3 基于 RNA-seq 的 miR-137/miR-2008 靶基因预测及其功能分析

miR-137 是目前研究最为深入的肿瘤抑制因子之一，在诱导癌细胞凋亡、细胞周期信号传导、细胞增殖和胚胎干细胞发育等方面发挥关键作用（Kleppe et al.,

2011）。在大肠癌的发展过程中，miR-137 通过在 G0/G1 期靶向细胞分裂控制蛋白 42（Cdc42）进而负性调节 Cdc42/PAK 信号通路以减少细胞增殖和抑制病原侵袭（Liu et al., 2011; Zhu et al., 2013）。Shen 等（2016）证实了 miR-137 通过在转录后负调节核酪蛋白激酶和周期依赖性激酶底物 1（nuclear casein kinase and cyclin-dependent kinase substrate 1，NUCKS1）以抑制 PI3K/AKT 途径介导的肺癌发生。相比于 miR-137，目前很少有涉及 miR-2008 功能研究的，但 miR-2008 在患腐皮综合征刺参中却显著异常表达（$P < 0.05$）。

Lv 等（2017b）通过分析转录组测序结果，并运用 miRanda v3.3a 程序预测了 miR-137/miR-2008 的候选靶基因（筛选标准：得分大于 90 且自由能小于 −17 kcal/mol），共得到 miR-137 候选靶基因 21 个，miR-2008 候选靶基因 28 个（表 8-2）。

表 8-2　miR-137、miR-2008 候选靶基因

miRNA	候选靶基因	miRNA	候选靶基因
miR-137	DNA 聚合酶 Tudor 结构域蛋白 凝血因子缺失 II 型蛋白 甜菜碱同型半胱氨酸甲基转移酶 微量胺相关受体 20v 组蛋白 H2B 热休克蛋白 ssa2 热休克蛋白 ssa1 ZZ- 型锌指蛋白 FAT 非典型钙黏素 A 型血管性血友病因子 DNA 复制因子 1 多 EGF 样结构域蛋白 溶质运输家族 5 原纤蛋白 2 组蛋白甲基转移酶 Pr-set7/Set8 解旋酶 Dhr 醛脱氢酶 SAM 与 HD 结构域蛋白 异柠檬酸脱氢酶 NADP 富亮氨酸结构域蛋白 15	miR-2008	咽侧体抑制素受体 复制因子 C 亚基 磷脂酶 A2 基质金属蛋白酶 1 转录终止因子，RNA 聚合酶 II IID 组分泌型磷脂酶 A2 Cu-Zn 型超氧化物歧化酶 富亮氨酸结构域蛋白 59 恶性脑瘤缺失蛋白 1 70 kDa 热休克蛋白 DNA 指导的 RNA 聚合酶 ZZ- 型锌指蛋白 有机溶质转运蛋白 锌指蛋白 Noc 胰蛋白酶抑制子 细胞色素 P450 肾连蛋白 锌转运蛋白 ZIP4 甜菜碱同型半胱氨酸甲基转移酶 伴侣蛋白 GP96 乙酰丝氨酸蛋白酶 热休克蛋白 83 肽酶抑制剂 16 G 蛋白偶联受体 98 拓扑异构酶 I 钠/葡萄糖共转运蛋白 4 DNA 复制验证因子 mcm5 内皮细胞特异型酪氨酸激酶受体

同时整合 Zhang 等（2014）iTRAQ 蛋白组测序结果，从 228 个差异蛋白中成功识别了 miR-137 的候选靶蛋白 10 个，miR-2008 候选靶蛋白 9 个，其中甜菜碱同型半胱氨酸甲基转移酶（betaine-homocysteine methyltransferase，BHMT）为二者共同靶基因（表 8-3）。

表 8-3　差异表达蛋白中 miR-137、miR 2008 靶蛋白

miRNA	候选靶基因	miRNA	候选靶基因
miR-137	N-Myc 下游调控蛋白 甜菜碱同型半胱氨酸甲基转移酶 组蛋白 H1 核糖核蛋白 A1 14-3-3 蛋白 核糖体蛋白 L26 鸟苷酸结合蛋白亚基 初期多肽相关复合物 乙酰水解酶 脯氨酸脱氢酶	miR-2008	骨髓白血病相关 SET 转位蛋白 肌动蛋白相关蛋白 3 α- 淀粉酶 核糖体蛋白 S6 β- 捕获蛋白 异源核糖核蛋白 A1 N-Myc 下游调控蛋白 组蛋白 H1 甜菜碱同型半胱氨酸甲基转移酶

8.1.3.1　miR-137/miR-2008 共调控 BHMT 促进刺参活性氧 ROS 产生

早期研究发现，BHMT 是一种催化同型半胱氨酸（homocysteine，Hcy）重新甲基化成甲硫氨酸的甲基转移酶（Pajares et al., 2006），且 BHMT 功能的减弱可引起机体 Hcy 水平的增加（Ji et al., 2007）。Zhang 等（2013，2014）依据患腐皮综合征刺参体腔细胞蛋白组学及转录组学测序结果，并运用 miRanda v3.3a 程序预测了 miR-137/miR-2008 潜在靶基因（筛选标准：得分大于 90 且自由能小于 -17 kcal/mol），发现 *BHMT* 为二者共同候选靶基因（Zhang et al., 2015）。

通过 miRanda v3.3a 软件分析可知 *BHMT* 3'UTR 序列包含一个 miR-137 潜在结合位点和一个 miR-2008 潜在结合位点（图 8-4 A）。通过双荧光素酶报告基因系统并结合定点突变技术分别检测了 miR-137 和 miR-2008 对目的基因 *BHMT* 的抑制作用和作用位点。结果表明，miR-137、miR-2008 对带有 *BHMT* 3'UTR 序列的荧光素酶的表达活性具有调控作用（$P < 0.05$）。其中 miR-137 的作用更明显，抑制效率在 61.59%，而 miR-2008 的抑制率为 36.60%（图 8-4 B）。与转染含位点突变序列的载体相比，miR-137 和 miR-2008 对带有 *BHMT* 3'UTR 突变序列的荧光素酶的表达则不具有调控作用（图 8-4 C）。

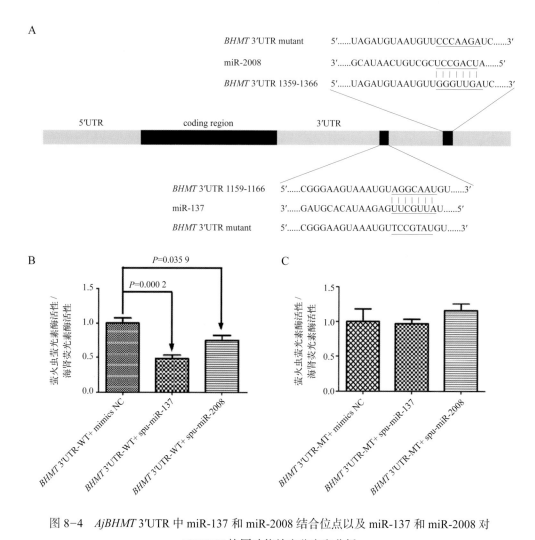

图 8-4　*AjBHMT* 3′UTR 中 miR-137 和 miR-2008 结合位点以及 miR-137 和 miR-2008 对
AjBHMT 协同功能效应鉴定和分析

A：*AjBHMT* 3′UTR 中两个假定的 miR-137 和 miR-2008 靶向结合位点及突变位点的示意图；B：荧光素酶报告基因实验检测 miR-137、miR-2008 对 *BHMT* 3′UTR-WT 的调控作用；C：荧光素酶报告基因实验检测 miR-137、miR-2008 对 *BHMT* 3′UTR-MT 的调控作用。*BHMT* 3′UTR-WT：野生型 *BHMT* 3′UTR 载体；*BHMT* 3′UTR-MT：突变型 *BHMT* 3′UTR 载体；mimics NC：spu-miR-137 或 spu-miR-2008 类似物阴性对照。$P < 0.05$ 表示差异显著；$P < 0.01$ 表示差异极显著；$n = 3$

（资料来源：Zhang et al., 2015）

　　为进一步探索刺参活体内 miR-137 和 miR-2008 是否能够调控 *BHMT* 表达，将 miR-137 和 miR-2008 的类似物分别注射到活体刺参体腔中，注射 24 h 后检测 *BHMT* 的 mRNA 表达水平变化，48 h 后检测 BHMT 蛋白的水平变化。结果表明，miR-137 类似物（图 8-5 A）可显著降低 *BHMT* 的 mRNA（图 8-5 B）和蛋白（图 8-5 D）表达水平，miR-2008 类似物（图 8-5 A）可显著下调 BHMT 蛋白的表达水平（图 8-5 D）

而不影响其 mRNA 表达水平（图 8-5 B）。同时，使用针对 *BHMT* 基因序列合成的特异性 siRNA 序列对 *BHMT* 基因进行活体敲降实验，结果显示 siRNA 作用效果明显，可显著降低 *BHMT* 的 mRNA（图 8-5 C）及蛋白（图 8-5 E）表达水平。结合灿烂弧菌胁迫以及 LPS 刺激处理下 miR-137、miR-2008 和 *BHMT* 的 mRNA 及蛋白表达水平变化与 miR-137、miR-2008 类似物及抑制剂处理下 *BHMT* 的 mRNA 及蛋白表达水平变化，说明 miR-137 在转录后水平调节 *BHMT* 的 mRNA 水平，而 miR-2008 则在翻译水平调节 BHMT 蛋白的量。

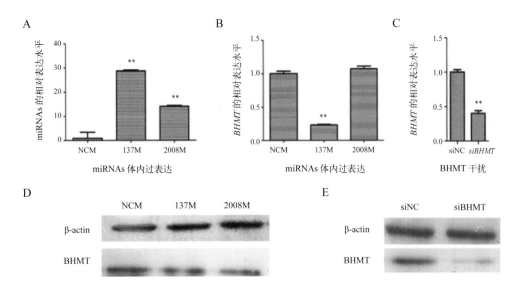

图 8-5　miR-137、miR-2008 体内过表达对 *BHMT* 基因及蛋白表达影响

A：qRT-PCR 检测 miR-137 和 miR-2008 类似物转染刺参后 miR-137 和 miR-2008 的相对表达水平变化；B：qRT-PCR 检测 miR-137 和 miR-2008 类似物转染刺参后 *BHMT* 的相对表达水平变化；C：qRT-PCR 检测刺参体内转染 *BHMT* siRNA 后其自身的 mRNA 表达水平变化；D：Western blot 分析 miR-137 和 miR-2008 类似物转染刺参后 BHMT 蛋白的表达水平变化；E：Western blot 分析刺参体内转染 *BHMT* siRNA 后其自身的蛋白表达水平变化。137M：miR-137 类似物；2008M：miR-2008 类似物；NCM：miR-137 或 miR-2008 类似物阴性对照；*siBHMT*：*BHMT* 小干扰 RNA；siNC：*BHMT* 小干扰 RNA 对照。**$P < 0.01$ 表示差异极显著；$n = 3$

（资料来源：Zhang et al., 2015）

为进一步探究 *BHMT* 干扰以及 Hcy 对体外培养细胞免疫功能的影响，检测了 *BHMT* 干扰后和不同浓度 Hcy 处理下体外培养细胞 ROS（reactive oxygen species）产生以及胞内细菌存活率的变化水平。结果表明，*BHMT* 干扰在细菌感染后 3 h 和 6 h 分别显著加速了细胞内 ROS 的产生（图 8-6 A），并使细菌存活率分别降低至对照组的 35.3% 和 36.7%（图 8-6 B）。Hcy 处理组发现，0.5 mmol/L 和 1.0 mmol/L 的 Hcy 处理细

胞后均可显著增加细胞 ROS 的产生并降低细菌存活率；与对照组相比，0.5 mmol/L Hcy 处理下，感染 3 h 后的细菌存活率下降至 55.1%，6 h 后降至 44.5%，而 1.0 mmol/L Hcy 处理下，感染 3 h 后的细菌存活率下降至 37.0%，6 h 后下降至 31.3%（图 8-7）。据此可以得出以下结论：miR-137 和 miR-2008 可通过靶向 BHMT 来影响 Hcy 浓度，进而影响 ROS 的产生，从而作为调控灿烂弧菌与刺参互作的可能途径之一（图 8-8）。

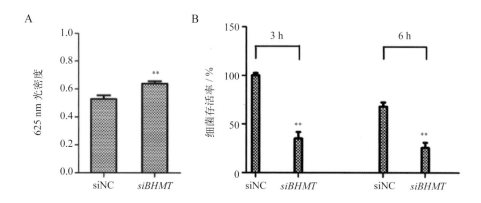

图 8-6　*BHMT* 干扰对 ROS 产生及胞内细菌存活率的影响

A：体外转染 *AjBHMT* siRNA 后 ROS 产量水平变化；B：体外转染 *AjBHMT* siRNA 后抑菌能力变化

**$P<0.01$ 表示差异极显著；$n=3$

（资料来源：Zhang et al., 2015）

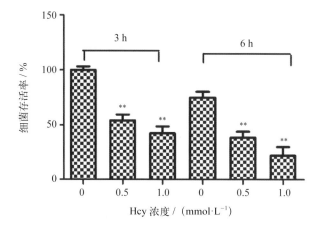

图 8-7　Hcy 对胞内细菌存活率的影响

**$P<0.01$ 表示差异极显著；$n=3$

（资料来源：Zhang et al., 2015）

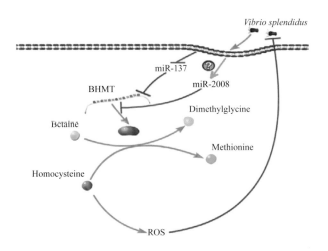

图 8-8　miR-137 和 miR-2008 通过共同靶向 AjBHMT 参与宿主 - 病原体相互作用示意

（资料来源：Zhang et al., 2015）

8.1.3.2　miR-137 靶向 14-3-3ζ 调控刺参体腔细胞凋亡

Lv 等（2017b）整合了前期转录组和 iTRAQ 数据（Zhang et al., 2013; Zhang et al., 2014），发现 miR-137 的种子序列与 *Aj14-3-3ζ* 的 3′UTR 序列具有较高的匹配度和最低的自由能。此外，14-3-3 蛋白被广泛报道是先天性免疫反应中的重要调节因子（Schuster et al., 2011），因此选择 *Aj14-3-3ζ* 基因作为 miR-137 主要的靶基因用于下一步研究（图 8-9）。

```
miR-137        3′ GAUGCACAU - AAGA- - - - - GUUCGUUAU 5′
               *  | : | | | *  | | * *  | | | * * * * * : :  | | | : |
Aj14-3-3ζ    351-5′ ... G TGCGT A TAGGT CTAGCTAAGGGCAGTA ... 3′-378
```

图 8-9　miR-137 在 Aj14-3-3ζ 3′UTR 中的结合位点

为阐明 miR-137 和 *Aj14-3-3ζ* 基因之间的功能关系，分别使用 miR-137 体内和体外的过表达（类似物）和抑制表达（抑制剂）试剂转染刺参活体和原代体腔细胞，转染 24 h 后检测了 *Aj14-3-3ζ* 的 mRNA 表达水平变化，并在转染 48 h 后检测了 Aj14-3-3ζ 蛋白的表达水平变化。结果显示，转染 24 h 后体内、体外 miR-137 的类似物和抑制剂均显著促进了 miR-137 自身表达量的升高和降低，但对 *Aj14-3-3ζ* 基因的表达没有产生显著性变化（图 8-10 A ~ D）。相反，Western blot 分析结果显示体内转染 miR-137 类似物能够显著上调 Aj14-3-3ζ 蛋白的表达水平，而体内转染 miR-137 抑制剂则能够显著下调 Aj14-3-3ζ 蛋白的表达水平（图 8-10 E，F）。上述结果表明，刺参 miR-137 在蛋白质水平正反馈调控 Aj14-3-3ζ 蛋白表达。

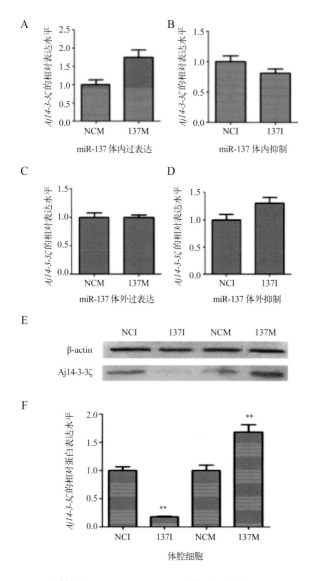

图 8-10　miR-137 体内外功能分析

A：qRT-PCR 检测 miR-137 类似物转染刺参体腔 24 h 后 *Aj14-3-3ζ* 的 mRNA 表达水平变化；B：qRT-PCR 检测 miR-137 抑制剂转染刺参体腔 24 h 后 *Aj14-3-3ζ* 的 mRNA 表达水平变化；C：qRT-PCR 检测 miR-137 类似物转染原代培养细胞 24 h 后 *Aj14-3-3ζ* 的 mRNA 表达水平变化；D：qRT-PCR 检测 miR-137 抑制剂转染原代培养细胞 24 h 后 *Aj14-3-3ζ* 的 mRNA 表达水平变化；E：Western blot 分析 miR-137 类似物或抑制剂转染刺参体腔后 Aj14-3-3ζ 蛋白的表达水平变化；F：Aj14-3-3ζ 蛋白表达数据用平均归一化印迹带密度 ±S.D 表示。NCM：miR-137 类似物阴性对照；137M：miR-137 类似物；NCI：miR-137 抑制剂阴性对照；137I：miR-137 抑制剂。**$P < 0.01$ 表示差异极显著；$n = 5$

（资料来源：Lv et al., 2017b）

在体内 *Aj14-3-3ζ* 基因干扰实验中，*Aj14-3-3ζ* 基因表现出显著下调的表达趋势（图 8-11 A）。Western blot 分析结果同样显示，*Aj14-3-3ζ* 干扰后其蛋白水平显著下调（图 8-11 B，C）。为进一步研究 miR-137 和 Aj14-3-3ζ 在调节刺参体腔细胞凋亡中的作用，Lv 等（2017b）对刺参进行体内注射 miR-137 抑制剂或 *Aj14-3-3ζ* 基因干扰试剂并应用流式细胞术检测刺参体腔细胞凋亡水平变化。结果显示，注射 miR-137 抑制剂后，刺参体腔细胞的细胞凋亡率与对照组相比显著增加至 1.6 倍（$P < 0.05$）（图 8-11 D, E, H）；而注射 *Aj14-3-3ζ* 基因干扰试剂后，刺参体腔细胞的细胞凋亡率相对于对照组增加至 2.3 倍（$P < 0.01$）（图 8-11 F，G，H）。以上结果证实了 miR-137 通过靶向 Aj14-3-3ζ 蛋白水平变化调控刺参体腔细胞凋亡。

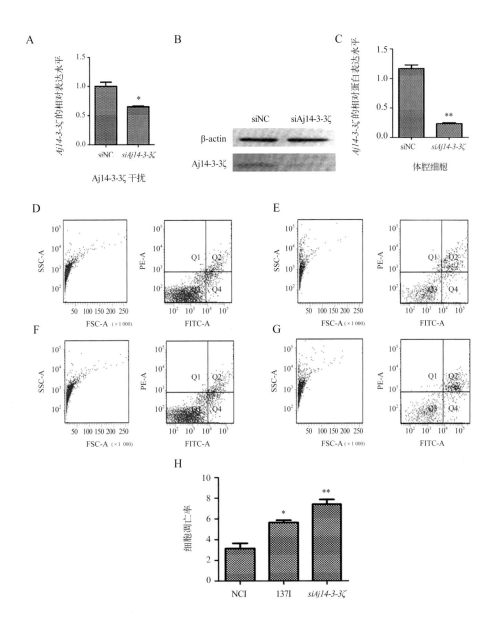

图 8-11 Aj14-3-3ζ 及 miR-137 靶向刺参体腔细胞凋亡功能验证

A：qRT-PCR 检测 *Aj14-3-3ζ* siRNA 转染刺参后 *Aj14-3-3ζ* 的 mRNA 表达水平变化；B：Western blot 分析 *Aj14-3-3ζ* siRNA 转染刺参后 Aj14-3-3ζ 蛋白的表达水平变化；C：siAj14-3-3ζ 蛋白表达数据用平均归一化 印迹条带密度 ± S.D 表示；D：流式细胞术检测 miR-137 抑制剂阴性对照 NCI 转染刺参后体腔细胞凋亡 水平变化；E：流式细胞术检测 miR-137 抑制剂转染刺参后体腔细胞凋亡水平变化；F：流式细胞术检测 *siAj14-3-3ζ* 的阴性对照 siNC 转染刺参后体腔细胞凋亡水平变化；G：流式细胞术检测 *siAj14-3-3ζ* 转染刺参 后体腔细胞凋亡水平变化；H：D—G 条形图表示凋亡率。siNC：*siAj14-3-3ζ* 的阴性对照；*siAj14-3-3ζ*：Aj14-3-3ζ 小干扰 RNA；NCI：miR-137 抑制剂的阴性对照；137I：miR-137 抑制剂。*$P < 0.05$ 表示差异显著；**$P < 0.01$ 表示差异极显著；$n = 5$

（资料来源：Lv et al., 2017b）

8.1.4 基于 RNA-seq 的 miR-31 靶基因预测及其功能分析

miR-31 最初是在 Hela 细胞中被发现的，广泛存在于脊椎动物和无脊椎动物中（Valastyan et al., 2009）。越来越多的研究表明，miR-31 参与了多种肿瘤细胞的发生过程，涉及直肠癌（Bandrés et al., 2006）、膀胱癌（Wang et al., 2013）和胃癌（Zhang et al., 2010）等。Suárez 等（2010）发现 miR-31 可通过靶向调控 TNF 诱导产生 E-selectin 和 ICAM-1（intercellular adhesion molecular-1）从而负反馈调节炎症信号通路。miR-31 同样可通过直接作用于肿瘤相关基因发挥其调控功能。miR-31 通过靶向肿瘤抑制基因 *LATS2*（large tumor suppressor 2）和 *PPP2R2A*（PP2A regulatory subunit B alpha isoform）以促进小鼠和人的肺癌发展进程（Liu et al., 2010）；然而在乳腺癌发生过程中，miR-31 则行使肿瘤抑制子的功能，其通过调控 *ITGA5*（Integrin alpha 5）、*RDX*（Radixin）和 *RhoA*（transforming protein RhoA）等基因的表达而实现抑制肿瘤转移的目的（Valastyan et al., 2009）。除了作为体液免疫的重要组成部分外，miR-31 同样是细胞免疫的重要调控分子。Rouas 等（2009）发现 miR-31 可靶向 FOXP3（Forkhead box P3）以调控 T 细胞分化和功能活性。在调控病原微生物方面，Ghorpade 等（2013）证实牛结核分枝杆菌（*Mycobacterium bovis*）通过诱导宿主 miR-31 和 miR-150 的产生，进而靶向 TLR2（Toll like receptor 2）信号通路上的接头分子 MyD88，从而抑制 TLR2 信号通路的激活来实现病原逃离宿主免疫系统监控的目的。

Lu 等（2015a）通过整合患腐皮综合征刺参体腔细胞转录组测序和 iTRAQ 结果，并运用 miRanda v3.01 程序预测 miR-31 潜在靶基因（筛选标准：得分大于 90 且自由能小于 −17 kcal/mol），共得到 miR-31 的候选靶基因 12 个（表 8-4），包括 p105 基因、蛋白二硫化合物异构酶 A6、二硫键异构酶相关蛋白、Canopy 同源蛋白 2、核糖体 RNA 加工蛋白 1 同源物 B、富含亮氨酸重复含蛋白质 59、钠和氯依赖甘氨酸转运子 1 及氨基酸转运蛋白 1 等。

表 8-4　miR-31 候选靶基因

miRNA	候选靶基因
miR-31	p105
	蛋白二硫化合物异构酶 A6
	二硫键异构酶相关蛋白
	Canopy 同源蛋白 2
	核糖体 RNA 加工蛋白 1 同源物 B
	富含亮氨酸重复含蛋白质 59
	钠和氯依赖甘氨酸转运子 1
	兴奋型氨基酸转运子 SLC1A1
	热休克蛋白 70
	延伸因子 1-α
	G 蛋白激活子
	谷胱甘肽 S- 转移酶 -α

8.1.4.1　miR-31 靶向 p105 调控刺参体腔细胞呼吸爆发

p105 是转录因子 NF-κB 家族中的重要成员，其经过酶切后产生的 p50 与 p65（RelA）形成二聚体，促进 NF-κB 的靶基因激活（Basak et al., 2008）。Lu 等（2015a）运用 miRanda v3.01 程序预测刺参 p105（Ajp105）潜在靶基因（筛选标准：得分大于 90 且自由能小于 17 kcal/mol），发现 *Ajp105* 的 3′UTR 序列含有与 miR-31 种子序列完全匹配的结合位点，并且 p105 作为 NF-κB 中 NF-κB1 的前体蛋白在免疫应答中发挥着重要的作用（He et al., 2020）。因此，选择 *Ajp105* 作为 miR-31 潜在靶基因后续研究对象。

为阐明 miR-31 和 Ajp105 之间的功能关系，使用 miR-31 体内和体外的过表达（类似物）和抑制表达（抑制剂）试剂转染刺参活体和原代培养体腔细胞，24 h 后检测 *Ajp105* 基因的表达水平变化。结果显示，体外转染 24 h 后，miR-31 类似物显著下调了 *Ajp105* 的表达，而 miR-31 抑制剂则显著促进了 *Ajp105* 的上调表达（图 8-12）。

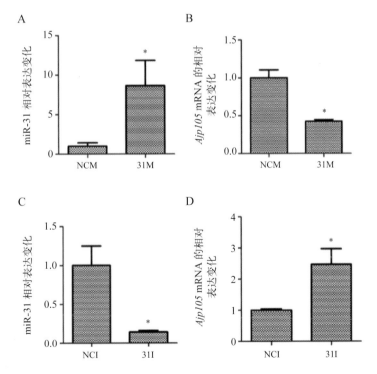

图 8-12　qRT-PCR 检测 miR-31 类似物（A 和 B）或抑制剂（C 和 D）转染刺参原代培养体腔细胞后 miR-31、*Ajp105* 的表达水平变化

NCM：miR-31 类似物阴性对照；NCI：miR-31 抑制剂阴性对照；31M：miR-31 类似物；31I：miR-31 抑制剂。*$P < 0.05$ 表示差异显著；$n = 3$

（资料来源：Lu et al., 2015a）

为研究miR-31和Ajp105在调节刺参体腔细胞的呼吸爆发中的作用，Lu等（2015a）对刺参体内和体外分别转染 miR-31 类似物、激动剂和抑制剂并进行细胞 ROS 产量的检测。结果显示，在刺参体腔细胞中转染 miR-31 类似物或激动剂后，刺参体腔细胞的 ROS 含量分别增加至对照组的 1.20 倍和 1.25 倍（$P < 0.01$）（图 8-13 A，C）；而转染 miR-31 抑制剂后，刺参体腔细胞的 ROS 含量降低至对照组的 80%（$P < 0.01$）（图 8-13 B）。在个体水平上，体内转染 miR-31 激动剂同样显著增加了 ROS 水平。进一步检测体内和体外抑制 Ajp105 后对刺参体腔细胞 ROS 产量的影响，结果显示，Ajp105 抑制后，相对于对照组，刺参体腔细胞的 ROS 含量在体外和体内分别增加至对照组的 1.28 倍和 1.21 倍（$P < 0.01$）（图 8-14）。

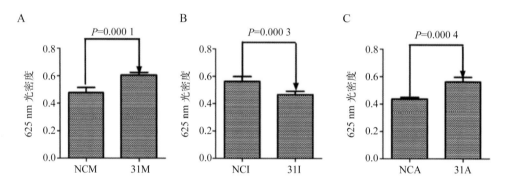

图 8-13　miR-31 类似物（A）、抑制剂（B）和激动剂（C）转染刺参体内、体外活性氧的测定
NCM: miR-31 类似物阴性对照；31M: miR-31 类似物；NCI: miR-31 抑制剂阴性对照；31I: miR-31 抑制剂；NCA: miR-31 激动剂阴性对照；31A: miR-31 激动剂。$P < 0.01$ 表示差异极显著；N = 3
（资料来源：Lu et al., 2015a）

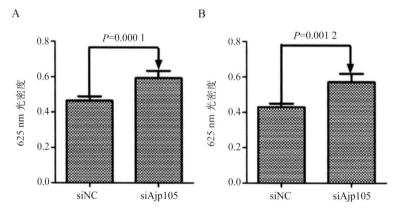

图 8-14　Ajp105 基因敲降后体内（A）、体外（B）活性氧的测定
siNC：Ajp105 小干扰 RNA 阴性对照；siAjp105：Ajp105 小干扰 RNA。$P < 0.01$ 表示差异极显著；n = 3
（资料来源：Lu et al., 2015a）

8.1.4.2　miR-31 靶向 CTRP9 调控刺参体腔细胞凋亡

C1q 肿瘤坏死因子相关蛋白 9（C1q/Tumor necrosis factor related proteins 9，CTRP9）作为一种新型细胞因子，属于肿瘤坏死因子相关蛋白家族成员，在调节代谢、抗炎和抗细胞凋亡等方面发挥重要作用（胡梦蝶等，2014）。Shao 等（2017）结合患腐皮综合征刺参体腔细胞转录组数据，应用 miRanda v3.01 程序预测 *AjCTRP9* 是 miR-31 的潜在靶基因之一（图 8-15 A）。双荧光素酶报告基因实验显示 miR-31 类似物和包含 3′UTR 的 *AjCTRP9* 序列的载体共转染至人 HEK293T 细胞后能显著降低荧光素酶活性，而潜在结合位点突变后的 *AjCTRP9* 序列转染后与突变空载相比，荧光素酶活性则无明显变化（图 8-15 B），证实 *AjCTRP9* 是 miR-31 的靶基因。

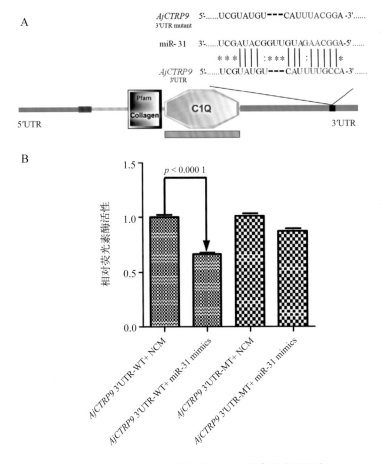

图 8-15　miR-31 与 *AjCTRP9* 3′UTR 结合位点的鉴定

A：*AjCTRP9* 3′UTR 和突变位点中假定 miR-31 结合位点的示意图；B：双荧光素酶报告基因实验检测野生型和突变型 *AjCTRP9* 3′UTR 载体转染人 HEK293T 细胞后荧光素酶活性分析。*P* < 0.01 表示差异极显著；*n* = 3

（资料来源：Shao et al., 2017）

为进一步阐明 miR-31 在调节 AjCTRP9 中的功能作用，Shao 等（2017）在刺参活体中进行了 miR-31 的体内过表达（类似物）和抑制表达（抑制剂）实验。qRT-PCR 结果显示，miR-31 类似物和抑制剂转染刺参后分别显著促进和抑制了 miR-31 的基因表达水平（图 8-16 A，C）。相同条件下，miR-31 类似物转染后显著降低了 *AjCTRP9* mRNA 的表达水平，低至对照组的 46%（图 8-16 B），miR-31 抑制剂则致使 *AjCTRP9* 的 mRNA 表达水平升高至对照组的 1.65 倍（图 8-16 D）。Western blot 结果同样显示，AjCTRP9 蛋白表达水平在转染 miR-31 类似物后显著降低，而在转染 miR-31 抑制剂后其蛋白表达水平显著升高（图 8-16 E）。

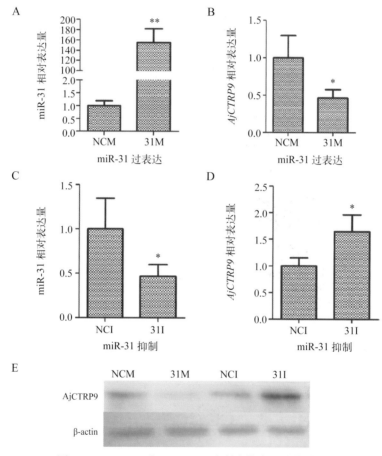

图 8-16　miR-31 和 AjCTRP9 在刺参体内的功能分析

A：qRT-PCR 检测刺参体内转染 miR-31 类似物后 miR-31 的表达水平变化；B：qRT-PCR 检测刺参体内转染 miR-31 类似物后 *AjCTRP9* 的 mRNA 表达水平变化；C：qRT-PCR 检测刺参体内转染 miR-31 抑制剂后 miR-31 的表达水平变化；D：qRT-PCR 检测刺参体内转染 miR-31 抑制剂后 *AjCTRP9* 的 mRNA 表达水平变化；E：Western blot 分析刺参体内转染 miR-31 类似物或抑制剂后 AjCTRP9 蛋白的表达水平变化。NCM：miR-31 类似物对照；31M：miR-31 类似物；NCI：miR-31 抑制剂对照；31I：miR-31 抑制剂。数值为平均值 ± 标准差。*$P<0.05$ 表示差异显著；**$P<0.01$ 表示差异极显著；$n=5$

（资料来源：Shao et al., 2017）

为探索 miR-31 是否靶向 AjCTRP9 调控刺参体腔细胞凋亡，进一步研究了转染 miR-31 类似物后，刺参体腔细胞在体内的凋亡水平变化（图 8-17）。结果显示，转染 miR-31 类似物后显著诱导了感染 24 h 后的体腔细胞凋亡水平（1.35 倍，$P < 0.05$）（图 8-17 A1 ~ A3）。在相同条件下，用特异性 siRNA 抑制 AjCTRP9 表达同样诱导了刺参体腔细胞的凋亡水平（1.51 倍，$P < 0.05$）（图 8-17 B1 ~ B3）。因此，上述结果证实了 miR-31 通过靶向 AjCTRP9 调控病原诱导下的刺参细胞凋亡。

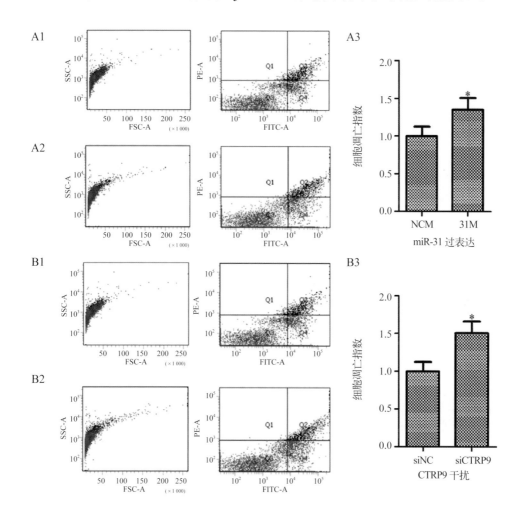

图 8-17　流式细胞术检测刺参体腔细胞凋亡率变化

A1-A3：miR-31 过表达后刺参体腔细胞凋亡水平变化；B1-B3：AjCTRP9 抑制后刺参体腔细胞凋亡水平变化。数值表示为平均值 ± 标准差。*$P < 0.05$ 表示差异显著；$n = 5$

（资料来源：Shao et al., 2017）

8.1.5 miR-210 靶向 TLR 介导刺参体腔细胞呼吸爆发

miR-210 不仅在调控机体能量代谢、细胞增殖、分化和凋亡等方面发挥重要作用（Hu et al., 2010），而且还对机体免疫产生一定影响。有文献报道 miR-210 在缺氧应激中表达显著变化（Amato et al., 2010）。Li 等（2012，2016）结合患腐皮综合征刺参体腔细胞转录组数据，并使用 miRanda v3.01 程序预测分析了 7 个 miR-210 的潜在靶点。这 7 个潜在靶点分别是：AjToll、蛋白二硫化合物异构酶 A6、核糖体 RNA 处理蛋白、富含亮氨酸重复蛋白、Canopy 同源蛋白、钠和氯依赖甘氨酸转运子和氨基酸转运蛋白。进一步分析证实，*AjToll* 的 3′UTR（906 ~ 930 nt）含有一个完全匹配 miR-210 种子序列的结合位点（图 8-18 A）。此外，AjToll 作为一类重要的免疫细胞表面蛋白，是模式识别受体家族成员，具有调节 NF-κB 依赖性免疫反应的功能（Justin et al., 2015）（见图 7-1），因此选择该基因作为 miR-210 进一步分析的靶点。

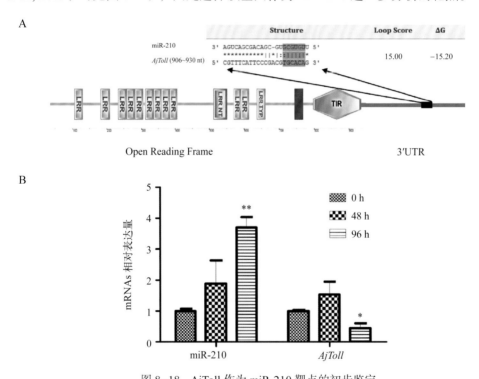

图 8-18 AjToll 作为 miR-210 靶点的初步鉴定

A：预测的 *AjToll* 3′UTR 中 miR-210 的结合位点，红色阴影代表"种子"区域；B：qRT-PCR 检测攻毒后 miR-210 和 *AjToll* 在刺参体腔细胞中的表达水平变化。*P<0.05 表示差异显著；**P<0.01 表示差异极显著；*n*=3
（资料来源：Li et al., 2016）

Li 等（2016）应用 qRT-PCR 检测灿烂弧菌感染刺参不同时间点 miR-210 和 *AjToll* 的表达水平变化。结果显示，miR-210 和 *AjToll* 在感染 48 h 后表达水平没有显著变化，但在感染 96 h 后，miR-210 的表达水平相对于对照组显著增加了 2.70 倍，而靶基因 *AjToll* 的表达水平则下降到对照组的 43%（图 8-18 B）。

转染 miR-210 类似物显示体腔细胞中 miR-210 水平增加至对照组的 9.25 倍（图 8-19 A）。体腔细胞中 miR-210 的增加同时显著抑制了 *AjToll* 及其下游基因的表达水平。与对照组相比，*AjMyD88*、*AjIRAK-1*、*AjTRAF6* 和 *Ajp105* 的表达水平分别降低了 61%、65%、68% 和 50%。相似的，*AjToll* 干扰后同样显著抑制了其下游基因 *AjMyD88*、*AjIRAK-1*、*AjTRAF6* 和 *Ajp105* 的表达水平（图 8-19 B）。

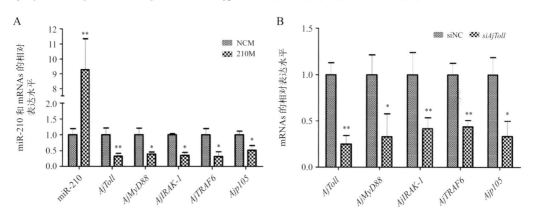

图 8-19　转染 miR-210 类似物（A）或 *AjToll* 干扰 siRNA（B）后 miR-210、*AjToll* 及下游信号分子的表达水平变化

NCM：miR-210 类似物对照；210M: miR-210 类似物；siNC：*AjToll* 小干扰 RNA 的阴性对照；*siAjToll*：*AjToll* 小干扰 RNA。*$P < 0.05$ 表示差异显著；**$P < 0.01$ 表示差异极显著；$n = 3$

（资料来源：Li et al., 2016）

在之前的研究中，我们已经证明了干扰 *AjToll* 表达能够显著降低刺参体腔细胞 ROS 生成。为进一步确认 miR-210 是否能够调控刺参体腔细胞 ROS 生成，将 miR-210 类似物转染刺参体腔细胞中(图 8-20)。结果显示，注射 miR-210 类似物后体腔细胞 ROS 的生成量比对照组体腔细胞降低了 19.12%。这表明 miR-210 可能是通过 AjToll 途径介导 ROS 生成。

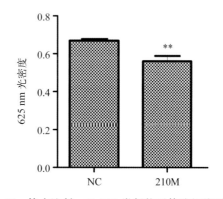

图 8-20　体内注射 miR-210 类似物后体腔细胞呼吸爆发试验检测

NC：miR-210 类似物对照；210M：miR-210 类似物。

**$P < 0.01$ 表示差异极显著；$n = 3$

（资料来源：Li et al., 2016）

8.1.6　miR-210 靶向 *E2F3* 基因调控刺参体腔细胞增殖

E2F 转录因子 3（E2F transcription factor 3，E2F3）是 E2F 家族的一员，是编码细胞生长和增殖所必需的蛋白质，E2F3 活性的破坏可能导致细胞死亡或细胞不受控制地增殖（Slansky et al., 1996）。*E2F3* 是一个定义明确的癌基因，通过调节细胞过程在控制肿瘤进展中起着关键作用（Otto et al., 2017）。Li 等（2010）研究表明 E2F3 促进细胞增殖并参与 HepG2 肝癌细胞的转录调控。Oeggerli 等（2004）还发现 E2F3 在浸润性膀胱癌中异常表达。最近的研究证实，E2F3 的失调与癌症密切相关，靶向 E2F3 的 miRNAs 的过度表达抑制了许多肿瘤中的细胞迁移和增殖（Sun et al., 2018; Wang et al., 2018）。

Zhang 等（2020）运用 miRanda v3.01 程序预测发现 miR-210 和 *AjE2F3* 3′UTR（108 ～ 128 nt）之间具有潜在结合位点，表明 AjE2F3 可能是刺参 miR-210 的功能靶点（图 8-21 A）。为了进一步确认 *AjE2F3* 和 miR-210 的结合条件，将野生型或突变型 *AjE2F3* 表达载体和 miR-210 类似物共转染到 EPC 细胞中。结果显示，转染野生型 *AjE2F3* 的 EPC 细胞的荧光素酶活性比突变组降低了 30%（$P < 0.01$）（图 8-21 B）。

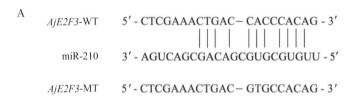

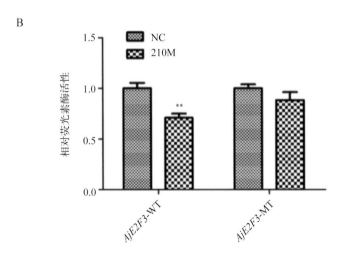

图 8-21　*AjE2F3* 是 miR-210 的直接靶基因

A：*AjE2F3* 3′UTR 区与 miR-210 结合位点示意图；B：双荧光素酶报告基因实验分析 miR-210 对 *AjE2F3* 的调控作用。*AjE2F3*-WT：野生型 *AjE2F3* 载体；*AjE2F3*-MT：突变型 *AjE2F3* 载体；210M：miR-210 类似物；NC：阴性对照。**P < 0.01 表示差异极显著；$n = 5$

（资料来源：Zhang et al., 2020）

miR-210 类似物转染刺参体腔细胞 24 h 后，miR-210 转录水平增加了 2.02 倍（$P < 0.01$）（图 8-22 A）。与对照组相比，*AjE2F3* 的 mRNA 表达水平降低至对照组的 13%（$P < 0.01$）。为阐明 miR-210 能否诱导体腔细胞增殖，应用 MTT 法检测了 miR-210 类似物转染后体腔细胞的增殖水平变化。相同条件下，转染 miR-210 类似物 24 h、48 h 和 72 h 后，体腔细胞的活力分别显著降低至对照组的 76.1%（$P < 0.01$）、80.2%（$P < 0.01$）和 62.9%（$P < 0.01$）（图 8-22 B）。上述结果表明，miR-210 能够促进 AjE2F3 介导的刺参体腔细胞凋亡。

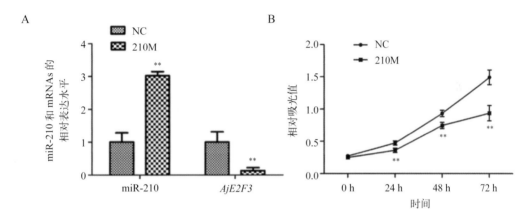

图 8-22　qRT-PCR 检测 miR-210 类似物转染刺参体腔细胞后 miR-210 和 *AjE2F3* 的表达水平变化（A）及 miR-210 类似物处理后体腔细胞的相对细胞活力检测（B）

210M：miR-210 类似物；NC：阴性对照。**$P < 0.01$ 表示差异极显著；$n = 5$

（资料来源：Zhang et al., 2020）

8.1.7　miR-133 靶向 *IRAK-1* 基因调控刺参体腔细胞吞噬

miR-133 是一个包含 miR-133a 和 miR-133b 两种亚型的 miRNA 家族，其在宿主细胞的自我更新、分化、炎症、肿瘤的发生和发展以及表观遗传学层面的调控等方面都发挥着巨大的作用（Peng et al., 2014; Xu et al., 2007）。患腐皮综合征刺参体腔细胞转录组结果显示 miR-133 在刺参发病状态下显著上调表达（Li et al., 2012），为进一步确定 miR-133 在刺参免疫中所发挥的功能，应用 miRanda v3.01 程序对其潜在的靶基因进行了预测。结果如表 8-5 所示，发现了包括超氧化物歧化酶、热休克蛋白和 IRAK-1 等 20 个 miR-133 的潜在靶基因。

IRAK-1 是一种细胞膜周围的丝／苏氨酸激酶，在病原刺激后与白介素 −1 受体结合，进而与 TLR 复合体相互作用以参与 TLR 途径的信号传导，参与宿主炎症、自身免疫、癌症等的发生进程（Li et al., 2016; Su et al., 2015; Wang et al.,

2017）。Lu 等（2015b）运用 miRanda v3.01 程序预测发现了 miR-133 和 *AjIRAK-1* 3'UTR（291 ~ 313 nt）之间具有潜在结合位点，表明 AjIRAK-1 可能是刺参 miR-133 的功能靶点（图 8-23 A，B），因此选择 *AjIRAK-1* 作为 miR-133 进一步研究的靶基因。

表 8-5　miR-133 靶基因预测

miRNA	候选靶基因
miR-133	U3 核仁小核糖核蛋白
	金属蛋白酶抑制剂 1
	热休克蛋白 67B3
	神经源性基因同源蛋白 notch 1
	溶菌酶 1
	Cu-Zn 超氧化物歧化酶
	刺激性氨基酸转运子
	甲基转移酶相关蛋白
	血管紧张素转换酶
	叉头转录因子 A
	一氧化氮合酶
	锌转运子 ZIP4
	甘氨肽 -α- 羟基化单加氧酶
	Actin-10
	乙醛脱氢酶家族成员 7 B4
	G 蛋白耦联受体 126
	碱性丝氨酸蛋白酶
	酪氨酸蛋白磷酸酶
	钙腔蛋白 -B
	白细胞介素 -1 受体相关激酶 1

为进一步验证 miR-133 是否能够调控 AjIRAK-1，将 miR-133 类似物和 *AjIRAK-1* 3'UTR 野生型或突变型表达载体分别转染人 HEK293T 细胞系后检测荧光素酶活性变化水平。结果如图 8-23 所示，转染了 miR-133 类似物和野生型 *AjIRAK-1* 3'UTR 载体以及 miR-133 类似物和突变型 *AjIRAK-1* 3'UTR 载体后的 miR-133 的表达水平分别比对照组显著增加了 289.58 倍和 290.58 倍（图 8-23C）；野生型组的荧光活性显著降低至对照组的 52.9%，而突变型组的荧光活性则没有显著变化（图 8-23D），证明了 miR-133 可以结合 *AjIRAK-1*，对 *AjIRAK-1* 的表达水平进行调控。

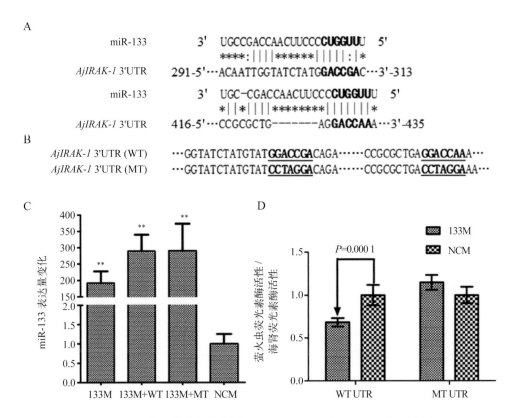

图 8-23　双荧光素酶报告验证 *AjIRAK-1* 3′UTR 与 miR-133 相互作用

A：*AjIRAK-1* 3′UTR 中 miR-133 结合位点示意图；加粗表示"种子序列"。B：*AjIRAK-1* 3′UTR 中突变位点示意图。C：将含有 *AjIRAK-1* 3′UTR 序列的载体与 NCM、133M 分别共转染至 HEK293T 细胞中，24 h 后检测 miR-133 表达量变化；133M：miR-133 类似物；NCM：miR-133 类似物阴性对照；WT：包含与 miR-133 结合位点的 *AjIRAK-1* 3′UTR 序列的载体；MT：不包含与 miR-133 结合位点的 *AjIRAK-1* 3′UTR 突变序列的载体；133M + WT：miR-133 类似物和 *AjIRAK-1* 3′UTR 野生型质粒载体；133M + MT：miR-133 类似物和 *AjIRAK-1* 3′UTR 突变型质粒载体。D：将含有 *AjIRAK-1* 3′UTR 突变序列的载体或野生型与 NCM、133M 分别共转染至 HEK293T 细胞中，24 h 后检测荧光活性变化；133M：miR-133 mimics，即 miR-133 类似物；NCM：miR-133 类似物阴性对照。*$P < 0.01$ 表示差异极显著；$n = 6$

（资料来源：Lu et al., 2015b）

　　为进一步探讨 miR-133 与 TLR 信号途径的作用关系，应用 miR-133 类似物和抑制剂分别转染刺参体腔细胞，24 h 后 qRT-PCR 检测 *AjIRAK-1*、*AjTRAF6* 和 *Ajp105* 的 mRNA 表达水平变化。结果显示，在 miR-133 类似物转染体腔细胞 24 h 后（图 8-24A），*AjIRAK-1*、*AjTRAF6* 和 *Ajp105* 的 mRNA 表达水平均显著下降（图 8-24B ~ D）。相反，转染 miR-133 抑制剂 24 h 后（图 8-24E），这 3 个基因的表达水平均显著上升（图 8-24F ~ H）。在 *AjIRAK-1* 沉默实验中，*AjIRAK-1*、*AjTRAF6* 和 *Ajp105* 等下游基因也同样显著下调表达（图 8-24 I ~ K）。

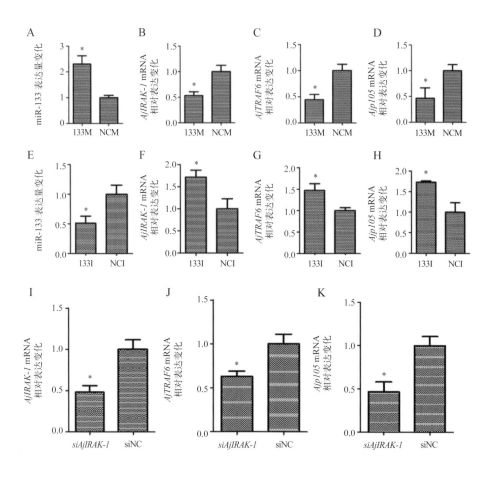

图 8-24　体外 miR-133 过表达和抑制表达对 *AjIRAK-1* 及下游信号分子的影响

A–D：qRT-PCR 检测 miR-133 类似物转染后胞内 miR-133、*AjIRAK-1*、*AjTRAF6* 和 *Ajp105* 的 mRNA 表达水平变化；E–H：qRT-PCR 检测 miR-133 抑制剂转染后胞内 miR-133、*AjIRAK-1*、*AjTRAF6* 和 *Ajp105* 的 mRNA 表达水平变化；I–K：qRT-PCR 检测 *siAjIRAK-1* 沉默后 *AjIRAK-1*、*AjTRAF6*、*Ajp105* 的 mRNA 表达水平变化。NCM：miR-133 类似物对照；NCI：miR-133 抑制剂对照；133M：miR-133 mimics，即 miR-133 类似物；133I：miR-133 inhibitors，即 miR-133 抑制剂；*siAjIRAK-1*：*AjIRAK-1* 小干扰 RNA；siNC：*AjIRAK-1* 小干扰 RNA 对照。*$P < 0.05$ 表示差异显著；$n = 3$

（资料来源：Lu et al., 2015b）

　　为探究 miR-133 是否通过调控 AjIRAK-1 介导体腔细胞吞噬，应用菌落计数法（CFU）测定了体腔细胞转染 miR-133 激动剂和 *siAjIRAK-1* 干扰后体腔细胞的吞噬活性水平。转染体腔细胞 miR-133 激动剂后，其自身表达水平显著上升（图 8-25 A），而 *AjIRAK-1*、*AjTRAF6* 和 *Ajp105* 的 mRNA 水平均显著下调表达（图 8-25 B ~ D）。转染 *siAjIRAK-1*（图 8-25E）后，*AjTRAF6* 和 *Ajp105* 的 mRNA 表达水平同样显著降低（图 8-25 F, G）。体腔细胞转染 miR-133 激动剂和 *siAjIRAK-1* 干扰成功后，分别注射灿烂弧菌（每头 10^6 CFU）至刺参体腔，并分别在注射菌液 4 h 和 6 h 后解剖刺参、收集体腔液，加入庆大霉素杀死未被吞噬的灿烂弧菌。振荡破碎体腔细胞，梯度稀释菌液后涂布 2216E 固体培养板 12 h 后，计算培养板上的单菌落数。结果如图 8-26 显示，在转染 miR-133 激动剂或 siAjIRAK-1 干扰的条件下，无论是注射 4 h 还是 6 h，细胞内的菌落数均显著高于对照组（$P < 0.05$）。上述结果说明，miR-133 通过 AjIRAK-1 靶向参与 TLR 级联调节以促进刺参体腔细胞对灿烂弧菌的吞噬作用。

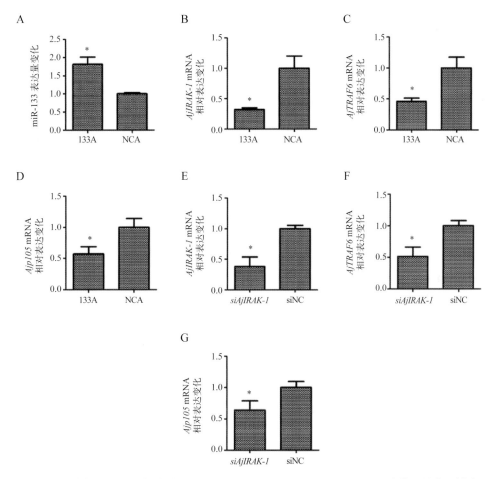

图 8-25　转染 miR-133 激动剂和 siAjIRAK-1 后 miR-133、AjIRAK-1 及下游分子的表达模式
A–D：qRT-PCR 检测转染 miR-133 激动剂后，miR-133、AjIRAK-1、AjTRAF6、Ajp105 的 mRNA 表达水平变化；E–G：qRT-PCR 检测转染 siAjIRAK-1 后，AjIRAK-1、AjTRAF6、Ajp105 的 mRNA 表达水平变化。133A：miR-133 agomir，即 miR-133 激动剂；NCA：miR-133 激动剂对照；siAjIRAK-1：AjIRAK-1 小干扰 RNA；siNC：siAjIRAK-1 对照。*$P < 0.05$ 表示差异显著；$n = 3$

（资料来源：Lu et al., 2015b）

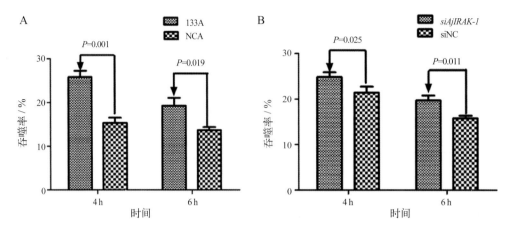

图 8-26　转染 miR-133 激动剂或 *siAjIRAK-1* 后刺参体腔细胞吞噬活性变化

A：转染 miR-133 激动剂后刺参体腔细胞吞噬活性变化；B：转染 *siAjIRAK-1* 后刺参体腔细胞吞噬活性变化。133A：miR-133 agomir，即 miR-133 激动剂；NCA：miR-133 激动剂对照；*siAjIRAK-1*：AjIRAK-1 小干扰 RNA；siNC：*siAjIRAK-1* 对照。$P < 0.05$ 表示差异显著；$P < 0.01$ 表示差异极显著；$n = 3$

（资料来源：Lu et al., 2015b）

8.2　刺参 circRNA 功能

随着高通量测序和生物信息学的发展，circRNA 已在多种真核生物中被发现，并在细胞发育和疾病病理中发挥重要作用（Meng et al., 2017）。到目前为止，已发现了 circRNA 的 3 种主要生物学功能：①作为 miRNA 的分子海绵，吸附 miRNA 功能发挥功能（Jin et al., 2020）；②作为转录调控因子发挥功能（Jeck et al., 2013）；③编码与典型线性对应蛋白不同功能的蛋白（Pamudurti et al., 2017）。其中，circRNA 作为 miRNA 分子海绵已经被越来越多的研究证明在恶性肿瘤、糖尿病视网膜血管功能障碍、胎儿生长受限等许多疾病和免疫过程中发挥重要作用（Patop et al., 2018；Wang et al., 2020；Zhu et al., 2020）。Liu 等（2021）也发现了刺参中 circRNA75 和 circRNA72 可以作为 miR-200 的分子海绵，发挥调控细胞凋亡的免疫学功能。根据 Zhao 等（2019）鉴定出的在健康和患腐皮综合征刺参体腔细胞内 261 个差异表达的 circRNA 中，使用 miRanda v3.01 软件对与差异表达的 circRNAs 具有潜在结合位点的 miRNA 进行预测，发现 circRNA75 和 circRNA72 均与 miR-200 有多个潜在结合位点，且 miR-200 已被 Lv 等（2015）证明在刺参免疫中发挥重要作用，因此对 circRNA75 和 circRNA72 共同靶向的 miR-200 介导的刺参免疫学功能进行探究。

为证明刺参中确实存在环状 RNA——circRNA75 和 circRNA72，首先使用发散性引物进行反转录 PCR，对产物进行测序发现了 circRNA75 和 circRNA72 的反向剪切位点序列（图 8-27 A，B）。为检测 circRNA75 和 circRNA72 在 LPS 刺激下的表达模式，LPS 处理刺参体腔细胞（0 h、1 h、3 h、6 h、12 h 和 24 h）后，qRT-PCR 检测了 circRNA75 和 circRNA72 的表达水平变化。结果显示，circRNA75 和 circRNA72 的表达量在 6 h 分别显著上调至对照组的 1.73 倍（$P < 0.05$）和 9.18 倍（$P < 0.01$）（图 8-27 C，D）。

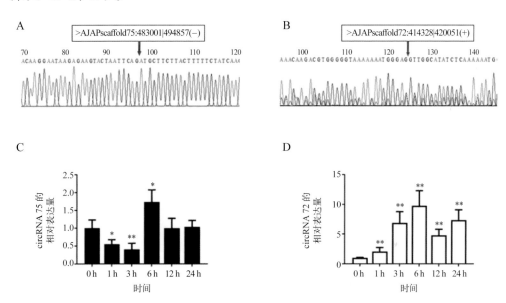

图 8-27　circRNA75 和 circRNA72 参与刺参免疫反应的鉴定

A，B：Sanger 测序检测到刺参体腔细胞中存在 circRNA75 和 circRNA72；C，D：circRNA75 和 circRNA72 在 LPS 刺激下的表达模式分析。*$P < 0.05$ 表示差异显著；**$P < 0.01$ 表示差异极显著；$n = 3$

（资料来源：Liu et al., 2021）

为阐明 circRNA75 和 circRNA72 的潜在功能机制，应用 miRanda 算法预测出了 circRNA75 含有 4 个 miR-200 的潜在结合位点，circRNA72 含有 2 个 miR-200 的潜在结合位点，这说明 circRNA75 和 circRNA72 可能作为 miR-200 的分子海绵来捕获 miR-200。为验证这一假设，进而构建了 circRNA75 和 circRNA72 上 miR-200 结合位点的野生型和突变型荧光素酶报告基因载体（图 8-28 A），并将这些报告基因载体与 miR-200 类似物共转染至鲤鱼 EPC 细胞进行双荧光素酶报告分析。结果显示，miR-200 类似物可以显著抑制 circRNA75 上 4 个潜在结合位点和 circRNA72 上 1 个潜在结合位点所构建的报告基因载体的荧光活性，而对所有突变型荧光素酶报告基因载体的荧光活性没有影响（图 8-28 B，C）。

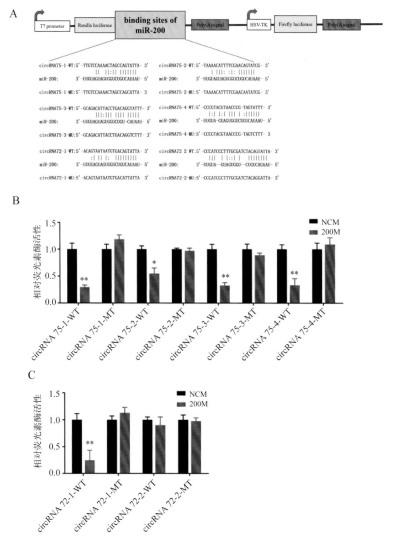

图 8-28　circRNA75 和 circRNA72 是 miR-200 的分子海绵

A：circRNA75 和 circRNA72 上 miR-200 结合位点的荧光素酶报告基因载体构建原理图；B、C：在鲤鱼 EPC 细胞中，双荧光素酶报告分析 miR-200 类似物对 circRNA75 和 circRNA72 的荧光素酶报告基因载体活性的影响。200M：miR-200 mimics，即 miR-200 类似物；NCM：miR-200 类似物对照。*$P < 0.05$ 表示差异显著；**$P < 0.01$ 表示差异极显著；$n = 3$

（资料来源：Liu et al., 2021）

　　为鉴定 miR-200 的潜在靶基因，使用 miRanda v3.01 软件预测了 4 个 miR-200 靶基因（*Tollip*，*Myd88*，*TRAF6* 和 *p105*），进而构建了这些基因的 3′UTR 野生型和突变型的荧光素酶报告载体（图 8-29 A），并将其与 miR-200 类似物共转染至鲤鱼 EPC 细胞进行双荧光素酶报告分析。结果显示，miR-200 类似物只显著降低了 Tollip 野生型报告载体的荧光活性，对其他野生型及突变型报告载体的荧光活性并没有影响

（图 8-29 B）。为进一步说明 miR-200 与 Tollip 的作用关系，qRT-PCR 检测了 miR-200 类似物和抑制剂转染刺参体腔细胞 24 h 后 *Tollip* 的 mRNA 表达水平变化。结果显示，转染 miR-200 类似物显著降低了 *Tollip* 的 mRNA 表达水平，而转染 miR-200 抑制剂组中 *Tollip* 的 mRNA 表达水平却显著上升。此外，miR-200 表达量的改变对 circRNA75 和 circRNA72 的表达并没有影响（图 8-29 C，D）。

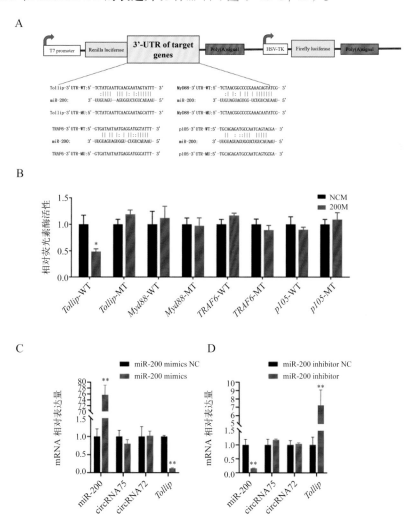

图 8-29　*Tollip* 是 miR-200 的直接靶基因

A：潜在靶基因 3′UTR 上 miR-200 结合位点的荧光素酶报告基因载体构建原理图；B：在鲤鱼 EPC 细胞中，双荧光素酶报告分析 miR-200 类似物对潜在靶基因的荧光素酶报告基因载体活性的影响；C，D：在刺参体腔细胞中，qRT-PCR 检测 miR-200 类似物（C）和抑制剂（D）对 *Tollip*、circRNA75 和 circRNA72 表达量的调控。miR-200 mimics：miR-200 类似物；miR-200 mimics NC：miR-200 类似物对照；miR-200 inhibitor：miR-200 抑制剂；miR-200 inhibitor NC：miR-200 抑制剂对照。*$P < 0.05$ 表示差异显著；**$P < 0.01$ 表示差异极显著；$n = 3$

（资料来源：Liu et al., 2021）

为研究 circRNA75 和 circRNA72 是否通过作为 miR-200 分子海绵参与刺参的免疫反应，进而构建了覆盖这两个 circRNA 反向剪切位点的 siRNA 用于干扰实验。circRNA75 siRNA 和 circRNA72 siRNA 分别干扰刺参体腔细胞后，qRT-PCR 检测了 miR-200 和 *Tollip* 的表达水平变化。结果表明，敲降 circRNA75 和 circRNA72 后，*Tollip* 的 mRNA 表达水平分别下调了 0.51 倍和 0.67 倍（*P* < 0.05）。这与 miR-200 过表达下调 *Tollip* 表达量的现象类似。同时，circRNA75 和 circRNA72 表达水平的改变同样也不影响 miR-200 表达量的变化（图 8-30 A，B）。为进一步验证 circRNA75 和 circRNA72 可作为 miR-200 分子海绵以调节 *Tollip* 的表达，在刺参体腔细胞 circRNA

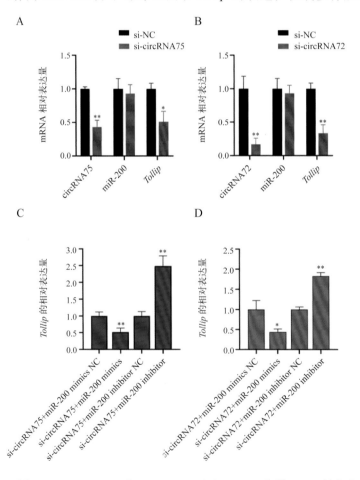

图 8-30　circRNA75 和 circRNA72 通过 miR-200 调控 *Tollip* 的表达

A，B：qRT-PCR 检测体腔细胞中 circRNA75 和 circRNA72 敲降后对 *Tollip* 和 miR-200 的调控作用；C，D：qRT-PCR 检测体腔细胞中 circRNA75 和 circRNA72 敲降条件下，转染 miR-200 类似物和抑制剂后 *Tollip* 的表达量变化。miR-200 mimics：miR-200 类似物；miR-200 mimics NC：miR-200 类似物对照；miR-200 inhibitor：miR-200 抑制剂；miR-200 inhibitor NC：miR-200 抑制剂对照；si-circRNA75：circRNA75 小干扰 RNA；si-circRNA72：circRNA72 小干扰 RNA。*P < 0.05 表示差异显著；**P < 0.01 表示差异极显著；n = 3

（资料来源：Liu et al., 2021）

敲降条件下，qRT-PCR 检测了刺参体腔细胞转染 miR-200 类似物和 miR-200 抑制剂 24 h 后 *Tollip* 的 mRNA 表达水平变化。结果显示，在 circRNA75 和 circRNA72 敲降情况下转染 miR-200 抑制剂，使得 *Tollip* mRNA 表达水平分别上调至对照组的 2.49 倍和 1.83 倍（*P* < 0.05）（图 8-30 C，D）。

　　为研究 circRNA75 和 circRNA72 作为 miR-200 分子海绵调节刺参体腔细胞凋亡的免疫学功能，首先探究了 Tollip 在刺参体腔细胞凋亡方面的作用。在体外干扰 *Tollip*（图 8-31 A）后，应用流式细胞术分别检测了 PBS 和 LPS 诱导的体腔细胞凋亡水平的变化。结果显示，在 PBS 和 LPS 刺激条件下，敲降 *Tollip* 组体腔细胞死亡率分别上调至对照组的 1.20 倍和 1.23 倍（*P* < 0.05）（图 8-31 B，C）。

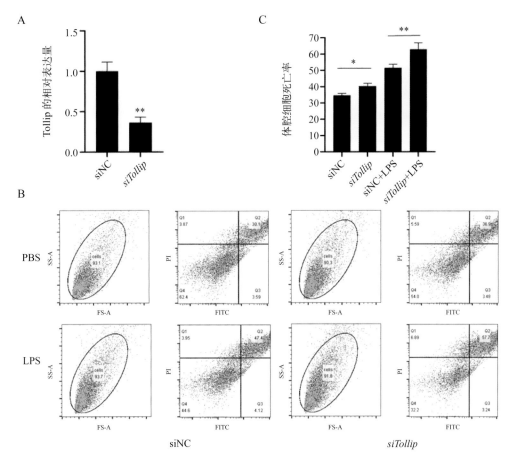

图 8-31　流式细胞术检测 Tollip 对刺参体腔细胞凋亡的影响

A：qRT-PCR 检测转染 *siTollip* 后刺参体腔细胞中 *Tollip* 的表达水平变化；B：流式细胞术检测 *Tollip* 敲降对刺参细胞凋亡率的影响；C：*Tollip* 敲降后，对刺参细胞凋亡率的统计学分析。*siTollip*：*Tollip* 小干扰 RNA；siNC：*Tollip* 小干扰 RNA 对照。*P < 0.05 表示差异显著；**P < 0.01 表示差异极显著；*n* = 3

（资料来源：Liu et al., 2021）

此外，分别敲降 circRNA75 和 circRNA72 同样使得体腔细胞凋亡率上调（图 8-32）。因此，为进一步证实 circRNA75 和 circRNA72 是通过吸附 miR-200 上调 *Tollip* 来抑制细胞凋亡的，采用流式细胞术检测了 miR-200 抑制剂是否能够阻断由 circRNA 敲降导致的体腔细胞凋亡水平上升。结果表明，与 circRNA 敲降组相比，在敲降 circRNA 条件下添加 miR-200 抑制剂可以显著阻断 circRNA 敲降介导的促凋亡功能（图 8-32）。上述结果证明了 circRNA75 和 circRNA72 作为 miR-200 分子海绵进而靶向 Tollip 介导的刺参体腔细胞凋亡。

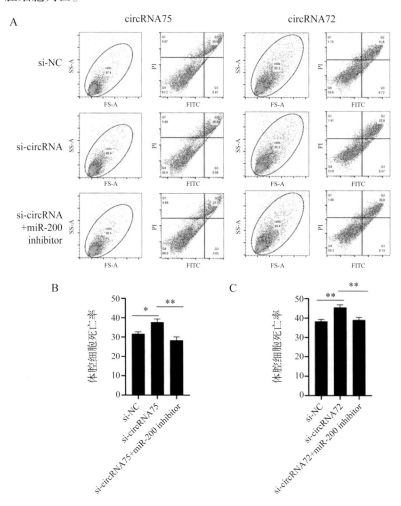

图 8-32　流式细胞术检测 circRNA75 和 circRNA72 对体腔细胞凋亡的影响

A：流式细胞术检测 circRNA75 和 circRNA72 敲降及 circRNA 敲降后添加 miR-200 抑制剂对刺参体腔细胞凋亡水平的影响；B、C：circRNA75 和 circRNA72 敲降及 circRNA 敲降后添加 miR-200 抑制剂对刺参体腔细胞凋亡影响的统计学分析。miR-200 inhibitor：miR-200 抑制剂；si-circRNA75：circRNA75 小干扰 RNA；si-circRNA72：circRNA72 小干扰 RNA；si-NC：circRNA siRNA 对照。*$P < 0.05$ 表示差异显著；**$P < 0.01$ 表示差异极显著；$n = 3$

（资料来源：Liu et al., 2021）

【主要参考文献】

胡梦蝶, 曹世平, 2014. 新脂肪细胞因子 CTRP9 的研究进展. 心脏杂志, 26(1): 94–96.

Aitken A, 2006. 14-3-3 proteins: a historic overview. Seminars in Cancer Biology, 16(3): 162–172.

Amato I Giaccia, 2010. MiR-210 – micromanager of the hypoxia pathway. Trends in Molecular Medicine, 16(5): 230–237.

Ambros V, 2004. The functions of animal microRNAs. Nature, 431(7006): 350–355.

Aukerman M J, Sakai H, 2003. Regulation of flowering time and floral organ identity by a microRNA and its APETALA2-like target genes. The Plant Cell, 15(11): 2730–2741.

Axtell M J, Bartel D P, 2005. Antiquity of microRNAs and their targets in land plants. The Plant Cell, 17(6): 1658–1673.

Bandrés E, Cubedo E, Agirre X, et al., 2006. Identification by Real-time PCR of 13 mature microRNAs differentially expressed in colorectal cancer and non-tumoral tissues. Molecular Cancer, 5(1): 1–10.

Bartel D P, 2004. MicroRNAs: genomics, biogenesis, mechanism, and function. Cell, 116(2): 281–297.

Basak S, Hoffmann A, 2008. Crosstalk via the NF-κB signaling system. Cytokine Growth Factor Reviews, 19(3–4): 187–197.

Brennecke J, Hipfner D R, Stark A, et al., 2003. Bantam encodes a developmentally regulated microRNA that controls cell proliferation and regulates the proapoptotic gene hid in *Drosophila*. Cell, 113(1): 25–36.

Chen C Z, Li L, Lodish H F, et al., 2004. MicroRNAs modulate hematopoietic lineage differentiation. Science, 303(5654): 83–86.

Chen K, Rajewsky N, 2007. The evolution of gene regulation by transcription factors and microRNAs. Nature Reviews Genetics, 8(2): 93–103.

Fu H, Subramanian R R, Masters S C, 2000. 14-3-3 proteins: structure, function, and regulation. Annual Review of Pharmacology & Toxicology, 40(1): 617–647.

Ghorpade D S, Holla S, Kaveri S V, et al., 2013. Sonic hedgehog-dependent induction of microRNA 31 and microRNA 150 regulates Mycobacterium bovis BCG-driven toll-like receptor 2 signaling. Molecular and Cellular Biology, 33(3): 543–556.

He J Y, Li P H, Huang X, et al., 2020. Molecular cloning, expression and functional analysis of NF-kB1 p105 from sea cucumber *Holothuria leucospilota*. Developmental and Comparative

Immunology, 114: 103801.

He L, Thomson J M, Hemann M T, et al., 2005. A microRNA polycistron as a potential human oncogene. Nature, 435(7043): 828–833.

Hu S, Huang M, Li Z, et al., 2010. MicroRNA-210 as a Novel Therapy for Treatment of Ischemic Heart Disease. Circulation, 122(11_suppl_1): S124–S131.

Jeck W R, Sorrentino J A, Wang K, et al., 2013. Circular RNAs are abundant, conserved, and associated with ALU repeats. RNA, 19(2): 141–157.

Ji C, Shinohara M, Kuhlenkamp J, et al., 2007. Mechanisms of protection by the betaine-homocysteine methyltransferase/betaine system in HepG2 cells and primary mouse hepatocytes. Hepatology, 46(5): 1586–1596.

Jin M, Lu S, Wu Y, et al., 2020. Hsa_circ_0001944 promotes the growth and metastasis in bladder cancer cells by acting as a competitive endogenous RNA for miR-548. Journal of Experimental and Clinical Cancer Research, 39(1): 1–12.

Johnston R J, Hobert O, 2003. A microRNA controlling left/right neuronal asymmetry in *Caenorhabditis elegans*. Nature, 426(6968): 845–849.

Justin M, Oldha, et al., 2015. TOLLIP, MUC5B, and the response to N-Acetylcysteine among individuals with idiopathic pulmonary fibrosis. American Journal of Respiratory and Critical Care Medicine, 192(12): 1475–1482.

Kaluza D, Kroll J, Gesierich S, et al., 2013. Histone deacetylase 9 promotes angiogenesis by targeting the antiangiogenic microRNA-17-92 cluster in endothelial cells. Arteriosclerosis, thrombosis, and vascular biology, 33(3): 533–543.

Kleppe R, Martinez A, Døskeland S O, et al., 2011. The 14-3-3 proteins in regulation of cellular metabolism. Seminars in Cell & Developmental Biology, Academic Press, 22(7): 713–719.

Lai L, Song Y, Liu Y, et al., 2013. MicroRNA-92a negatively regulates Toll-like-receptor (TLR)-triggered inflammatory response in macrophages by targeting MKK4 kinase. Journal of Biological Chemistry, 288(11): 7956–7967.

Lee R C, Feinbaum R L, Ambros V, 1993. The *C. elegans* heterochronic gene lin-4 encodes small RNAs with antisense complementarity to lin-14. Cell, 75(5): 843–854.

Li C, Feng W, Qiu L , et al., 2012. Characterization of skin ulceration syndrome associated microRNAs in sea cucumber *Apostichopus japonicus* by deep sequencing. Fish & Shellfish Immunology, 33(2): 436–441.

Li C, Zhao M, Zhang C, et al., 2016. miR210 modulates respiratory burst in *Apostichopus japonicus* coelomocytes via targeting Toll-like receptor. Developmental & Comparative Immunology, 65: 377–381.

Li N, Jiang J, Fu J, et al., 2016. Targeting interleukin-1 receptor-associated kinase 1 for human hepatocellular carcinoma. Journal of Experimental & Clinical Cancer Research, 35(1): 140.

Li W, Ni G X, Zhang P, et al., 2010. Characterization of E2F3a function in HepG2 liver cancer cells. Journal of cellular biochemistry, 111(5): 1244–1251.

Liu J Q, Zhao X L, Duan X M, et al., 2021. CircRNA75 and circRNA72 function as the sponge of microRNA-200 to suppress coelomocyte apoptosis via targeting Tollip in *Apostichopus japonicus*. Frontiers in immunology, 12: 770055.

Liu M, Lang N, Qiu M, et al., 2011. miR-137 targets Cdc42 expression, induces cell cycle G1 arrest and inhibits invasion in colorectal cancer cells. International Journal of Cancer, 128(6): 1269–1279.

Liu X, Sempere L F, Ouyang H, et al., 2010. MicroRNA-31 functions as an oncogenic microRNA in mouse and human lung cancer cells by repressing specific tumor suppressors. Journal of Clinical Investigation, 120(4): 1298–1309.

Lu M, Zhang P, Li C, et al., 2015a. miR-31 modulates coelomocytes ROS production via targeting p105 in *Vibrio splendidus* challenged sea cucumber *Apostichopus japonicus in vitro* and *in vivo*. Fish & Shellfish Immunology, 45: 293–299.

Lu M, Zhang P J, Li C H, et al., 2015b. miRNA-133 augments coelomocyte phagocytosis in bacteria-challenged *Apostichopus japonicus* via targeting the TLR component of IRAK-1 *in vitro* and *in vivo*. Scientific reports, 5(1): 1–14.

Lv M, Chen H, Shao Y, et al., 2017a. miR-92a regulates coelomocytes apoptosis in sea cucumber *Apostichopus japonicus* via targeting Aj14-3-3ζ *in vivo*. Fish & shellfish immunology, 69: 211–217.

Lv M, Chen H, Shao Y, et al., 2017b. miR-137 modulates coelomocyte apoptosis by targeting 14-3-3ζ in the sea cucumber *Apostichopus japonicus*. Developmental and Comparative Immunology, 67: 86–96.

Lv Z, Li C, Zhang P, et al., 2015. miR-200 modulates coelomocytes antibacterial activities and LPS priming via targeting Tollip in *Apostichopus japonicus*. Fish & shellfish immunology, 45(2): 431–436.

Manni I, Artuso S, Careccia S, et al., 2009. The microRNA miR-92 increases proliferation of myeloid cells and by targeting p63 modulates the abundance of its isoforms. FASEB Journal, 23(11): 3957–3966.

Meng S, Zhou H, Feng Z, et al., 2017. CircRNA: functions and properties of a novel potential biomarker for cancer. Molecular Cancer, 16(1): 1–8.

Oeggerli M, Tomovska S, Schraml P, et al., 2004. E2F3 amplification and overexpression is associated with invasive tumor growth and rapid tumor cell proliferation in urinary bladder cancer. Oncogene, 23(33): 5616–5623.

Otto T, Sicinski P, 2017. Cell cycle proteins as promising targets in cancer therapy. Nature Reviews Cancer, 17(2): 93.

Pajares M A, PÉrez-sala D, 2006. Betaine homocysteine S-methyltransferase: just a regulator of homocysteine metabolism. Cellular and Molecular Life Sciences, 63(23): 2792–2803.

Pamudurti N R, Bartok O, Jens M, et al., 2017. Translation of CircRNAs. Molecular Cell, 66(1): 9-21. e7.

Patop I L, Kadener S, 2018. circRNAs in Cancer. Current opinion in genetics & development, 48: 121–127.

Pedersen I M, Cheng G, Wicland S, et al., 2007. Interferon modulation of cellular microRNAs as an antiviral mechanism. Nature, 449(7164): 919–922.

Peng L, Chun-Guang Q, Bei-Fang L, et al., 2014. Clinical impact of circulating miR-133, miR-1291 and miR-663b in plasma of patients with acute myocardial infarction. Diagnostic Pathology, 9(1): 89.

Reinhart B J, Slack F J, Basson M, et al., 2000. The 21-nucleotide let-7 RNA regulates developmental timing in *Caenorhabditis elegans*. Nature, 403(6772): 901–906.

Rouas R, Fayyad-Kazan H, El Zein N, et al., 2009. Human natural Treg microRNA signature: role of microRNA-31 and microRNA-21 in FOXP3 expression. European Journal Immunology, 39(6): 1608–1618.

Schuster T B, Costina V, Findeisen P, et al., 2011. Identification and functional characterization of 14-3-3 in TLR2 signaling. Journal of Proteome Research, 10(10): 4661–4670.

Shao Y, Li C, Che Z, et al., 2015. Cloning and Characterization of two lipopolysaccharide-binding protein/bactericidal permeability-increasing protein (LBP/BPI) genes from the sea cucumber *Apostichopus japonicus* with diversified function in modulating ROS level. Dev. Comp. Immunol., 52 (1):88–97.

Shao Y, Li C, Xu W, et al., 2017. miR-31 links lipid metabolism and cell apoptosis in bacteria-challenged *Apostichopus japonicus* via targeting CTRP9. Frontiers in immunology, 8: 263.

Shen H, Wang L, Ge X, et al., 2016. MicroRNA-137 inhibits tumor growth and sensitizes chemosensitivity to paclitaxel and cisplatin in lung cancer. Oncotarget, 7(15): 20728–20742.

Slansky J E, Farnham P J, 1996. Introduction to the E2F family: protein structure and gene regulation. Transcriptional Control of Cell Growth, 208(1): 1–30.

Suárez Y, Wang C, Manes T D, et al., 2010. Cutting edge: TNF-induced microRNAs regulate TNF-induced expression of E-selectin and intercellular adhesion molecule-1 on human endothelial cells: feedback control of inflammation. Journal of Immunology, 184(1):21–25.

Su B, Luo T, Zhu J, et al., 2015. Interleukin-1β/Iinterleukin-1 receptor-associated kinase 1 inflammatory signaling contributes to persistent Gankyrin activation during hepatocarcinogenesis. Hepatology, 61(2): 585–597.

Sullivan C S, Grundhoff A T, Tevethia S, et al., 2005. SV40-encoded microRNAs regulate viral gene expression and reduce susceptibility to cytotoxic T cells. Nature, 435(7042): 682–686.

Sun F B, Lin Y, Li S J, et al., 2018. miR-210 knockdown promotes the development of pancreatic cancer via upregulating E2F3 expression. European Review Medical Pharmacological Sciences, 22(24): 8640–8648.

Tan W, Li Y, Lim S G, et al., 2014. miR-106b-25/miR-17-92 clusters: polycistrons with oncogenic roles in hepatocellular carcinoma. World Journal of Gastroenterol, 20(20): 5962–5972.

Tanzer A, Stadler P F, 2004. Molecular evolution of a microRNA cluster. Journal of Molecular Biology, 339(2): 327–335.

Tzivion G, Shen Y H, Zhu J, 2001. 14-3-3 proteins; bringing new definitions to scaffolding. Oncogene, 20(44): 6331–6338.

Valastyan S, Reinhardt F, Benaich N, et al., 2009. A pleiotropically acting microRNA, miR-31, inhibits breast cancer metastasis. Cell, 137(6): 1032–1046.

Wang H, Zhang J, Xu Z, et al., 2020. Circular RNA hsa_circ_0000848 promotes trophoblast cell migration and invasion and inhibits cell apoptosis by sponging hsa-miR-6768-5p. Frontiers in Cell and Developmental Biology, 8: 278.

Wang L, Qiao Q, Ferrao R, et al., 2017. Crystal structure of human IRAK1. Proceedings of the National Academy of Sciences of the United States of America, 114(51):13507–13512.

Wang S, Li Q, Wang K, et al., 2013. Decreased expression of microRNA-31 associates with aggressive tumor progression and poor prognosis in patients with bladder cancer. Clinical & Translational Oncology, 15(10): 849–854.

Wang Y, Sun G, Wang C, et al., 2018. MiR-194-5p inhibits cell migration and invasion in bladder cancer by targeting E2F3. Journal of buon, 23(5): 1492–1499.

Xu C, Lu Y, Pan Z, et al., 2007. The muscle-specific microRNAs miR-1 and miR-133 produce opposing effects on apoptosis by targeting HSP60, HSP70 and caspase-9 in cardiomyocytes. Journal of Cell Science, 120(17): 3045–3052.

Xu P, Vernooy S Y, Guo M, et al., 2003. The *Drosophila* microRNA Mir-14 suppresses cell death and is required for normal fat metabolism. Current Biology, 13(9): 790–795.

Yang R, Zheng T, Cai X, et al., 2013. Genome-wide analyses of amphioxus microRNAs reveal an immune regulation via miR-92d targeting C3. The Journal of Immunology, 190(4): 1491–1500.

Zhang P, Li C, Zhang P, et al., 2014. iTRAQ-Based proteomics reveals novel members involved in pathogen challenge in Sea Cucumber *Apostichopus japonicus*. PloS One, 9(6): e100492.

Zhang P, Li C, Zhang R, et al., 2015. The roles of two miRNAs in regulating the immune response of sea cucumber. Genetics, 201(4): 1397–1410.

Zhang P, Li C, Zhu L, et al., 2013. De novo assembly of the sea cucumber *Apostichopus japonicus* hemocytes transcriptome to identify miRNA targets associated with skin ulceration syndrome. PLoS One, 8(9): e73506.

Zhang Y, Guo J, Li D, et al., 2010. Down-regulation of miR-31 expression in gastric cancer tissues and its clinical significance. Medical Oncology, 27(3): 685–689.

Zhang Y, Shao Y, Lv Z, et al., 2020. miR-210 regulates coelomocyte proliferation through targeting E2F3 in *Apostichopus japonicus*. Fish & Shellfish Immunology, 106: 583–590.

Zhao X, Duan X, Fu J, et al., 2019. Genome-wide identification of Circular RNAs revealed the dominant intergenic region circularization model in *Apostichopus japonicus*. Frontiers in Genetics, 10: 00603.

Zhou T, Zhang G, Liu Z, et al., 2013. Overexpression of miR-92a correlates with tumor metast and poor prognosis in patients with colorectal cancer. International Journal of Colorectal Disease, 28(1): 19–24.

Zhu K, Hu X, Chen H, et al., 2020. Downregulation of circRNA DMNT3B contributes to diabetic retinal vascular dysfunction through targeting miR-20b-5p and BAMBI. EBioMedicine, 49: 341–353.

Zhu X, Li Y, Shen H, et al., 2013. miR-137 inhibits the proliferation of lung cancer cells by targeting Cdc42 and Cdk6. FEBS Letters, 587(1): 73–81.

第 9 章　刺参代谢免疫

　　"代谢"是指生物体获取营养后发生的用于维持生命的一系列有序的化学反应的总称。生物体通过分解生物大分子，为机体提供维持生命和生存所需要的能量。葡萄糖、脂肪酸和氨基酸是能量的三大来源。一直以来，"代谢"与"免疫"被认为是两个无联系、相对独立的研究领域。但随着研究的深入，众多研究表明代谢与免疫密不可分，存在复杂的互作调控网络（Keusch, 2003; Hotamisligil, 2006; Ganeshan and Chawla, 2014），因此，探讨代谢与免疫相互作用的关系，以及代谢对免疫细胞的分化、增殖和凋亡的影响，一方面对阐明免疫应答的本质或调控机制有重要意义，另一方面也能通过改变免疫细胞的代谢方式影响其功能，为进一步探究代谢引起的疾病的防治提供理论基础。

9.1　糖代谢对刺参免疫作用的影响

　　葡萄糖是能量的主要来源（占 70% 左右），其代谢过程涉及糖酵解、三羧酸循环（TCA 循环）、戊糖磷酸途径（PPP）和氧化磷酸化（OXPHOS）。在糖酵解的级联反应中，葡萄糖被代谢成丙酮酸，并释放出 2 分子 ATP 和 2 分子 NADH。在无氧或低氧条件下，丙酮酸被氧化成乳酸和 NAD^+，仅产生少量能量；当氧气充足时，丙酮酸则通过氧化磷酸化作用产生 30 ～ 36 分子 ATP（Wellen et al., 2009）。糖代谢与机体免疫反应联系密切，病原体感染条件下，能量代谢方式的选择是决定免疫细胞功能的关键（Michalek et al., 2011）。OXPHOS 和糖酵解之间代谢途径的转换（代谢重编程）以及单个代谢产物的产生对指导免疫细胞表型和功能都至关重要。

9.1.1　刺参免疫应答过程中发生糖代谢重编程

　　Sun 等（2020a）通过检测病原胁迫前后刺参体腔细胞的 4 种糖代谢产物，糖酵解

代谢通路的关键基因和 OXPHOS 通路的关键基因表达，两种代谢酶的酶活性以及刺参免疫细胞增殖水平的变化，发现糖代谢参与刺参的免疫应答，并且病原胁迫显著诱导糖酵解通量上调，而抑制 OXPHOS。

9.1.1.1　LPS 刺激诱导刺参体腔细胞糖代谢产物变化

如图 9–1 所示，通过检测 LPS 刺激前后刺参体腔细胞内 ATP、乳酸、活性氧（ROS）和一氧化氮（NO）等 4 种糖代谢产物的变化，发现氧化磷酸化代谢产物 ATP 水平从 LPS 刺激 1 h 后开始显著下降，而糖酵解代谢产物乳酸、ROS 和 NO 水平在免疫应答过程中均显著增加。

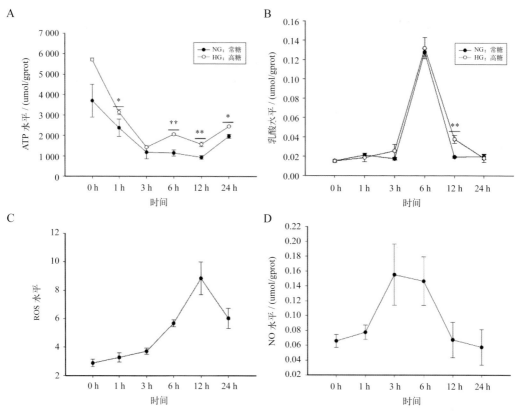

图 9–1　LPS 刺激不同时间后刺参体腔细胞内糖酵解代谢产物水平的测定

*P < 0.05 表示差异显著；**P < 0.01 表示差异极显著

（资料来源：Sun et al., 2020a）

9.1.1.2　LPS 刺激诱导糖代谢通路关键基因的表达

低氧诱导因子 –1α（hypoxia-inducible factor-1α, HIF-1α）可以通过增加葡萄糖转运蛋白 1（glucose transporter 1, GLUT1）、丙酮酸脱氢酶激酶 1（pyruvate dehydrogenase kinase 1, PDK1）和乳酸脱氢酶 A（lactate dehydrogenase A, LDHA）的表达来调控代谢从 OXPHOS 转向糖酵解（Wheaton and Chandel, 2011; Hussien and Brooks, 2011）。PDK1 可以抑制丙酮酸脱氢酶（pyruvate dehydrogenase, PDH）的表达，PDH 负责将丙酮酸转化为乙酰辅酶 A，从而进入 TCA 循环，PDK1 对 PDH 的抑制作用阻断了 OXPHOS，同时 LDHA 的上调促进丙酮酸向乳酸的转化（Papandreou et al., 2006）。如图 9-2 所示，通过检测糖酵解代谢通路的关键基因（*GLUT1*、*PDK1*、*LDHA*）和 OXPHOS 通路的关键基因丙酮酸脱氢酶（*PDH*）的 mRNA 表达水平变化，发现 LPS 刺激和灿烂弧菌胁迫均显著诱导糖酵解代谢通路关键基因的表达，而下调 OXPHOS 代谢通路 *PDH* 的表达，这表明病原体胁迫下刺参体腔细胞内糖酵解通量增加而 OXPHOS 作用被抑制。

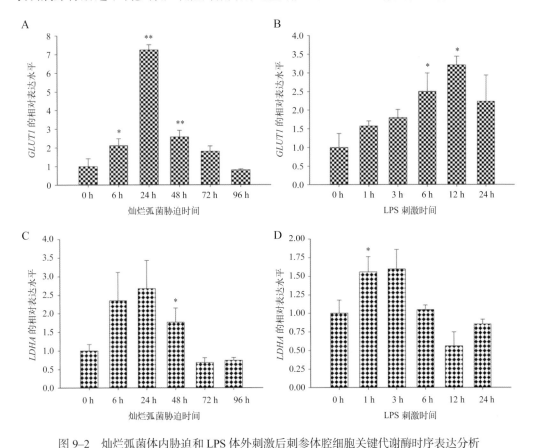

图 9-2　灿烂弧菌体内胁迫和 LPS 体外刺激后刺参体腔细胞关键代谢酶时序表达分析

A：灿烂弧菌胁迫后，体腔细胞中 *GLUT1* mRNA 表达水平的变化；B：LPS 刺激后，体腔细胞中 *GLUT1* mRNA 表达水平的变化；C：灿烂弧菌胁迫后，体腔细胞中 *LDHA* mRNA 表达水平的变化；D：LPS 刺激后，体腔细胞中 *LDHA* mRNA 表达水平的变化；E：灿烂弧菌胁迫后，体腔细胞中 *PDK1* mRNA 表达水平的变化；F：LPS 刺激后，体腔细胞中 *PDK1* mRNA 表达水平的变化；G：灿烂弧菌胁迫后，体腔细胞中 *PDH* mRNA 表达水平的变化；H：LPS 刺激后，体腔细胞中 *PDH* mRNA 表达水平的变化。*$P < 0.05$ 表示差异显著；**$P < 0.01$ 表示差异极显著

（资料来源：Sun et al., 2020a）

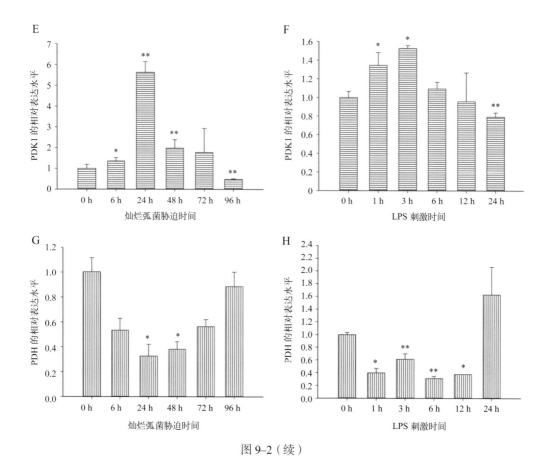

图 9-2（续）

9.1.1.3 LPS 刺激诱导刺参体腔细胞糖代谢通路关键酶的活性变化

丙酮酸激酶（pyruvate kinase, PK）是糖酵解途径的限速酶（Witney et al., 2015）。线粒体的标志酶琥珀酸脱氢酶（succinate dehydrogenase, SDH）可以增强糖酵解 ATP 的产生，并同时驱动线粒体从合成 ATP 转变到产生 ROS（Mills et al., 2016）。因此，为了确定病原体感染后能量代谢是否发生重编程，在 LPS 刺激刺参体腔细胞不同时间后，检测体腔细胞中 PK 和 SDH 的酶活性变化。如图 9-3 所示，LPS 刺激后，刺参体腔细胞的糖酵解限速酶 PK 活性增强，产生 ATP 的主要途径由氧化磷酸化转变为糖酵解，同时引起琥珀酸浓度上升，而 SDH 酶活性增强有利于提高琥珀酸氧化水平，驱动线粒体从合成 ATP 转变为产生 ROS。

9.1.1.4 LPS 刺激诱导刺参体腔细胞增殖水平变化

糖酵解通路可以为大分子合成（例如 RNA、DNA 和蛋白质）提供中间体，这对于免疫细胞的增殖和活化是必需的。因此，检测细胞的增殖情况有助于确定免疫细胞是否发生代谢重编程。如图 9-4 所示，利用 MTT 法检测了刺参免疫细胞增殖水平的变化，与未处理的细胞相比，LPS 刺激 1 h、3 h、6 h 和 12 h 后，体腔细胞的增殖率显著增加。

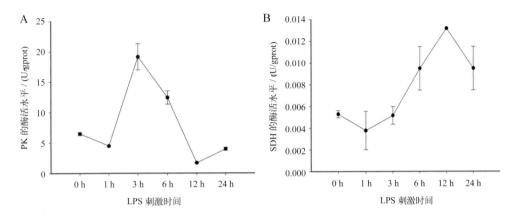

图 9-3　LPS 刺激刺参体腔细胞后，检测 PK 和 SDH 的酶活性

（资料来源：Sun et al., 2020a）

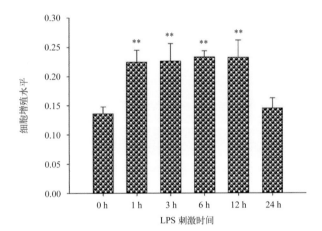

图 9-4　LPS 处理 0 h、1 h、3 h、6 h、12 h 和 24 h 后检测刺参体腔细胞的增殖率

**P < 0.01 表示差异极显著

（资料来源：Sun et al., 2020a）

9.1.2　刺参发生糖代谢重编程的调控机制

9.1.2.1　AjHIF-1α 调控糖代谢由 OXPHOS 到糖酵解的转换

为了探究刺参发生糖代谢重编程背后的调控机制，Sun 等（2020a）克隆了 *AjHIF-1α* 并对其进行表征分析，结果发现灿烂弧菌感染和 LPS 刺激均可显著诱导 *AjHIF-1α* mRNA 表达水平的上调（图 9-5），且 LPS 处理后 AjHIF-1α 累积表达并由胞质转位至细胞核中（图 9-6）。如图 9-7 和图 9-8 所示，用 *AjHIF-1α* 的抑制剂二甲氧基雌二醇

（2ME2）处理刺参体腔细胞后，糖酵解下游基因（包括 *GLUT1*，*LDHA* 和 *PDK1*）的 mRNA 表达水平显著降低，糖酵解产物乳酸和 ROS 的水平降低，而 OXPHOS 途径的关键酶 PDH 的 mRNA 表达量却显著增加（Sun et al., 2020a）。

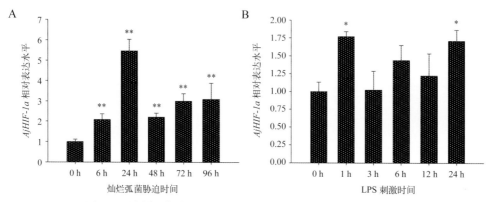

图 9-5　灿烂弧菌胁迫和 LPS 刺激后 *AjHIF-1α* 的时序性表达分析

A：灿烂弧菌胁迫；B：LPS 刺激。*$P < 0.05$ 表示差异显著；**$P < 0.01$ 表示差异极显著

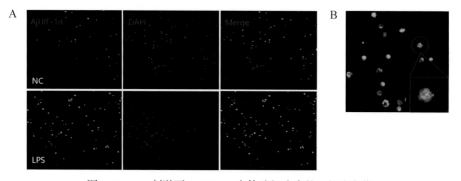

图 9-6　LPS 刺激下 AjHIF-1α 在体腔细胞中的亚细胞定位

A：AjHIF-1α 在体腔细胞中的亚细胞定位；B：放大。AjHIF-1α 和细胞核分别用绿色和蓝色荧光标记

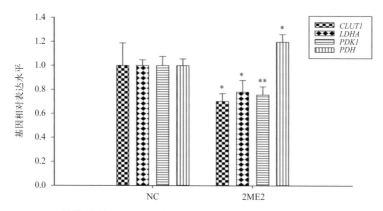

图 9-7　2ME2 体外抑制 AjHIF-1α 后，*GLUT1*、*LDHA*、*PDK1* 和 *PDH* 的表达水平

NC：对照；2ME2：抑制剂 2ME2 处理后。*$P < 0.05$ 表示差异显著；**$P < 0.01$ 表示差异极显著

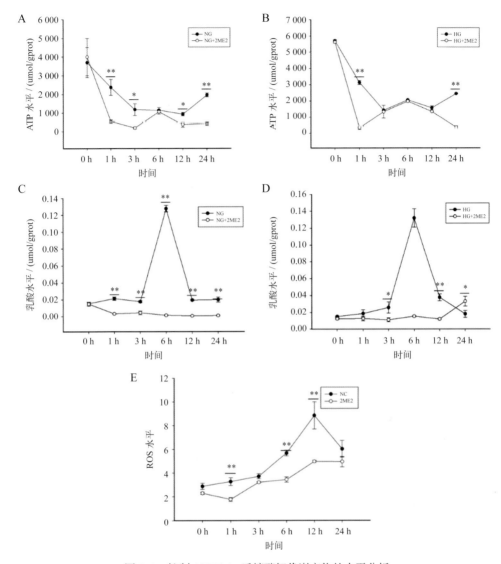

图 9-8　抑制 AjHIF-1α 后糖酵解代谢产物的水平分析

A：NG 组中 ATP 水平的变化；B：HG 组中 ATP 水平的变化；C：NG 组中乳酸水平的变化；D：HG 组中乳酸水平的变化；E：ROS 水平的变化。NG：常糖；HG：高糖；NG+2ME2：常糖下，用抑制剂 2ME2 处理；HG+2ME2：高糖下，用抑制剂 2ME2 处理。*$P < 0.05$ 表示差异显著；**$P < 0.01$ 表示差异极显著

9.1.2.2　AjCARKL 调控 PPP 通量的上调

能量代谢方式由 OXPHOS 转换为糖酵解的同时，必然伴随着 PPP 的发生，进而产生 RNA 和 DNA 合成所必需的核糖，以及用于产生 ROS 的 NADPH。AjHIF-1α 是调控糖代谢由氧化磷酸化转向糖酵解的开关，而 CARKL 是 PPP 的主要调控开关。尽管 CARKL 在代谢和免疫中至关重要，但目前在无脊椎动物中研究较少。为了更好地了解

刺参免疫应答过程中 PPP 的调控机制，Sun 等（2020b）克隆了 *AjCARKL* 基因并对其进行功能分析。灿烂弧菌胁迫和 LPS 刺激均可显著下调 *AjCARKL* 的 mRNA 表达水平（图 9–9）。如图 9–10 所示，在刺参体腔细胞中过表达 *AjCARKL* 不仅显著下调了 PPP 限速酶葡萄糖 –6– 磷酸脱氢酶（G6PD）的 mRNA 水平，而且还抑制了免疫细胞的增殖、ROS 生成和吞噬作用。另外，在小鼠腹腔巨噬细胞 RAW264.7 细胞中过表达 *AjCARKL* 显著降低了细胞内 ROS 的水平，并促进巨噬细胞向 M2 型巨噬细胞极化（图 9–11）。所有这些结果表明，*AjCARKL* 可以作为细胞代谢的变阻器，通过负调控 PPP 来维持机体免疫应答的平衡。

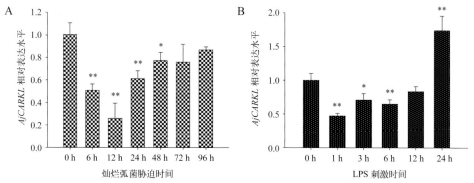

图 9–9 灿烂弧菌胁迫和 LPS 刺激下 *AjCARKL* 的时序性表达分析

A：灿烂弧菌胁迫；B：LPS 刺激。*$P < 0.05$ 表示差异显著；**$P < 0.01$ 表示差异极显著

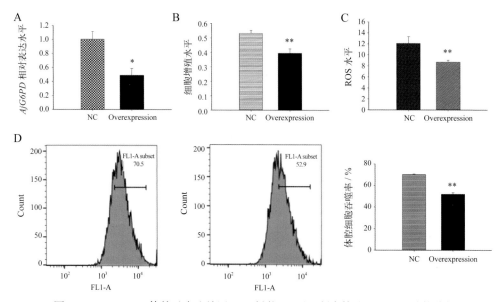

图 9–10 *AjCARKL* 体外过表达并用 LPS 刺激 6 h 后，刺参体腔细胞吞噬功能分析

A：戊糖磷酸途径限速酶 *AjG6PD* 的 mRNA 表达水平变化；B：增殖率变化；C：ROS 水平的变化；D：细胞吞噬率的变化。NC：对照；Overexpression：*AjCARKL* 过表达。*$P < 0.05$ 表示差异显著；**$P < 0.01$ 表示差异极显著

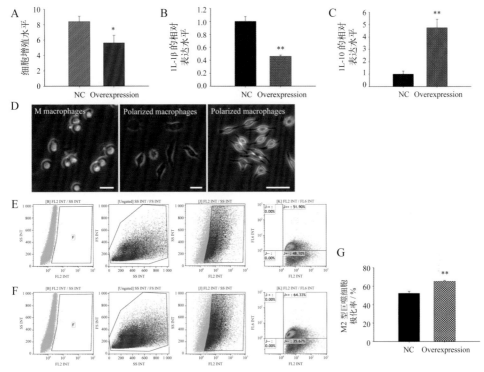

图 9-11　*AjCARKL* 过表达并用 LPS 处理 6 h 后的小鼠腹腔巨噬细胞 RAW264.7 细胞中
ROS 水平和巨噬细胞极化分析

A：ROS 水平；B：促炎因子 IL-1β 的表达水平；C：抗炎因子 IL-10 的表达水平；D：M 型巨噬细胞和极化巨噬细胞（*AjCARKL* 过表达和 LPS 处理后）的形态学变化；E：空载转染的 RAW264.7 细胞中 M2 型巨噬细胞极化水平；F：*AjCARKL* 过表达后的 RAW264.7 细胞中 M2 型巨噬细胞极化水平；G：*AjCARKL* 过表达后的 RAW264.7 细胞中 M2 型巨噬细胞极化水平上调 1.24 倍。NC：对照；Overexpression：*AjCARKL* 过表达。*$P < 0.05$ 表示差异显著；**$P < 0.01$ 表示差异极显著

9.1.2.3　AjSDHB 调控线粒体由合成 ATP 到产生 ROS 的转变

糖酵解重编程的发生导致免疫细胞糖代谢方式由 OXPHOS 转换为糖酵解，同时还诱使线粒体从合成 ATP 转变为产生 ROS，发挥促炎作用（Mills et al., 2016）。线粒体 ROS（mROS）可以直接杀菌，也可以作为促炎信号传导的重要贡献者，而 *SDH* 可以驱动 mROS 的产生。SDH 的 B 亚基（铁硫亚基）是琥珀酸氧化所必需的，对促炎反应至关重要。Sun 等（2020c）从刺参中克隆了 *SDH* 的 B 亚基（称为 *AjSDHB*），并初步探究了其在病原体感染刺参过程中的免疫作用，结果发现灿烂弧菌胁迫和 LPS 刺激均可显著上调 *AjSDHB* 的表达（图 9-12）。如图 9-13 所示，干扰 *AjSDHB* 可以抑制体腔细胞线粒体膜电位（ΔΨm）的升高，并进一步抑制 mROS 的产生；相反，过表达 *AjSDHB* 会使刺参体腔细胞的 ΔΨm 和 mROS 的水平显著上升（图 9-14），以上结果充分表明 *AjSDHB* 可以通过调控 mROS 的产生参与病原胁迫刺参的免疫应答。

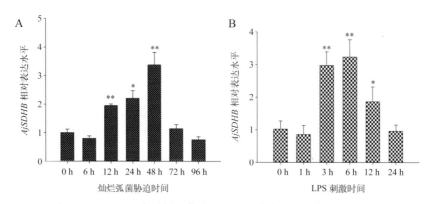

图 9-12 *AjSDHB* 在灿烂弧菌胁迫和 LPS 刺激下的时序性表达情况

A：灿烂弧菌胁迫；B：LPS 刺激。*$P<0.05$ 表示差异显著；**$P<0.01$ 表示差异极显著

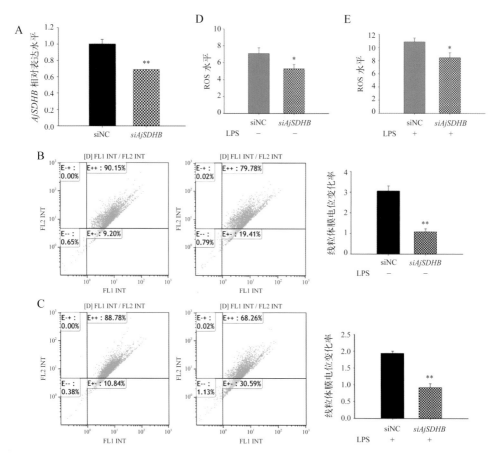

图 9-13 体外干扰 *AjSDHB* 后 ΔΨm 和 ROS 水平变化分析

A：体外干扰 *AjSDHB* 后，*AjSDHB* mRNA 表达水平；B：体外干扰 *AjSDHB* 后，ΔΨm 水平变化；C：体外干扰 *AjSDHB* 并用 LPS 刺激 6 h 后，ΔΨm 水平变化；D：体外干扰 *AjSDHB* 后，体腔细胞 ROS 水平变化；E：体外干扰 *AjSDHB* 并用 LPS 刺激 6 h 后，体腔细胞中 ROS 水平变化。siNC：对照；*siAjSDHB*：*AjSDHB* 干扰。*$P<0.05$ 表示差异显著；**$P<0.01$ 表示差异极显著

（资料来源：Sun et al., 2020c）

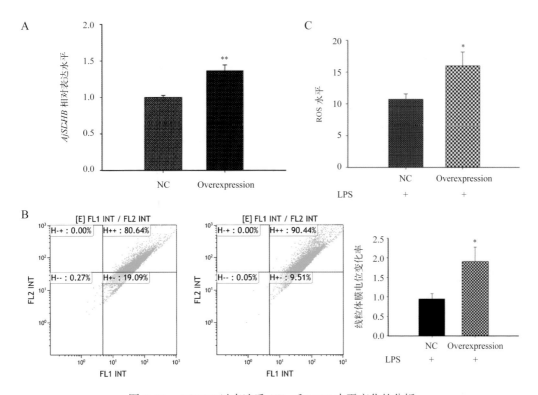

图 9–14 *AjSDHB* 过表达后 ΔΨm 和 ROS 水平变化的分析

A：过表达质粒转染体外培养的刺参体腔细胞后，检测到 *AjSDHB* 表达水平变化；B：*AjSDHB* 过表达并用 LPS 处理 6 h 后，检测 ΔΨm 水平变化；C：*AjSDHB* 过表达并用 LPS 处理 6 h 后，ROS 水平变化分析。NC：对照；Overexpression：AjSDHB 过表达。*$P < 0.05$ 表示差异显著；**$P < 0.01$ 表示差异极显著

（资料来源：Sun et al., 2020c）

9.1.3 糖代谢重编程对刺参免疫应答的意义

9.1.3.1 糖酵解迅速为刺参体腔细胞应对病原入侵提供能量

代谢为所有的生物学过程提供能量，从免疫细胞的增殖、分化到发挥效应功能（Ganeshan and Chawla, 2014）。LPS 刺激后刺参体腔细胞糖酵解通量的上调和 OXPHOS 的下调，意味着刺参在免疫应答过程中依靠糖酵解来提供能量，糖酵解的"转换"看似没有什么意义，因为它不仅效率低下，而且似乎不必要。但是，与氧化磷酸化作用相比较，糖酵解只需在细胞质中完成，不需要进入线粒体，可以迅速被激活产生能量。此外，通过比较 NG 组常糖组和 HG 组高糖组 ATP 和乳酸含量的变化，Sun 等（2020a）发现 HG 组的 ATP 水平和乳酸水平均显著高于 NG 组，这意味着若代谢底物葡萄糖充足，

糖酵解通量足够高，糖酵解也可以为免疫细胞提供足够的能量以维持免疫细胞发挥功能效应，并且细胞通过糖酵解产生的 ATP 的百分比有可能超过通过 OXPHOS 产生的百分比（Pfeiffer et al., 2001）。

9.1.3.2 糖代谢重编程促进刺参体腔细胞的增殖

糖酵解通量上调不仅包括更快的 ATP 生成速率，高水平的乳酸产生，还涉及生物大分子中间体的合成。葡萄糖进入细胞后，通过己糖激酶快速转化为葡萄糖 -6- 磷酸，然后，葡萄糖 -6- 磷酸可以作为糖酵解或其支链 PPP 的切入点，PPP 会产生合成 RNA 和 DNA 所必需的核糖，为刺参免疫细胞增殖提供了生物合成途径所需的中间体。在阻断 PPP 后，刺参体腔细胞的增殖率显著下调。与 Sun 等（2020b）研究结果一致的是，T 细胞必须进行糖酵解重编程，以满足快速增殖细胞的能量需求和生物大分子中间体的合成（Fox et al., 2005; Jones and Thompson, 2007）。

9.1.3.3 糖代谢重编程影响刺参体腔细胞功能表型和促炎因子的产生

刺参对病原体的免疫应答依赖于宿主有效遏制和限制细菌的生长，并诱发炎症反应。糖代谢重编程在刺参抗病原反应中发挥的功能作用远不止于为细胞提供能量和生物合成所需要的大分子，Sun 等（2020a）发现 LPS 刺激前后刺参体腔细胞内的 ROS 和 NO 的水平显著上调。刺参体腔细胞糖代谢重编程是 ROS 产生的主要来源，PPP 途径支持 NADPH 的合成，NADPH 在 NADPH 氧化酶的作用下生成抗微生物 ROS，而 SDH 氧化琥珀酸驱动线粒体 ROS 的产生，这对于感染期间宿主防御中的免疫反应同样至关重要。当 PPP 和琥珀酸氧化被抑制后，细胞 ROS 产生水平和吞噬作用均显著降低。Haschemi 等（2012）也提供了证据来证明可以通过调节 PPP 途径来激活巨噬细胞的极化。Sun 等（2020b）发现阻断 PPP 途径会促使 RAW264.7 细胞中 M 型巨噬细胞向 M2 抗炎型巨噬细胞极化，所有这些发现表明，糖代谢重编程可以充当炎症反应的变阻器，可以通过调节代谢通量来影响刺参免疫细胞中 ROS 产生、细胞吞噬作用和免疫细胞的极化方向，从而影响刺参的免疫应答反应。

9.1.3.4 糖代谢重编程影响刺参体腔细胞存活

先天免疫细胞需要快速提供能量和足够的杀菌物质，以增强其杀菌能力并消除病原体入侵，糖酵解通量的增加对于刺参免疫细胞的存活至关重要。抑制糖酵解后，刺参体腔细胞的存活率显著下降，死亡率显著增加（Sun et al., 2020a）。

9.2　氨基酸代谢对刺参免疫作用的影响

氨基酸是组成各种有机体免疫的基本组分，和免疫系统组织或器官发育有密切的联系。在免疫反应中，氨基酸被重新分配后可用于合成参与免疫或炎症反应的蛋白质，或参与免疫细胞的增殖。随着免疫学的快速发展以及人们对氨基酸在机体内代谢认识的不断深入，氨基酸对免疫系统的作用已发展到对具有器官特异性或治疗专一性的个别氨基酸的研究。机体在免疫反应或炎症反应中也可主动合成特定的蛋白质，他们在防卫细胞免受微生物的侵袭或应答免疫反应中起到关键性的作用（Eckersall, 2000）。

缬氨酸、亮氨酸和异亮氨酸具有氧化供能、促进蛋白质合成、抑制蛋白质降解、促进糖异生，以及增强免疫力和调节激素的代谢等作用（Platell et al., 2000）。苏氨酸是免疫球蛋白中含量最多的必需氨基酸，若给饲养动物喂养缺乏苏氨酸的食物，其免疫功能就会显著降低（Defa et al., 1999）。另外，精氨酸在宿主的免疫反应中也有重要作用。在动物细胞中，精氨酸是所有氨基酸中功能最多的一种氨基酸，与有机体免疫功能、生理病理过程、创面愈合等密切相关（Morris, 2009; Lorin et al., 2014）。而且，精氨酸在机体内可以同时参与不同代谢途径，不仅作为合成蛋白的主要原料，同时也是体内尿素、多胺、肌酸和一氧化氮（NO）等代谢产物的合成前体（King et al., 2004; Nieves and Langkamp-Henken, 2002）。

9.2.1　刺参免疫应答过程中发生精氨酸代谢

Shao 等（2013）基于核磁共振的代谢组学研究了刺参自然发病与灿烂弧菌模拟感染随时间变化的肌肉带代谢轨迹，结果发现灿烂弧菌感染 96 h 后，代谢产物精氨酸的含量在病原感染个体呈现显著增加的趋势，但在自然发病刺参中则呈现显著降低的特征，这揭示了精氨酸的含量是疾病发生和发展过程中的重要分子标记物。因此，他们选取标志性代谢产物精氨酸，对其代谢途径进行深入研究，洞悉精氨酸代谢途径在刺参免疫应答中作用的分子机制。

9.2.2　精氨酸代谢与刺参免疫调控间的联系

为进一步阐明精氨酸代谢与刺参先天免疫调控间的联系，Shao 等（2016a）通过 RACE 技术，克隆获得了刺参中精氨酸代谢的 3 条完整通路的关键基因：一氧化氮合酶（nitric oxide synthase, *AjNOS*）、精氨酸酶（*Ajarginase*）及精胺酶（*Ajagmatinase*）。

组织分布表明 3 个基因在所检测的组织中均能表达，而 *AjNOS* mRNA 在大多数组织中的表达量与 *Ajarginase* 和 *Ajagmatinase* mRNAs 的表达量呈相反的趋势（图 9–15）。

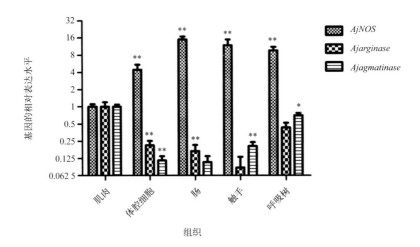

图 9–15　*AjNOS*，*Ajarginase* 和 *Ajagmatinase* mRNA 在不同组织中的表达情况

*P < 0.05 表示差异显著；**P < 0.01 表示差异极显著

（资料来源：Shao et al., 2016a）

利用荧光 qRT-PCR 技术检测灿烂弧菌胁迫刺参后，目的基因 mRNA 在体腔细胞和肠中的表达变化（图 9–16A）。灿烂弧菌胁迫 24 h 后，*AjNOS* mRNA 在体腔细胞中的表达水平逐渐上调，到 48 h 上调到对照组的 2.61 倍（$P < 0.05$），胁迫到 72 h 上调为对照组的 5.78 倍（$P < 0.05$），在胁迫 96 h 后，*AjNOS* mRNA 的表达水平达到最大，为对照组的 7.53 倍（$P < 0.01$）；而 *Ajarginase* 和 *Ajagmatinase* mRNA 在体腔细胞中的表达水平与 *AjNOS* mRNA 在体腔细胞中的表达水平相反，它们的表达量在大多数时间点均显著下调。此外，LPS 刺激刺参原代培养体腔细胞后，3 个基因的表达如图 9–16B 所示。当 LPS 刺激刺参原代细胞 3 h 后，*Ajarginase* 基因的表达量开始显著下调为对照组的 64%（$P < 0.05$），刺激 6 h 后，下调为对照组的 60%（$P < 0.05$），而刺激 12 h 后，下调到最低值，为对照组的 42%（$P < 0.01$），当刺激到 24 h 时，*Ajarginase* mRNA 表达恢复到对照组水平。在刺激 3 h 后，*AjNOS* mRNA 的表达水平均显著上调，当刺激到 24 h 时，其表达量极显著上调到对照组的 2.08 倍（$P < 0.01$）。不同的是，在 LPS 刺激下，*Ajagmatinase* mRNA 在各个时间点与对照组相比均无显著变化。

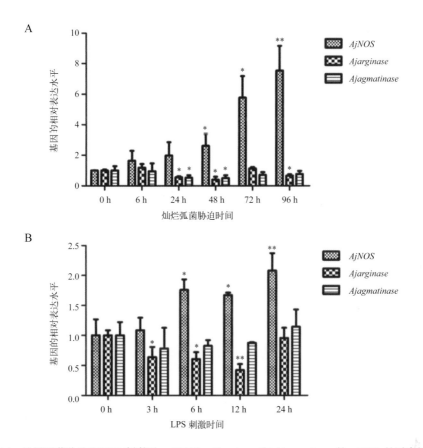

图 9-16　灿烂弧菌胁迫和 LPS 刺激后，*AjNOS*、*Ajarginase* 和 *Ajagmatinase* 的 mRNA 的时序性表达情况

A：灿烂弧菌胁迫；B：LPS 刺激。*$P < 0.05$ 表示差异显著；**$P < 0.01$ 表示差异极显著

（资料来源：Shao et al., 2016a）

随后，为进一步研究精氨酸代谢通路关键基因之间的相互竞争关系，Shao 等（2016a）在细胞水平和个体水平分别干扰精氨酸代谢通路的 3 个基因，以检测 NO 含量及精氨酸酶的活性。细胞水平上的结果如图 9-17 所示。*AjNOS* 基因干扰后，*Ajarginase* 和 *Ajagmatinase* 的 mRNA 的表达量均显著上调，分别为阴性对照组的 1.81 倍（$P < 0.05$）和 1.52 倍（$P < 0.05$），而 NO 含量与阴性对照组相比显著下调了 25.1%（$P = 0.047$），精氨酸酶活性的变化与 *Ajarginase* mRNA 的表达量一致，与阴性对照组相比上调了 13.4%（$P = 0.002$）。当 *Ajarginase* 和 *Ajagmatinase* 基因分别干扰后，精氨酸酶活性与阴性对照组相比分别显著下调了 17.7%（$P = 0.001$）和 13.5%（$P = 0.001$）；而 *AjNOS* 基因表达量在 *Ajarginase* 和 *Ajagmatinase* 基因干扰后分别显著上调至 1.73 倍（$P < 0.05$）和 1.74 倍（$P < 0.05$），同时，NO 含量也分别显著上调了 40.6%（$P = 0.031$）和 20.6%（$P = 0.045$）。此外，*Ajarginase* 基因干扰后，*Ajagmatinase* 基因的表达量显著

下调到 32%（*P* < 0.05），*Ajagmatinase* 基因干扰后，*Ajarginase* mRNA 也显著下调到 50%（*P* < 0.01）。个体水平的结果如图 9–18 所示。在个体水平上干扰 *AjNOS* 基因后，NO 含量与阴性对照组相比显著下降了 48.0%（*P* = 0.042），精氨酸酶活性显著上调了 16.1%（*P* = 0.002），与此同时，*Ajarginase* 和 *Ajagmatinase* 基因的表达量分别上调了 1.87 倍（*P* < 0.05）和 1.97 倍（*P* < 0.05）。当 *Ajarginase* 和 *Ajagmatinase* 基因分别在个体水平上干扰后，*AjNOS* 基因表达量分别显著上调了 2.06 倍（*P* < 0.05）和 2.36 倍（*P* < 0.05），且 NO 含量也分别显著上调了 55.9%（*P* = 0.027）和 49.9%（*P* = 0.035），同时精氨酸酶活性分别显著下降了 23.6%（*P* = 0.001）和 19.1%（*P* = 0.001）。此外，与细胞水平干扰相一致，当 *Ajarginase* 基因干扰后，*Ajagmatinase* 基因的表达量极显著下降到原来的 30%（*P* < 0.01），当 *Ajagmatinase* 基因干扰后，*Ajarginase* mRNA 也显著下降到原来的 44%（*P* < 0.05）。细胞水平和个体水平干扰前后各个基因的表达分析、NO 含量和精氨酸酶活性变化表明，*AjNOS* 不仅与 *Ajarginase* 相互竞争底物精氨酸，同时与替补通路中的 *Ajagmatinase* 也相互竞争，而且 *Ajarginase* 和 *Ajagmatinase* 在精氨酸代谢过程中呈现协同的表达模式。

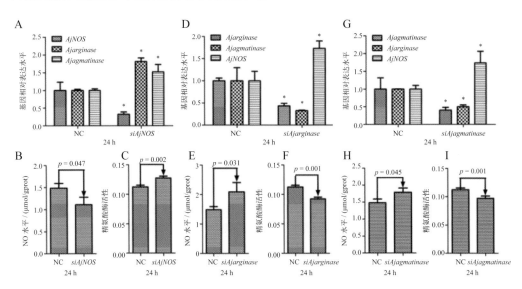

图 9–17　*AjNOS*、*Ajarginase* 和 *Ajagmatinase* 基因在细胞水平上分别干扰后，
NO 含量和精氨酸酶活性的变化

A：*AjNOS* 干扰前后各个基因的表达分析；B：*AjNOS* 干扰前后 NO 含量的变化；C：*AjNOS* 干扰前后精氨酸酶活性的变化；D：*Ajarginase* 干扰前后各个基因的表达分析；E：*Ajarginase* 干扰前后 NO 含量的变化；F：*Ajarginase* 干扰前后精氨酸酶活性的变化；G：*Ajagmatinase* 干扰前后各个基因的表达分析；H：*Ajagmatinase* 干扰前后 NO 含量的变化；I：*Ajagmatinase* 干扰前后精氨酸酶活性的变化。*P* < 0.05 表示差异显著

（资料来源：Shao et al., 2016a）

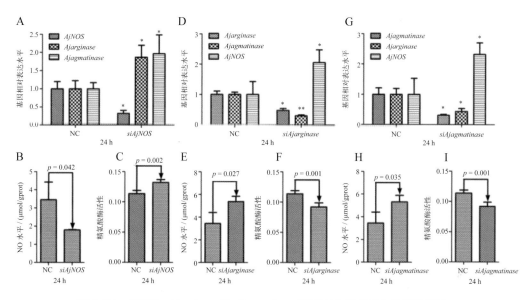

图 9–18　*AjNOS*、*Ajarginase* 和 *Ajagmatinase* 基因在个体水平上分别干扰后，
NO 含量和精氨酸酶活性的变化

A：*AjNOS* 干扰前后各个基因的表达分析；B：*AjNOS* 干扰前后 NO 含量的变化；C：*AjNOS* 干扰前后精氨酸酶活性的变化；D：*Ajarginase* 干扰前后各个基因的表达分析；E：*Ajarginase* 干扰前后 NO 含量的变化；F：*Ajarginase* 干扰前后精氨酸酶活性的变化；G：*Ajagmatinase* 干扰前后各个基因的表达分析；H：*Ajagmatinase* 干扰前后 NO 含量的变化；I：*Ajagmatinase* 干扰前后精氨酸酶活性的变化。*$P < 0.05$ 表示差异显著；**$P < 0.01$ 表示差异极显著

（资料来源：Shao et al., 2016a）

为明确病原菌与非病原菌对刺参体腔细胞中精氨酸代谢的影响，Shao 等（2016a，2016b）研究了不同感染复数（multiplicity of infection, MOI）及不同时间点下的体腔细胞 NO 含量及精氨酸酶活性的变化。病原菌灿烂弧菌或副溶血弧菌（*Vibrio parahaemolyticus*）与刺参体腔细胞共孵育（MOI=10）12 h 后，NO 含量显著上升，同时精氨酸酶活性显著下调，当共孵育到 24 h 后，NO 含量基本恢复到对照组水平，而此时精氨酸酶活性显著上调（图 9–19A 和 B）；而当 MOI=100 时，共孵育 12 h 后，NO 水平无显著变化，精氨酸酶活性显著上调，共孵育 24 h 后，精氨酸酶活性持续显著上调，而 NO 水平开始显著下调，并且在灿烂弧菌胁迫组中变化更显著（图 9–19A，B）。此外，与非病原性大肠杆菌（*Escherichia coli*）共孵育 24 h 后，NO 含量才开始显著上升，同时精氨酸酶活性显著下调（图 9–19B），表明产生的 NO 也能杀灭入侵的非病原菌。通过系统阐述精氨酸代谢关键基因在病原胁迫下的表达特征，表明一氧化氮合酶代谢通路与精氨酸酶代谢通路或替补途径的精胺酶的相互竞争呈现剂量时间依赖型模式。

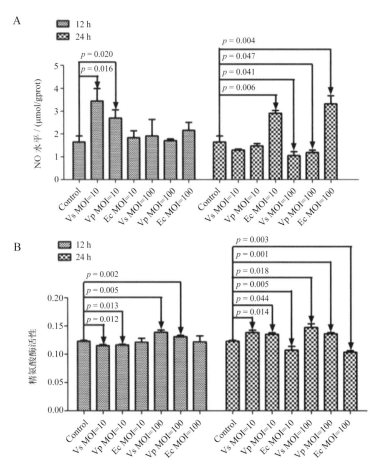

图 9-19　病原菌与非病原菌胁迫刺参原代细胞后 NO 含量及精氨酸酶活性变化

A：NO 含量；B：精氨酸酶活性。Control：对照；Vs MOI：灿烂弧菌与刺参原代细胞的比例；Vp MOI：副溶血弧菌与刺参原代细胞的比例；Ec MOI：大肠杆菌与刺参原代细胞的比例

（资料来源：Shao et al., 2016a）

9.2.3　不同精氨酸代谢途径转录激活的差异

Shao 等（2016a）在证实刺参精氨酸代谢 3 个关键酶之间存在竞争关系，以及底物精氨酸的分配利用所导致的 NO 产生或精氨酸酶活性的改变主要与感染病原菌的数量和胁迫时间相关后，为进一步研究 *AjNOS*、*Ajarginase*、*Ajagmatinase* 基因转录激活途径的差异，利用基因组步移方法分别获得了刺参精氨酸代谢 3 个关键基因的 5′ 调控序列，TFBIND 在线网站预测出 3 个精氨酸代谢关键基因的 5′ 调控区含有多个转录因子结合位点，如 NF-κB/Rel、STAT、IRF-1、AP-1、CREB 和 C/EBP 等。

9.2.3.1　*AjNOS*、*Ajarginase* 和 *Ajagmatinase* 启动子活性分析

启动子通过活化 RNA 聚合酶与相关转录因子，并和模板的 DNA 特异性结合后形成转录起始复合体（transcription initiation complex），以此调节基因转录起始过程。一般将启动子片段构建到报告基因载体并转化离体培养的细胞，通过检测报告基因的活性，分析启动子的功能，明确相关元件的作用。为验证刺参 *AjNOS*、*Ajarginase* 和 *Ajagmatinase* 各个基因的启动子活性，通过连续截短启动子并分别构建到 pGL3-Basic 质粒，转染 EPC 细胞，经双荧光素酶报告基因检测，发现精氨酸代谢通路 3 个关键基因均具有较高的双荧光素酶活性。转染不同长度启动子报告基因的细胞中荧光素酶转录活性差异显著，但 *Ajagmatinase* 各个截短的启动子均具有极高的启动子活性，因此该启动子是一个强启动子。

9.2.3.2　*AjNOS*、*Ajarginase* 和 *Ajagmatinase* 启动子对免疫刺激的响应分析

L-arginine 是精氨酸代谢各个通路中的重要底物，精氨酸代谢通路关键基因在免疫调控中扮演着重要角色，Shao 等（2016b）通过不同浓度的 LPS，对转染含有全长启动子序列的报告基因载体的 EPC 细胞，分别进行 12 h 和 24 h 的刺激，裂解细胞进行双荧光素酶活性分析，结果发现 *AjNOS*、*Ajarginase*、*Ajagmatinase* 3 个启动子对 LPS 均具有响应能力。如图 9–20A 所示，当 0.1 μg/mL LPS 刺激 12 h 时，转染有 *Ajarginase* 和 *Ajagmatinase* 启动子的荧光素酶转录活性与对照组相比分别上调了 53% 和 255%；当 1 μg/mL LPS 刺激 12 h 时，两者的荧光素酶转录活性与对照组相比也分别上调了 146% 和 567%；而当 10 μg/mL LPS 刺激 12 h 时，转染有 *Ajarginase* 启动子的荧光素酶转录活性与对照组相比显著下调至 55%。转染有 *AjNOS* 启动子的荧光素酶转录活性与转染有 *Ajarginase* 和 *Ajagmatinase* 启动子的荧光素酶转录活性有所不同。不同浓度的 LPS 刺激 12 h 时，转染有 *AjNOS* 启动子的荧光素酶转录活性与对照组相比无显著变化；当 1 μg/mL、10 μg/mL LPS 分别刺激 24 h 时，转染有 *AjNOS* 启动子的荧光素酶转录活性分别显著上调了 78% 和 127%。由此我们得出以下结论，*Ajarginase* 和 *Ajagmatinase* 启动子均可响应不同浓度的 LPS 刺激，且 *AjNOS* 启动子对 LPS 刺激的响应具有剂量和时间依赖性。

另外，Shao 等（2016b）对 *AjNOS*、*Ajarginase*、*Ajagmatinase* 3 个基因的启动子区对 L-arginine 是否具有响应能力也进行了研究。结果如图 9–20B 所示，当 2.5 mg/mL、5 mg/mL L-arginine 刺激 12 h 时，转染有 *Ajarginase* 启动子的荧光素酶转录活性与对照组相比分别上调了 86% 和 137%；转染有 *Ajagmatinase* 启动子的荧光素酶转录活性与对

照组相比分别上调了 265% 和 69%；而转染有 *AjNOS* 启动子的荧光素酶转录活性在两个时间点均无显著变化。当高浓度 L-arginine（25 mg/mL）分别刺激 12 h、24 h 时，荧光素酶转录活性在 3 组细胞中均呈现显著下调，表明高浓度的 L-arginine 可能对 EPC 细胞具有损伤作用。L-arginine 刺激实验表明，*Ajarginase* 和 *Ajagmatinase* 启动子均可响应不同浓度的 L-arginine，而 *AjNOS* 启动子对 L-arginine 无响应能力。

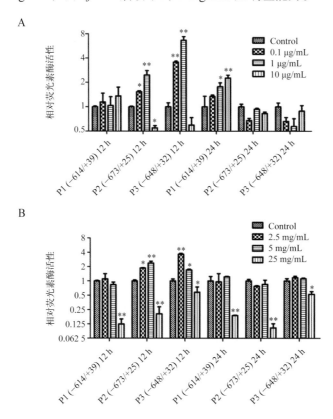

图 9–20　*AjNOS*、*Ajarginase*、*Ajagmatinase* 启动子序列响应 LPS 刺激和 L-arginine 刺激的分析

A：LPS 刺激对 *AjNOS*、*Ajarginase*、*Ajagmatinase* 启动子序列的影响；B：L-arginine 刺激对 *AjNOS*、*Ajarginase*、*Ajagmatinase* 启动子序列的影响。P1（−614/+39），P2（−673/+25）和 P3（−648/+32）分别表示 *AjNOS*、*Ajarginase* 和 *Ajagmatinase* 基因的启动子。*$P < 0.05$ 表示差异显著；**$P < 0.01$ 表示差异极显著

（资料来源：Shao et al., 2016b）

9.2.3.3　*AjNOS*、*Ajarginase* 和 *Ajagmatinase* 启动子和转录因子结合位点分析

为分析转录因子 NF-κB/Rel 和 STAT5 对各个启动子 5′ 调控序列的作用，Shao 等（2016b，2016c）根据预测的 NF-κB 和 STAT 转录因子结合位点，以含有各个截短的启动子调控序列的质粒与各个转录因子表达质粒共转染 EPC 细胞，以检测双荧光素酶转录活性的差异。当截短的 *AjNOS* 启动子报告基因分别与转录因子 NF-κB/Rel 共转染

后，−614/+39、−378/+39 中的荧光素酶转录活性显著高于 −317/+39 中荧光素酶转录活性，而共转染 STAT 表达质粒并无显著变化（图 9−21A），表明 −375 bp 到 −366 bp 是 NF-κB 的关键结合位点，正调控 *AjNOS* 基因转录。同时发现共转染 NF-κB/Rel 或 STAT5 后，转染有截短的 *Ajarginase* 启动子报告基因的荧光素酶转录活性显著降低（图 9−21B），而共转染各截短的 *Ajagmatinase* 启动子质粒的双荧光素酶活性都无明显变化（9−21C），表明转录因子 NF-κB/Rel 和 STAT5 可能负调控 *Ajarginase* 基因的转录，而对 *Ajagmatinase* 基因的转录无影响。

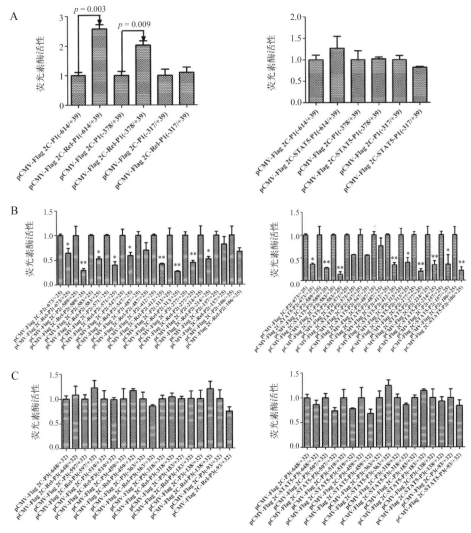

图 9−21　转录因子 Ajrel 和 AjSTAT5 对 *AjNOS*、*Ajarginase*、*Ajagmatinase* 启动子活性的影响

A：转录因子 Ajrel（左）和 AjSTAT5（右）对 *AjNOS* 启动子活性的影响；B：转录因子 Ajrel 和 AjSTAT5 对 *Ajarginase* 启动子活性的影响；C：转录因子 Ajrel 和 AjSTAT5 对 *Ajagmatinase* 启动子活性的影响。*$P < 0.05$ 表示差异显著；**$P < 0.01$ 表示差异极显著

（资料来源：Shao et al., 2016b, 2016c）

9.2.3.4 NF-κB/Rel 对 *AjNOS* 基因转录的影响

为进一步验证 NF-κB/Rel 是否启动刺参 *AjNOS* 基因的转录，Shao 等（2016c）使用 NF-κB/Rel 的阻断剂 SN50 分别在刺参细胞水平、个体水平阻断其表达，然后检测 *AjNOS* mRNA 的表达量及 NO 水平，结果如图 9–22 所示，刺参 *AjNOS* 基因转录受 NF-κB 调控，进一步揭示了无脊椎动物 *NOS* 具有类似于脊椎动物诱导型 *NOS* 的功能，此外，这也为研究无脊椎动物在病原胁迫下选择性改变 *arginase* 基因的表达提供了新的思路。

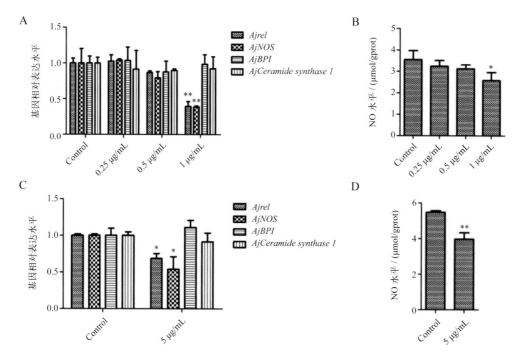

图 9–22　不同浓度 SN50 阻断剂对刺参体腔细胞 *Ajrel*、*AjNOS*、*AjBPI* 和 *AjCeramide synthase 1* 表达量及 NO 含量的影响

A：SN50 阻断剂孵育后，体外培养的体腔细胞内 *Ajrel*、*AjNOS*、*AjBPI* 和 *AjCeramide synthase 1* mRNA 的相对表达水平；B：SN50 阻断剂孵育后，体外培养的体腔细胞内 NO 的水平变化；C：SN50 阻断剂孵育后，个体内 *Ajrel*、*AjNOS*、*AjBPI* 和 *AjCeramide synthase 1* mRNA 的相对表达水平；D：SN50 阻断剂孵育后，个体内 NO 的水平变化。*$P < 0.05$ 表示差异显著；**$P < 0.01$ 表示差异极显著

（资料来源：Shao et al., 2016c）

9.2.4 灿烂弧菌精胺酶活性变化会影响刺参精氨酸代谢

刺参精氨酸代谢通路中的一氧化氮合酶会与精氨酸酶以及替补通路中的精胺酶竞争底物。精氨酸的分配利用所导致的 NO 产生或精氨酸酶活性的改变主要与

感染病原菌的数量和胁迫时间相关。许多研究表明精氨酸酶或精胺酶通路产生的多胺不仅能抑制 NO 的产生，且利于细菌生长（Ghosh et al., 2009; Chang et al., 2001）。然而，不仅宿主的精氨酸酶可以促进病原菌生长（Iniesta et al., 2002），病原菌自身的精氨酸酶也能利用宿主的精氨酸（Vincendeau et al., 2003）。Shao 等（2016a，2016b）发现当MOI=100 时，灿烂弧菌或副溶血弧菌逃避了免疫反应，直接利用宿主的精氨酸，从而导致精氨酸酶活性的增加以及促进了多胺的生物合成。

9.2.4.1 灿烂弧菌精胺酶参与刺参精氨酸代谢

精胺酶是精氨酸酶替补通路中的代谢酶。精氨酸在精氨酸脱羧酶（ADC, arginine decarboxylase）的作用下水解生成胍丁胺（agmatine），胍丁胺在精胺酶的作用下生成尿素和腐胺，腐胺进一步合成精胺和亚精胺（Sastre et al., 1996）。胍丁胺作为精胺酶的底物，在与一氧化氮合酶竞争的过程中也具有重要作用。精胺酶在动物多胺和一氧化氮合成中起协调作用，其醛代谢产物能够抑制一氧化氮合酶活性（Satriano et al., 2003；Regunathan et al., 2003）。Ahn 等（2004）发现，LPS 刺激单核 / 巨噬细胞能诱导产生诱导型一氧化氮合酶（iNOS, inducible nitric oxide synthase）并诱发炎症反应，而胍丁胺则能抑制 iNOS 的活性；此外，LPS 致炎作用可能与精胺酶的活性有关，IL-10 和 TGF-β 等抗炎因子能抑制精胺酶并产生相反作用，这些结果提示胍丁胺能通过影响 iNOS 的活性调节炎症反应。灿烂弧菌作为刺参的主要病原菌，Shao 等（2018）发现其基因组中不存在精氨酸酶基因，但存在其替补酶精胺酶基因。通过 SMART 分析预测结构域，他们发现灿烂弧菌精胺酶（Vsagmatinase）也包含一个 arginase 结构域（Ala^{33}-Val^{299}）；此外，序列分析表明灿烂弧菌精胺酶具有 4 个保守的胍丁胺底物位点（Asp^{153}、His^{163}、Thr^{245} 和 Glu^{275}）。

9.2.4.2 灿烂弧菌精胺酶参与刺参精氨酸代谢的作用机制

为探索灿烂弧菌精胺酶对刺参精氨酸代谢通路的影响，Shao 等（2018）通过定点突变、原核表达等技术获得相关纯化蛋白并注射刺参后检测了刺参精氨酸代谢通路相关指标的表达量变化。野生型 Vsagmatinase 蛋白具有较强的精胺酶活性，而突变 Glu^{275} 位点后，精胺酶活性显著下调，表明 Glu^{275} 位点是水解底物胍丁胺的关键活性位点。当野生型 Vsagmatinase 蛋白注射刺参后，*AjNOS* 基因的表达与 NO 含量均显著下调，而 *Ajagmatinase* 和 *Ajarginase* 的表达及其酶活性均显著上调（图 9-23）；而当突变型 Vsagmatinase 蛋白注射刺参后，结果与野生型相反（图 9-23）。以上结果表明野生型灿烂弧菌精胺酶使宿主精氨酸代谢导向于精氨酸酶 / 精胺酶通路，从而证实了

病原精胺酶通过调控宿主精氨酸代谢促进病原感染的途径，为靶向治疗刺参腐皮综合征提供了新的方向。

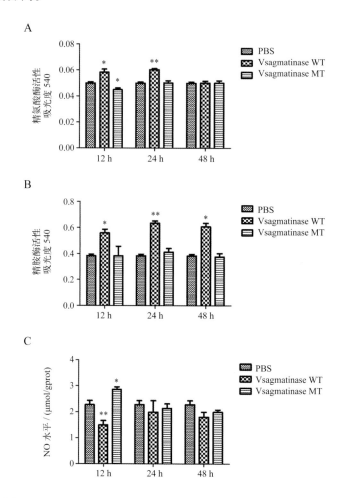

图9-23　Vsagmatinase 蛋白及其突变蛋白注射刺参后相关酶活性检测

A：精氨酸酶活性；B：精胺酶活性；C：NO 含量。PBS：磷酸盐缓冲液；Vsagmatinase WT：野生型精胺酶蛋白；Vsagmatinase MT：突变型精胺酶蛋白。*$P<0.05$ 表示差异显著；**$P<0.01$ 表示差异极显著

（资料来源：Shao et al., 2018）

9.2.5　精氨酸代谢对刺参免疫应答的意义

精氨酸作为一种主要的免疫调节剂一般通过一氧化氮合酶和精氨酸酶及其替补通路中的精胺酶参与机体内的免疫调节。*AjNOS*、*Ajarginase* 和 *Ajagmatinase* 这3个精氨酸代谢通路的关键基因在灿烂弧菌胁迫或 LPS 刺激下都表现出了快速的应激反应，表明刺参精氨酸代谢通路在防御病原菌感染的过程中发挥了无可替代的作用。在免疫

防御中，*iNOS* 基因可以在多种类型的免疫细胞中被激活，而从产生大量的 NO，而且仅 *iNOS* 基因具有诱导 NO 大量产生的功能。NO 作为一种信号传递分子，也是一种主要的细胞保护剂，在病原菌胁迫宿主过程发挥了重要作用（Moncada et al., 1989; Bogdan, 2001）。当 NO 的产生被 *iNOS* 所控制，有利于宿主杀灭入侵的病原菌，因为 *iNOS* 表达过程中产生的 NG−羟基−L−精氨酸合乙酸（NOHA）是精氨酸酶活性的天然的抑制剂。相反，如果精氨酸被精氨酸酶或替补通路中的精胺酶利用去产生鸟氨酸和尿素，从而促进多胺的生物合成时，会减少 NO 的产生，有利于细菌生长（Galea et al., 1996; Gobert et al., 2000; Auguet et al., 1995）。

　　宿主与病原菌的相互作用至关重要，病原菌可通过自身的精氨酸酶去调控宿主的精氨酸酶（Grasemann et al., 2005），更重要的是，不仅宿主可以利用自身的精氨酸进行代谢，而病原菌自身特有的精氨酸酶也能利用宿主的精氨酸。因此，研究病原代谢在感染过程中对宿主代谢的调控作用及分子机制，对于深入理解病原菌与宿主的互作机制、指导抗感染药物的设计有着重要意义。

【主要参考文献】

Ahn H J, Kim K H, Lee J, et al., 2004. Crystal structure of agmatinase reveals structural conservation and inhibition mechanism of the ureohydrolase superfamily. Journal of Biological Chemistry, 279(48): 50505–50513.

Auguet M, Viossat I, Marin J G, et al., 1995. Selective inhibition of inducible nitric oxide synthase by agmatine. Journal of Pharmacolology, 69(3): 285–287.

Bogdan C, 2001. Nitric oxide and the immune response. Nature Immunology, 2(10): 907–916.

Chang C I, Liao J C, Kuo L, 2001. Macrophage arginase promotes tumor cell growth and suppresses nitric oxide-mediated tumor cyto-toxicity. Cancer Research, 61(3): 1100–1106.

Defa L, Changting X, Shiyan Q, et al., 1999. Effects of dietary threonine on performance, plasma parameters and immune function of growing pigs. Animal Feed Science and Technology, 78(3-4): 179–188.

Eckersall P D, 2000. Recent advances and future prospects for the use of acute phase proteins as markers of disease in animals. Revue De Medecine Veterinaire, 151(7): 577–584.

Fox C J, Hammerman P S, Thompson C B, 2005. Fuel feeds function: energy metabolism and the T-cell response. Nature reviews immunology, 5(11): 844–852.

Galea E, Regunathan S, Eliopoulos V, et al., 1996. Inhibition of mammalian nitric oxide synthases by agmatine, an endogenous polyamine formed by decarboxylation of arginine. Biochemical Journal, 316(1): 247–249.

Ganeshan K, Chawla A, 2014. Metabolic regulation of immune responses. Annual Review of Immunology, 32(1): 609–634.

Ghosh S, Navarathna D H, Roberts D D, et al., 2009. Arginine-induced germ tube formation in Candida albicans is essential for escape from murine macrophage line RAW 264.7. Infection and Immunity, 77(4): 1596–1605.

Gobert A P, Daulouede S, Lepoivre L, et al., 2000. L-arginine availability modulates local nitric oxide production and parasite killing in experimental trypanosomiasis. Infection and Immunity, 68(8): 4653–4657.

Grasemann H, Schwiertz R, Matthiesen S, et al., 2005. Increased arginase activity in cystic fibrosis airways. American Journal of Respiratory and Critical Care Medicine, 172(12): 1523–1528.

Haschcmi A, Kosma P, Gille L, et al., 2012. The sedoheptulose kinase CARKL directs macrophage polarization through control of glucose metabolism. Cell metabolism, 15(6): 813–826.

Hotamisligil G S, 2006. Inflammation and metabolic disorders. Nature, 444(7121): 860–867.

Hussien R, Brooks G A, 2011. Mitochondrial and plasma membrane lactate transporter and lactate dehydrogenase isoform expression in breast cancer cell lines. Physiological genomics, 43(5): 255–264.

Iniesta V, Gómez-Nieto L C, Molano I, et al., 2002. Arginase I induction in macrophages, triggered by Th2-type cytokines, supports the growth of intracellular Leishmania parasites. Parasite immunology, 24(3): 113–118.

Jones R G, Thompson C B, 2007. Revving the engine: signal transduction fuels T cell activation. Immunity, 27(2): 173–178.

Keusch G T, 2003. The history of nutrition: malnutrition, infection and immunity. Journal of Nutrition, 133(1): 336S–340S.

King N E, Rothenberg M E, Zimmermann N, 2004. Arginine in asthma and lung inflammation. Journal of Nutrition, 134(10): 2830S–2836S.

Lorin J, Zeller M, Guilland J C, et al., 2014. Arginine and nitric oxide synthase: regulatory mechanisms and cardiovascular aspects. Molecular nutrition & food research, 58(1): 101–116.

Michalek R D, Gerriets V A, Jacobs S R, et al., 2011. Cutting Edge: Distinct Glycolytic and Lipid

Oxidative Metabolic Programs Are Essential for Effector and Regulatory CD4[+] T Cell Subsets. The Journal of Immunology, 186(6): 3299–3303.

Mills E, Kelly B, Logan A, et al., 2016. Succinate Dehydrogenase Supports Metabolic Repurposing of Mitochondria to Drive Inflammatory Macrophages. Cell, 167(2): 457–470.

Moncada S, Palmer R M J, Higgs E A, 1989. Biosynthesis of nitric oxide from L-arginine: a pathway for the regulation of cell function and communication. Biochemical Pharmacology, 38(11): 1709–1715.

Morris S M Jr., 2009. Recent advances in arginine metabolism: roles and regulation of the arginases. British journal of pharmacology, 15(6): 922–930.

Nieves C, Langkamp-Henken B, 2002. Arginine and immunity: a unique perspective. Bomedicine & Pharmacotherapy, 56(10): 471–482.

Papandreou I, Cairns R A, Fontana L, et al., 2006. HIF-1 mediates adaptation to hypoxia by actively downregulating mitochondrial oxygen consumption. Cell metabolism, 3(3): 187–197.

Pfeiffer T, Schuster S, Bonhoeffer S, 2001. Cooperation and Competition in the Evolution of ATP-Producing Pathways. Science, 292(5516): 504–507.

Platell C, Kong S E, Mccauley R, et al., 2000. Branched chain amino acids. Journal of Gastroenterology and Hepatology, 15(7): 706–717.

Regunathan S, Piletz J E, 2003. Regulation of inducible nitric oxide synthase and agmatine synthesis in macrophages and astrocytes. Annals of New York Academy of Sciences, 1009: 20–29.

Sastre M, Regunathan S, Reis D J, 1996. Agmatinase activity in rat brain: a metabolic pathway for the degradation of agmatine. Journal of Neurochemistry, 67(4): 1761–1765.

Satriano J, 2003. Agmatine: at the crossroads of the arginine pathways frame shift. Annals of New York Academy of Sciences, 1009(1): 34–43.

Shao Y N, Li C H, Ou C R, et al., 2013. Divergent metabolic responses of *Apostichopus japonicus* suffered from skin ulceration syndrome and pathogen challenge. Journal of Agricultural and Food Chemistry, 61(45): 10766–10771.

Shao Y N, Li C H, Zhang W W, et al., 2016a. The first description of complete invertebrate arginine metabolism pathways implies dose-dependent pathogen regulation in *Apostichopus japonicus*. Scientific Reports, 6:23783.

Shao Y N, Li C H, Zhang W W, et al., 2016b. Cloning and comparative analysis the proximal

promoter activities of arginase and agmatinase genes in *Apostichopus japonicus*. Developmental and Comparative Immunology, 65: 299–308.

Shao Y N, Wang Z H, Lv Z M, et al., 2016c. NF-κB/Rel, not STAT5, regulates nitric oxide synthase transcription in *Apostichopus japonicus*. Developmental and Comparative Immunology, 61: 42–47.

Shao Y N, Zhang S S, Li C H, et al., 2018. Identification of agmatinase from Vibrio splendidus and its roles in modulating arginine metabolism of Apostichopus japonicus. Aquaculture, 492: 1–8.

Sun L L, Guo M, Lv Z M, et al., 2020a. Hypoxia-inducible factor-1α shifts metabolism from oxidative phosphorylation to glycolysis in response to pathogen challenge in *Apostichopus japonicus*. Aquaculture, 526: 735393.

Sun L L, Zhou F Y, Shao Y N, et al., 2020b. Sedoheptulose kinase bridges the pentose phosphate pathway and immune responses in pathogen-challenged sea cucumber *Apostichopus japonicus*. Developmental and Comparative Immunology, 109: 103694.

Sun L L, Zhou F Y, Shao Y N, et al., 2020c. The iron-sulfur protein subunit of succinate dehydrogenase is critical to drive mitochondrial ROS generation in *Apostichopus japonicus*. Fish & Shellfish Immunology, 102: 350–360.

Thomas D D, Ridnour L A, Isenberg J S, et al., 2008. The chemical biology of nitric oxide: implications in cellular signaling. Free Radical Biology & Medicine, 45(1): 18–31.

Vincendeau P, Gobert A P, Daulouede S, et al., 2003. Arginases in parasitic diseases. Trends Parasitology, 19(1): 9–12.

Wellen K E, Hatzivassiliou G, Sachdeva U M, et al., 2009. ATP-citrate lyase links cellular metabolism to histone acetylation. Science, 324(5930): 1076–1080.

Witney T H, James M L, Shen B, et al., 2015. PET imaging of tumor glycolysis downstream of hexokinase through noninvasive measurement of pyruvate kinase M2. Science Translational Medicine, 7(310): 310ra169.

Wheaton W W, Chandel N S, 2011. Hypoxia. 2. Hypoxia regulates cellular metabolism. American journal of physiology Cell physiology, 300(3): 385–393.

第 10 章　刺参肠道微生物与疾病发生

刺参的肠道结构与脊椎动物相比相对简单，分为前肠、中肠和后肠，前肠主要负责食物的运输，中肠参与食物消化，后肠负责消化食物和吸收营养，大量沉积物通过刺参肠道被转化为可以利用的营养物质。刺参的健康状况受周围环境的影响，刺参与环境中的各种微生物密切接触，其中包括可能在体表和肠道内定植的致病菌等。肠道微生物作为生物体一个重要的"器官"，主要通过调控黏膜免疫系统的发育和成熟、维持肠道屏障的完整性、调节肠道微环境的 pH 值、影响脂质的合成和吸收、改变氧化二甲胺和 LPS 的含量等途径调控宿主健康状态，介导宿主多种系统疾病发生和发展。因此，刺参肠道菌群的组成与营养消化、生物屏障、免疫防御等生理过程密切相关，对机体健康生长具有极其重要的作用。

10.1　刺参肠道微生物群落组成、结构和功能

刺参肠道菌群丰富而多样，研究发现其肠道内细菌数量为 $1.85 \times 10^5 \sim 2.17 \times 10^9$ CFU/g（李彬等，2012），大多数为异养细菌（李建光等，2014），其中以变形菌门（Proteobacteria）、厚壁菌门（Firmicutes）、疣微菌门（Verrucomicrobia）和拟杆菌门（Bacteroidetes）为主（图 10–1）（Zhang et al., 2018），以及一定比例的梭杆菌门（Fusobacteria）、放线菌门（Actinobacteria）和浮霉菌门（Planctomycetes）等。研究方法不同，得到的刺参肠道微生物种类和丰度也不同。通过生理生化的方法鉴定发现，刺参肠道组织和内容物菌群由弧菌属（*Vibrio*）、假单胞菌属（*Pseudomonas*）、节杆菌属（*Arthrobacter*）、棒杆菌属（*Corynebacterium*）、不动杆菌属（*Acinetobacter*）、微球菌属（*Micrococcus*）、奈瑟氏球菌属（*Neisseria*）、黄杆菌属（*Flavobacterium*）、

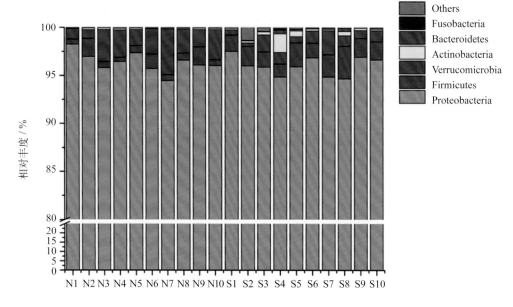

图 10-1　刺参健康和自然发生腐皮综合征状态下肠道菌群群落组成

（资料来源：Zhang et al., 2018）

黄单胞菌属（*Xanthomonas*）、柄杆菌属（*Caulobacter*）和产碱菌属（*Alcaligenes*）等
细菌组成，弧菌属和假单胞菌属为肠道中的优势菌群（孙奕等，1989）。对于刺参肠
道中的可培养细菌，张文姬等（2011）通过限制性内切酶片段长度多态性（restriction
fragment length polymorphism，RFLP）技术分析了 2216E、硫代硫酸盐－柠檬酸盐－
胆盐－蔗糖琼脂（thiosulfate citrate bile salts sucrose agar，TCBS）和葡萄糖琼脂培养
基上分离的刺参肠道可培养菌，共获得了假单胞菌属、弧菌属、芽孢杆菌属（*Bacillus*）、
希瓦氏菌属（*Shewanella*）、假交替单胞菌属（*Pseudoalteromonas*）、不动杆菌属、
气球菌属（*Aerococcus*）、发光菌属（*Photobacterium*）、葡萄球菌属（*Staphylococcus*）
和 *Kushneria* 菌属等细菌，并证明假单胞菌属为优势菌属。李彬等（2012）对冬季刺
参肠道菌群进行平板稀释涂布培养，再根据形态学特征进行区分，然后对所分离的菌
株进行核糖体 DNA 扩增片段限制性内切酶分析（amplifed ribosomal DNA restriction
analysis，ARDRA），证明冬季刺参肠道中优势菌为厚壁菌门芽孢杆菌纲芽孢杆菌属
的巨大芽孢杆菌（*B. megaterium*）、苏云金芽孢杆菌（*B. thuringiensis*），以及灿烂
弧菌和假单胞菌属施氏假单胞菌（*P. stutzeri*）。高菲等（2010）应用变性梯度凝胶

电泳（polymerase chain reaction-denaturing gradient gel electro-phoresis，PCR-DGGE）
技术揭示了刺参肠道优势菌依次为 α-变形菌纲（α-Proteobacteria）、γ-变形菌纲
（γ-Proteobacteria）、δ-变形菌纲（δ-Proteobacteria）、拟杆菌纲（Bacteroidetes）
和柔膜菌纲（Mollicutes），其中 γ-变形菌纲丰度最高，相对含量在 32.0% ~
33.6% 之间。丁君等（2010）从刺参肠道内容物中分离到 11 株细菌，通过 16S r
DNA V3 区基因测序，将其归类于厚壁菌门梭菌属（*Clostridium*）和变形菌门假单
胞菌属。总结分析发现，不同研究人员采用不同研究方法得到的结果不尽相同，这
主要是由于纯培养的方法、以 16S r DNA 为基础的 DNA 指纹图谱技术和高通量测
序技术均会受到培养条件、模板质量、测序效率及生物信息学分析等因素的影响，
对菌群分析造成限制。但不同的研究结果均证实，变形菌门、厚壁菌门和拟杆菌
门在刺参肠道菌群中均具有较高的丰度，为刺参肠道菌群中的优势菌群。

王印庚等（2013）研究发现刺参肠道的位置不同，其肠道菌群的结构和功能也不同。
刺参的肠道分为前肠、中肠和后肠，前肠主要负责食物的消化，后肠则发挥对营养物
质的吸收和代谢作用（Filimonova et al.，1980），肠道功能的差别与肠道内菌群的差
异密切相关。陆振等（2016）应用高通量测序方法研究刺参前肠、中肠和后肠的菌群
结构，发现前肠的细菌多样性高于后肠，乳球菌属（*Lactococcus*）、芽孢杆菌属为前
肠和中肠的共有优势菌，*Formosa* 和乳球菌属为后肠的优势菌属，前肠和中肠中的细
菌群落多样化可能在食物的消化分解中扮演着重要角色。而孙奕等（1989）采用细菌
培养法进行研究，结果显示弧菌属和假单胞菌属为刺参肠道的主要优势菌，后肠的菌
群种类呈现出多样化，而前肠菌群种类略为单一。高菲等（2010）利用 PCR-DGGE
技术分析发现，池塘养殖刺参后肠内容物细菌多样性最高，其次为中肠，前肠内容
物细菌多样性最低。但肠道不同部位的优势菌均为 γ-变形菌纲。Zhang 等（2019a）
对刺参中肠和后肠肠道菌群高通量测序发现，中肠和后肠的肠道群落主要以变形菌
门、厚壁菌门、拟杆菌门、疣微菌门和放线菌门为主（图 10-2），但是群落组成也
根据肠道位置的不同而有所差异（图 10-3），在患腐皮综合征刺参样品中，中肠和后
肠的放线菌门丰度均显著降低发生；同时群落相互作用分析发现，后肠中与弧菌相关
的菌群相互作用更紧密，其肠道菌群助力弧菌对宿主的侵染（图 10-4），因此后肠的
肠道菌群能更及时准确地反应刺参病害的发生。

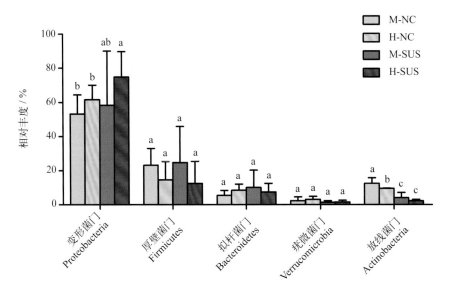

图 10-2　刺参中肠和后肠健康与腐皮综合征发生状态下肠道群落组成

M-NC：对照组中肠；H-NC：对照组后肠；M-SUS：腐皮综合征中肠；H-SUS：腐皮综合征后肠。

字母不同代表两者之间具有显著差异

（资料来源：Zhang et al., 2019a）

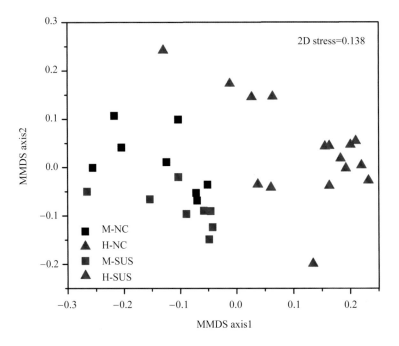

图 10-3　健康和患病状态下刺参中肠和后肠肠道菌群群落结构差异

M-NC：对照组中肠；H-NC：对照组后肠；M-SUS：腐皮综合征中肠；H-SUS：腐皮综合征后肠

（资料来源：Zhang et al., 2019a）

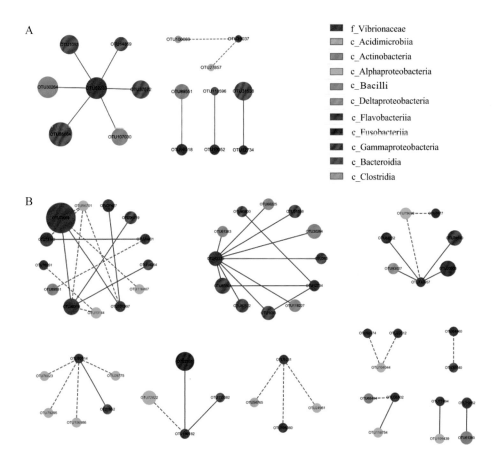

图 10-4　刺参腐皮综合征发生肠道菌群与弧菌科细菌相互作用网络

A：中肠肠道菌群网络；B：后肠肠道菌群网络

（资料来源：Zhang et al., 2019a）

10.2　刺参肠道菌群的影响因素

10.2.1　地域

刺参肠道微生物的结构和多样性受到刺参生活地域环境的影响。刺参肠道微生物在不同地域之间存在明显差异，并且与水体环境之间存在着密切的联系（柴英辉等，2019）。柴英辉等基于来自中国、日本和韩国共 786 例刺参肠道、水体和沉积物的 16S rRNA 基因高通量测序数据，探究刺参肠道微生物与环境和地域之间的关系，发现尽管刺参肠道、水体和沉积物中各细菌组分的比例不同，但共有菌属甚多，表明刺参可以从外界环境大量获取微生物。与水体和沉积物的样本类型相比，刺参肠道微生

物多样性最低且所含菌属的种类最少，进一步提示刺参肠道对外界来源的微生物进行了富集和筛选，其中变形菌门（Proteobacteria）、假单胞菌属（Pseudomonas）、嗜冷杆菌属（Psychrobacter）和利斯顿氏菌属（Listonella）的富集尤为明显。中国、日本和韩国来源的刺参肠道微生物 α−多样性无显著差异，但主坐标分析将它们聚为不同的簇，且各自拥有独特的细菌门类。同时，对中国渤海和黄海两个海区的刺参肠道菌群分析获得了相似的结果，体现出广泛的地域性差异。基于细菌分类的功能预测发现三个国家刺参肠道微生物均具有发酵、化能异养和需氧化能异养功能，表明共生菌群在功能上存在共性，并可能对宿主生理产生相同的作用。

陆振（2019）对中国境内主要刺参养殖区（大连、烟台、霞浦和莆田地区）刺参肠道菌落结构进行了分析，结果发现，4 个主要养殖区的菌群的物种丰度存在较大差别，其中莆田池塘养殖的刺参肠道菌群多样性指数比霞浦海上吊笼养殖高 2 倍多；烟台的刺参肠道菌群多样性最高，α−多样性香农指数达到 4.78。同时，不同养殖地域的肠道优势菌也存在一定差异，大连养殖刺参肠道的主要优势菌群为潮汐泥杆菌属（Lutibacter）（10.13%），属拟杆菌门的黄杆菌科，是一种兼性厌氧菌；烟台养殖刺参肠道的主要优势菌群为 Haliea（21.34%）和 Halioglobus（12.58%）；莆田养殖刺参肠道中乳球菌属（Lactococcus）、芽孢杆菌属 （Bacillus）所占比例较高；霞浦养殖刺参肠道中 Formosa 含量最高，占细菌总数的比例为 87.06%，其次为乳球菌属，占细菌总数比例为 7.71 %。

10.2.2 季节和温度

刺参肠道菌群的结构同时受到养殖季节的影响。王姣姣等（2015）采用 PCR-DGGE 技术对 3 月、4 月、5 月、6 月、9 月和 10 月不同养殖时期大连瓦房店海区刺参肠道内细菌菌群结构进行解析发现，3 月与 9 月的菌群结构相似度最高，为67.9%，4 月与 10 月次之，为 63.8%；其中 α− 变形菌纲、γ−变形菌纲和黄杆菌纲是不同养殖时期刺参肠道内的主要细菌群落，其中 γ−变形菌纲所占比例最高，达25.00% ~ 35.71%，除 3 月和 9 月外，黄杆菌纲的相对含量均高于 α−变形菌纲。研究表明，春、秋两季刺参肠道内菌群结构呈现类似的演替变化规律，α−变形菌纲所占比例下降，而 γ−变形菌纲与黄杆菌纲所占比例上升。李彬等（2012）研究刺参肠道与养殖池塘环境中异养细菌和弧菌数量周年变化，发现秋季、夏季异养细菌数量较高，冬、春季较低。Sha 等（2016）发现水温为 14℃时，不能从肠壁组织中分离到弧菌属，证明温度能够影响弧菌属细菌在肠道内的定植。李彬等（2010）研究冬季刺参养殖环境与肠道内细菌群落，发现冬季刺参肠道中细菌数量变化呈现下降趋势。荣小军（2012）研究了刺参肠道菌群结构对环境变化的响应及其与疾病发生的相关性，通过低温胁迫试验证明，温度越低对刺参肠道菌群的影响越大。

10.2.3　刺参的不同发育时期

刺参肠道菌群受到其发育时期的影响。随着生物个体的生长，其需要的营养成分的质量和数量也随之变化。肠道菌群也根据营养成分的变化出现了优势菌群的更替。表 10-1 分析结果表明：受精卵阶段受精卵自身的优势菌群为炭疽杆菌（*Bacillus anthracis*，＞ 25%）和乳球菌属细菌（*Lactococcus piscium*）。水体中的优势菌群为 *Aquimarina brevivitae*、*Soehngenia saccharolytica*、*Sulfitobacter donghicola* 和冷红科尔韦尔氏菌（*Colwellia psychrerythraea*），受精卵自身的两种优势菌在水体采样的优势菌群中均未检测到。

发育至初耳幼体阶段后，幼体体内的优势菌群仍未发生变化，炭疽杆菌占据绝对优势，初耳幼体期水中的优势菌群也未受投喂饲料中乳杆菌属细菌 *Lactobacillus fabifermentans* 等优势菌群的干扰，*Aquimarina brevivitae* 的数量优势依然存在。

大耳幼体期，大耳幼体体内菌群未受到外界因素的变化影响，仍然以炭疽杆菌为优势菌株。饵料中的主要优势菌群也随着饵料配方的变化发生了变化，杀香鱼假单胞菌（*Pseudomonas plecoglossicida*）成为优势菌，水中的优势菌群也发生了改变，*Lutaonella thermophilus* 的优势度提高，成为绝对优势菌群。

樽形幼体期开始，幼体内的菌群受到大耳幼体饲料携带菌群的影响，杀香鱼假单胞菌成为新的优势菌，此外还有肠道沙门氏菌双相亚利桑那亚种（*Salmonella enterica* subsp. Diarizonae）。此期水体中的优势菌群为独岛极地杆菌（*Polaribacter dokdonensis*）、*Aquimarina brevivitae*，并出现了嗜环弧菌（*Vibrio cyclitrophicus*），饵料中的菌群情况发生了巨大变化，以弧菌属的菌群为主体，塔氏弧菌（*Vibrio tasmaniensis*）和嗜环弧菌具有一定优势，灿烂弧菌也被检测到。

五触手幼虫期幼体体内炭疽杆菌的种群数量有所上升，*Sulfitobacter donghicola* 这种原为受精卵阶段水体的优势菌成为此期幼体体内的主要种类之一。水体中的优势菌为 *Bowmanella pacifica* 和希瓦氏菌属细菌（*Shewanella gaetbuli*）。

刺参发育至稚参后，体内出现了新的优势菌——盐场玫瑰弧菌（*Rhodovibrio*

salinarum），肠道沙门氏菌双相亚利桑那亚种的优势恢复至樽形幼虫时期水平。此阶段水体中的优势菌群为 *Citreimonas salinaria*、*Aquimarina brevivitae*、*Bowmanella pacifica*，其他菌株的优势度不明显。稚参饵料中的优势菌为炭疽杆菌（荣小军，2012）。

表 10-1　不同发育期幼体体内菌群的 OTU 序列统计表

样品名称	OTU 编号	优势 OTU 丰度 / %	NCBI 比对获得相似度最高的菌株	NCBI 存取号
受精卵	OTU00068	25.02	*Bacillus anthracis*	NR_041248.1
	OTU00067	11.90	*Bacillus anthracis*	NR_041248.1
	OTU00059	4.49	*Lactococcus piscium*	NR_043739.1
	OTU16020	2.77	*Bacillus anthracis*	NR_041248.1
	OTU11954	1.75	*Bacillus anthracis*	NR_041248.1
	OTU00002	1.72	*Lactococcus piscium*	NR_043739.1
	OTU12061	1.13	*Bacillus anthracis*	NR_041248.1
	OTU00053	1.00	*Lactococcus lactis* subsp. *hordniae*	NR_040956.1
	OTU00636	0.98	*Bacillus anthracis*	NR_041248.1
	OTU03679	0.95	*Bacillus anthracis*	NR_041248.1
初耳幼体	OTU00068	11.30	*Bacillus anthracis*	NR_041248.1
	OTU00067	6.64	*Bacillus anthracis*	NR_041248.1
	OTU00622	5.15	*[Brevibacterium] halotolerans*	NR_042638.1
	OTU00736	1.08	*Bacillus anthracis*	NR_041248.1
大耳幼体	OTU00068	18.75	*Bacillus anthracis*	NR_041248.1
	OTU00067	6.87	*Bacillus anthracis*	NR_041248.1
	OTU00145	4.06	*Bacillus anthracis*	NR_041248.1
	OTU00059	2.96	*Lactococcus piscium*	NR_043739.1
	OTU00100	2.07	*Bacillus anthracis*	NR_041248.1
樽形幼虫	OTU00028	13.15	*Pseudomonas plecoglossicida*	NR_024662.1
	OTU00041	7.85	*Salmonella enterica* subsp. *diarizonae*	NR_044373.1
	OTU22800	6.39	—	—
	OTU00544	5.91	*Leisingera aquimarina*	NR_042670.1
	OTU00126	5.86	*Pseudomonas mosselii*	NR_024924.1
	OTU00528	5.70	*Leisingera aquimarina*	NR_042670.1
	OTU23822	5.65	—	—
	OTU09701	5.48	—	—
	OTU00076	4.19	*Pseudomonas plecoglossicida*	NR_024662.1
	OTU00320	3.55	*Salmonella enterica* subsp. *diarizonae*	NR_044373.1

续表

样品名称	OTU 编号	优势 OTU 丰度 / %	NCBI 比对获得相似度最高的菌株	NCBI 存取号
五触手幼虫	OTU00068	5.83	*Bacillus anthracis*	NR_041248.1
	OTU01332	5.67	*Sulfitobacter donghicola*	NR_044164.1
	OTU00815	3.92	*Maritibacter alkaliphilus* HTCC2654	NR_044015.1
	OTU01695	3.90	*Sulfitobacter donghicola*	NR_044164.1
	OTU00013	3.50	*Maribacter ulvicola*	NR_025751.1
	OTU00621	3.10	*Maritibacter alkaliphilus* HTCC2654	NR_044015.1
	OTU00516	3.10	*Maribacter ulvicola*	NR_025751.1
	OTU00544	2.95	*Leisingera aquimarina*	NR_042670.1
	OTU00133	2.92	*Maribacter ulvicola*	NR_025751.1
	OTU00528	2.48	*Leisingera aquimarina*	NR_042670.1
稚参	OTU01660	15.54	*Rhodovibrio salinarum*	NR_043397.1
	OTU00041	7.71	*Salmonella enterica* subsp. *diarizonae*	NR_044373.1
	OTU00028	7.14	*Pseudomonas plecoglossicida*	NR_024662.1
	OTU05382	5.68	*Rhodovibrio salinarum*	NR_043397.1
	OTU00076	3.46	*Pseudomonas plecoglossicida*	NR_024662.1
	OTU00126	3.14	*Pseudomonas mosselii*	NR_024924.1
	OTU15919	2.15	*Salmonella enterica* subsp. *diarizonae*	NR_044373.1
	OTU00320	2.15	*Rhodovibrio salinarum*	NR_043397.1
	OTU09520	1.88	*Melitea salexigens*	NR_042990.1
	OTU03959	1.76	*Salmonella enterica* subsp. *diarizonae*	NR_044373.1

资料来源：荣小军，2012。

10.2.4　饲料添加剂

刺参为底栖杂食性动物，在投饵和不投饵的不同养殖模式下，刺参肠道菌群的结构也会发生改变。牛宇峰等（2009）比较了投饵和不投饵池塘中刺参肠道内的菌群，结果发现，在两种养殖模式下，优势菌均为弧菌、假单胞菌和芽孢杆菌，在投饵池塘中弧菌和芽孢杆菌的比例明显高于不投饵池塘，假单胞菌和其他细菌的比例则明显低于前者。

Gibson 等（2004）最早提出并更新了益生元的概念：不可消化的食物成分，可通过选择性地刺激肠道菌生长，促进宿主肠道菌群平衡，进而改善宿主的健康状况。

因此，益生元不被宿主自身消化，而是被宿主肠道中的细菌如双歧杆菌、乳杆菌和芽孢杆菌等吸收利用，进而促进人和动物肠道健康（Sasaki et al., 2018）。目前为止，人们普遍认为益生元的作用机理如图10-5所示：一方面经有益菌发酵产生乙酸、丙酸和丁酸，降低肠道pH值；另一方面益生元可选择性地促进肠道有益菌的数量和增加肠道菌群的多样性，抑制有害菌，提高动物健康水平，增强对病原体的抵抗能力（Guerreiro et al., 2016）。

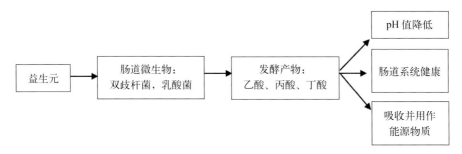

图 10-5　益生元在肠道中作用途径

（资料来源：Guerreiro et al., 2016）

　　研究人员在益生元影响刺参肠道菌群的结构从而提高机体免疫反应方面也做了相关研究。贾晨晨（2019）将菊芋全粉作为益生元饲料添加剂用于刺参养殖中，测定其对刺参肠道菌群的影响，结果表明，不同实验组刺参的肠道微生物的α-多样性均没有显著差别，但15 g/kg菊芋全粉组饲料能显著增加刺参肠道红杆菌目（Rhodobacterales）的数量。据报道，红杆菌会产生促进刺参生长的聚羟基丁酸酯，进而促进刺参的生长。所以，红杆菌目的相对丰度与刺参的生长速度成正相关，这说明刺参生长速度的提高可能与微生物区系组成的发育有关；但是当饲料中添加抗生素时，即使红杆菌目的相对丰度较高，该组刺参的生长速度依然缓慢，这说明抗生素可能会以独特的方式影响刺参肠道微生物发挥作用，该机理需要进一步研究。15 g/kg菊芋全粉组饲料可以改善刺参的胃肠道微生物生态系统，且效果显著，具有统计学意义。

10.3　刺参肠道微生物的功能

10.3.1　生物屏障作用

　　刺参肠道常驻菌群能够形成屏障从而抑制有害微生物在肠道内的定植。研究表明，常驻菌可通过占据肠道黏附位点、高效利用营养物质和产生抗菌肽等物质降低病原菌对宿主的致病力等方式，达到抑制、清除异物和有害菌的目的。刺参肠道中常见的乳酸菌能够与有害革兰氏阴性菌竞争营养和空间，同时通过其产生的有机酸、过氧化氢等小分子代谢物，降低肠道内的 pH 值和氧化还原电位，从而拮抗病原菌（宫魁等，2013）。李虹宇等（2012）从刺参肠道分离筛选出 4 株灿烂弧菌拮抗菌：荧光假单胞菌（*Pseudomonas fluorescens*）、假交替单胞菌属（*Pseudoalteromonas* sp. P102、*Pseudoalteromonas* sp. BSw10098）、气球菌属（*Aerococcus* sp. M3T9B11），它们能够与灿烂弧菌竞争营养物质和生存空间，并协同产生具有抑菌活性的胞外产物。

10.3.2　提供营养，促进机体消化吸收

刺参为沉积食性，以周围环境中的海泥和动植物碎屑为食，其消化道结构简单，仅由口、食道、胃、前肠、中肠、后肠、排泄腔和肛门组成，无消化腺。在刺参消化道尤其是肠道中分布有多种微生物，能够产生和分泌多种酶类，具有营养物质的消化和转化功能。

肠道微生物的多样性能够增强宿主物质代谢途径的多样性和酶的多样性，辅助或刺激机体营养物质合成和代谢（王瑞君，2005）。从刺参肠道中分离出的弧菌和假单胞菌具有较强的褐藻酸钠和几丁质降解能力（孙奕等，1989）。研究发现，在刺参肠道中分离到的芽孢杆菌、弧菌、微杆菌和深海单胞菌等可培养细菌，大部分具有降解蛋白质和琼脂的能力（黄会，2013）。南移池塘养殖刺参肠道菌群分析发现含有大量厚壁菌门细菌，该门细菌含有多种与淀粉降解酶有关的基因，有助于刺参对营养物质的分解利用（杨求华等，2016）。同时，刺参的生长与聚羟基丁酸酯（polyhydroxybutyrate，PHB）合成代谢密切相关，基于 16S rRNA 基因高通量测序分析，红杆菌目（Rhodobacterales）在刺参肠道内容物中具有较高丰度，宏基因组分析结果表明，红杆菌目细菌通过产生 PHB 影响刺参的生长（Yamazaki et al.，2016）。Bogatyrenko 等（2016）对分离自刺参的细菌的分解淀粉、海藻酸钠、几丁质、硫酸软骨素、橄榄油、酪蛋白和明胶等的能力研究显示，有 33% 的菌株表现出不同程度的酶活性，说明刺参肠道菌群在处理和消化食物中的有机物方面发挥了相当大的作用。

10.3.3　增强非特异性免疫

刺参只有非特异性免疫系统，其免疫应答由体腔细胞及多种体液免疫因子共同介导，对进入体内的异物进行识别、降解、排除和创面伤口的修复（孟繁伊等，2009）。研究显示，刺参肠道菌群可以通过增强吞噬细胞的吞噬活性、免疫酶活性

刺参感染与免疫学

来提高细胞和体液免疫应答。Chi 等（2014）以分离自刺参肠道的叶氏假交替单胞菌（*Pseudoalteromonas elyakovii*）、日本希瓦氏菌（*S. japonica*）和塔氏弧菌（*V. tasmaniensis*）3 株潜在益生菌分别投喂刺参，结果刺参的细胞和体液免疫应答增强。Zhi 等（2012）用一株分离自刺参肠道的梅奇酵母（*Metschnikowia* sp.）投喂稚参，结果发现，稚参体腔细胞吞噬活性和免疫酶活性显著增强，且对病原菌黄海希瓦氏菌（*S. marisflavi*）和灿烂弧菌的抗病性增强。

10.3.4 促进肠道再生

刺参具有一种独特的防御机制，在受到自然或诱导的刺激时刺参会把包括肠道、血管系统和呼吸树在内的器官排出体外（Dolmatov et al., 2009; Li et al., 2017; Sun et al., 2017）。而排出的器官可以在几周内再生（Shukalyuk et al., 2001; Sun et al., 2011）。刺参肠道再生作为应对环境变化排脏后的一个重要行为，是物种适应性进化过程的结果，对刺参适应环境具有重要作用。刺参需要在最短的时间内再生出消化系统以维持其生命活动，而其肠道微生物菌群的组成也在短时间内发生演替，并对其肠道正常功能的恢复起着重要的作用。已有研究表明，刺参肠道菌群在肠道再生过程中具有明显不同的群落结构和功能（Wang et al., 2018; Weigel, 2020），红杆菌科（Rhodobacteraceae）和黄杆菌科（Flavobacteriaceae）是刺参肠道再生过程中潜在的关键菌群（Zhang et al., 2019c）。Zhang 等（2020）通过建立无菌刺参肠道再生模型发现，即使在相同的条件下（如温度、养殖密度等），再生刺参的肠道长度也存在差异，速度较快个体的肠道长度为速度较慢个体的 1.83 ~ 3.03 倍。通过分析再生快和再生慢的刺参在肠道再生过程中的肠道微生物变化，发现在肠道再生过程中潜在的关键细菌黄杆菌科（Flavobacteriaceae）和红杆菌科（Rhodobacteraceae）的丰度增加，从而促进了刺参肠道的再生速率。宏基因组分析显示，黄杆菌科丰富度的增加导致了碳水化合物利用相关基因的富集，而红杆菌科丰度的增加使得与多羟基丁酸的生产相关的基因表达上调。研究发现，微生物群丰度是刺参肠道微生物群落变化的关键驱动因素，尤其是有益微生物。余彬（2015）研究发现在肠道再生期间刺参肠道菌群除变形菌门和拟杆菌门，其他种类细菌所占比重较小，γ- 变形菌纲在再生的不同阶段其所占的比例均在 70% 以上；而其中巨大芽孢杆菌（*Bacillus megaterium*）影响再生肠道菌群的结构，在刺参再生肠道内能有效定植，并显著抑制弧菌的生长。

10.4　刺参肠道微生物与疾病

刺参肠道微生物作为生物体一个重要的"器官"，主要通过调控宿主免疫系统的发育和成熟、维持肠道屏障的完整性、调节肠道微环境的 pH 值、影响代谢物的合成和吸收等途径调控宿主健康状态，同时参与刺参腐皮综合征、体泡综合征等多种疾病发生和发展。高通量 16S rRNA 基因序列分析技术可更客观、更全面地反映出刺参肠道菌群结构的真实情况，为刺参健康养殖、疾病防控和微生物制剂研发应用提供理论依据。采用高通量 16S rRNA 基因序列分析技术研究患病刺参肠道菌群结构的组成，其中共检测到变形菌门（Proteobacteria）、梭形菌门（Fusobacteria）、拟杆菌门（Bacteroidetes）等 7 个门类的细菌，且变形菌门所占比例最大，为 74.20%。进一步分析变形菌门细菌的组成，发现主要是 γ-变形菌纲和 ε-变形菌纲的细菌，分别占 71.83% 和 26.98%，比例为 2.6 : 1。γ-变形菌纲中包括弧菌属（Vibrio）、亮发菌属（Leucothrix）、假单胞菌属（Pseudomonas）、希瓦氏菌属（Shewanella）、科威尔氏菌属（Colwellia）和默里特氏菌属（Moritella）等共 22 个属的细菌。其中，弧菌在 γ-变形菌纲中的比例最高，占 64%；主要为蛤仔弧菌（Vibrio tapetis），在弧菌属中达 56.09 %。ε-变形菌纲中除有 1 株菌属于硫卵形菌属（Sulfurovum）外，其余均属于弓形菌属（Arcobacter）。芽孢杆菌所在的厚壁菌门仅占 0.57%，其中只有 1 株芽孢杆菌（李杰，2013）。

Zhang 等（2018）通过对健康刺参和腐皮综合征自然发病刺参肠道菌群的组成和特性分析发现，健康刺参和患腐皮综合征刺参的肠道菌群结构显著差异，如图 10–6 所示。健康刺参的优势菌种类为变形菌门细菌（平均相对丰度为 96.37% ± 1.02%），其次为疣微菌门（2.47% ± 1.15%）和厚壁菌门（0.96% ± 0.57%）；腐皮综合征患病组的优势菌种类为变形菌门细菌（平均相对丰度为 96.01% ± 0.98%），其次是厚壁菌门（2.02% ± 0.60%）和疣微菌门（1.22% ± 0.57%）。相比之下，疣微菌门和厚壁菌门的相对丰度在两组中表现出相反的趋势，这表明细菌结构的变化可能与疾病的发生相关。两种不同状态下刺参肠道菌群优势目的相对丰度也存在显著差异：腐皮综合征患病组的乳酸杆菌目相对丰度明显高于健康刺参组，而疣微菌目相对丰度显著低于健康刺参组（图 10–7）。同时，与健康刺参相比，患病个体的肠道菌群的多样性显著降低。通过对腐皮综合征刺参肠道菌群指示菌的筛选，发现红细菌科的细菌和格氏乳球菌等与该病的发生密切相关（图 10–8）。通过对肠道菌群所介导的功能进行预测，发现在腐皮综合征患病组中肠道菌群介导的与疾病感染和信号转导相关的信号通路增强，如：免疫系统中的 NOD 样信号转导通路等（图 10–9）。

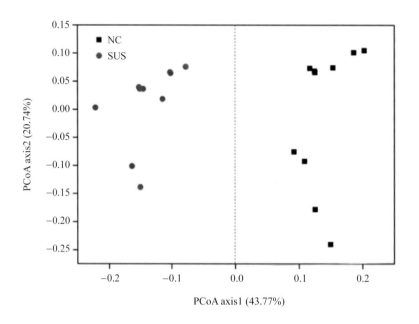

图 10-6　健康和腐皮综合征刺参肠道菌群基于 Bray-Curtis 距离的主坐标分析

NC：健康组；SUS：腐皮综合征组

（资料来源：Zhang et al., 2018）

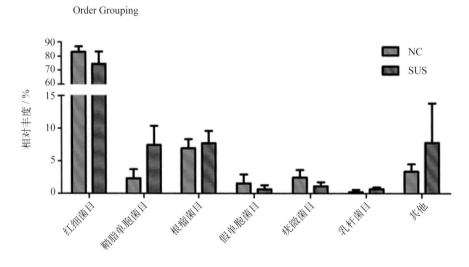

图 10-7　健康和患病刺参肠道菌群目水平的差异

NC：健康组；SUS：腐皮综合征组

（资料来源：Zhang et al., 2018）

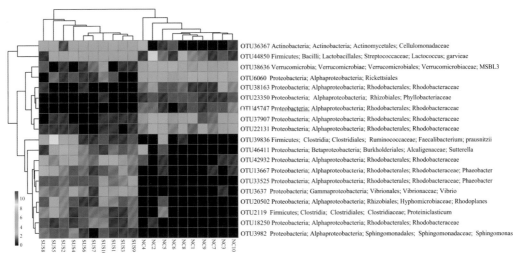

图 10–8　健康和患病状态下肠道菌群的 OTU 差异

（资料来源：Zhang et al., 2018）

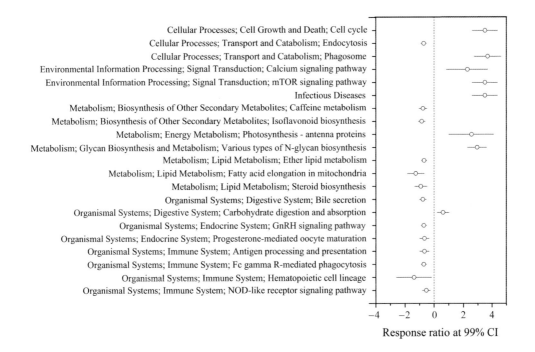

图 10–9　健康和患病状态下肠道菌群所介导的功能差异

（资料来源：Zhang et al., 2018）

　　另外，刺参的肠道真菌与一种新的疾病——身体疱疹综合征 BVS（见第 2 章）密切相关。Zhao 等（2021）发现患身体疱疹综合征的刺参其肠道真菌群落与健康刺参相比丰富度和多样性显著提高。同时，主坐标分析揭示了刺参肠道真菌群落的组成结构发生了显著变化（图 10-10）。在患身体疱疹综合征的刺参肠道中，发现了较高丰度的 Tremelloycetes 和 Eurotiomycete，动物病原和真菌寄生虫在该病样品中也显著增加。刺参肠道的真菌与身体疱疹综合征发生显著相关。

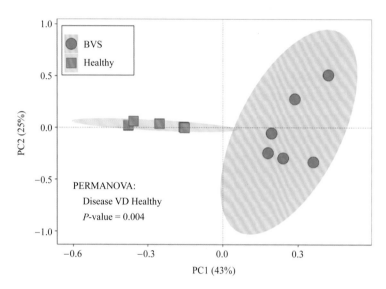

图 10-10　健康和身体疱疹综合征刺参肠道真菌群落的结构差异

BVS：身体疱疹综合征组；Healthy：健康组

（资料来源：Zhao et al., 2021）

10.5　环境因子协助肠道微生物促进疾病发生

　　随着季节的变化，环境理化因子也不断发生变化，导致环境中微生物的组成和数目发生动态变化，最终影响刺参肠道中微生物的组成和数量，进而影响疾病发生。有研究发现，低温对刺参肠道菌群结构有显著影响，在一定范围内，随着温度的降低，对肠道菌群的影响作用越强（荣小军，2012）。Zhang 等（2019b）通过对高温（20℃）下刺参肠道菌群结构分析发现，高温可以通过改变肠道菌群的结构，协助灿烂弧菌对刺参的侵染。刘洪展（2012）对不同水温下刺参发病率情况的分析表明，在 14℃到 26℃，随着水温的升高，刺参发病率明显增加，病情严重程度也显著上升；然而，水温高于 20℃时，菌感染 3 d 处理组的发病率和发病程度与对照 6 d 处理组无显著差异，甚至呈下降趋势。表明温度较低时，病菌是刺参发病的主导因素，温度升高加剧了病菌的感染性。

同时，由于养殖密度加大，积累的残饵、代谢废物等有机物在微生物的氨化作用下不断形成氨氮，导致养殖环境中氨氮浓度逐渐增大，严重影响了刺参的生理代谢功能，已成为刺参生长、存活的重要污染胁迫因子。研究表明，氨氮胁迫对刺参免疫和抗氧化指标影响显著。氨氮胁迫下刺参总体腔细胞数量和溶菌活力分别在 48 h、12 h 内呈峰值变化，分别于 12 h、6 h 达到最小值和最大值，然后恢复至对照组水平，各处理组抗菌活力、凝集活性随胁迫时间呈下降趋势。同时，氨氮对刺参免疫和抗氧化指标具有明显的抑制效应，其中体壁、体腔液 T-AOC、SOD 酶活性和体腔液 GSH 含量表现出显著的时间 – 剂量效应（王国辉等，2015）。随着对刺参处理氨氮含量的增加和处理时间的延长，发病刺参出现吐脏、触手伸缩活力下降、腹部管足出现溃疡性病斑、围口处溃烂以及最终死亡的症状。同时，氨氮胁迫也可以通过改变刺参肠道菌群的结构和功能影响刺参的生理状态，从而介导刺参疾病的发生（Zhang et al.，2019b）。在氨氮胁迫下，刺参肠道中的致病菌如灿烂弧菌和环形弧菌等的丰度显著升高，而菌群介导的细胞通讯途径（局灶性黏附、紧密连接和黏附连接）、免疫系统（NOD 样受体信号途径）、脂质代谢、聚糖生物合成和代谢等通路减少，为机会性致病菌的入侵提供条件。

Zhang 等（2019b）通过对刺参进行病原菌灿烂弧菌感染、机械损伤、高温、亚硝酸盐和氨氮处理后，对刺参肠道菌群结构分析发现，环境因子胁迫下肠道菌群的数量下降（表 10-2）。不同的环境胁迫条件导致 α- 变形菌纲相对丰富（30.31% ± 6.01% 至 70.74% ± 11.03%），比正常组（24.69% ± 4.66%）显著增加，厚壁菌门、放线菌门和 δ- 变形菌纲减少（图 10-11A）。在细菌科分类水平上，除机械损伤组外，不同环境胁迫条件下，红杆菌科相对丰度（47.81% ± 21.88% 至 68.57% ± 10.30%）较正常组（19.76% ± 6.52%）显著增加，弧菌科相对丰度（3.90% ± 4.17% 至 11.11% ± 5.02%）较正常组（0.71% ± 0.49%）显著增加，同时，冷杆菌科（Psychromonadaceae）相对丰度（2.19% ± 1.16%）较正常组（1.30% ± 0.66% 至 7.28% ± 5.14%）也显著增加。相反，OM60 和瘤胃球菌科在实验组相对正常组丰度下降（图 10-11B）。

表 10-2　不同环境因子胁迫条件下刺参后肠细菌菌群分类水平的测序结果

分组	Reads	种 OTUs	门 Phylum	纲 Class	目 Order	科 Family	属 Genus
对照组（Normal control，NC）	78 832	7749	39	118	233	441	849
灿烂弧菌感染组（V. splendidus，V.s）	74 315	6430	32	89	166	352	694
高温组（High temperature，HT）	78 472	5755	30	77	163	330	644
机械损伤组（Mechanical damage，MD）	69 969	6788	40	113	215	408	785
亚硝酸盐组（NO$_2$-N）	73 234	6855	33	100	202	402	783
氨氮组（NH$_3$-N）	73 931	5835	32	92	176	356	708

资料来源：Zhang et al., 2019b。

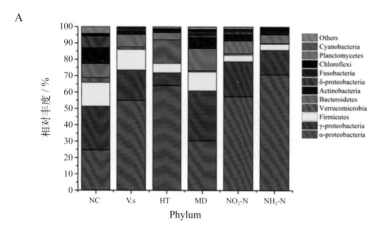

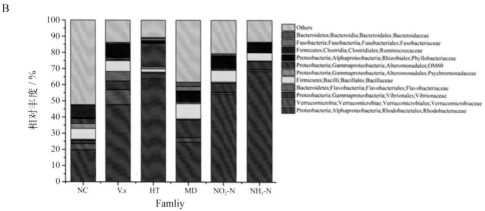

图 10-11　不同环境因子胁迫下后肠肠道菌群结构特征分析

A：门水平；B：科水平

（资料来源：Zhang et al., 2019b）

不同环境因子胁迫下后肠肠道菌群多样性分析用 Shannon 多样性指数评价了 6 组刺参微生物群落的 α-多样性。各环境胁迫个体 Shannon 多样性指数均较正常个体显著降低（$P < 0.05$）（图 10-12）。此外，机械损伤组的多样性指数也有所下降，在环境胁迫组中达到最低值。

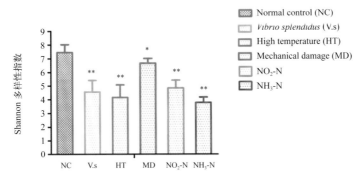

图 10-12　不同环境因子胁迫下刺参后肠肠道菌群多样性分析

*$P < 0.05$ 表示差异显著；**$P < 0.01$ 表示差异极显著

（资料来源：Zhang et al., 2019b）

Zhang 等（2019b）对 48 个样本中检测到的 OTUs 进行非度量多维尺度分析（non-metric multidimensional scaling，NMDS），结果显示后肠微生物群在 6 个组中基本上是不同的（图 10-13）。相似性分析（analysis of similarities，ANOSIM）进一步证实了这一模式，从而揭示了正常、灿烂弧菌刺激、高温加菌、机械损伤加菌、NO_2-N 加菌和 NH_3-N 加菌组之间后肠细菌群落的显著差异（ANOSIM，$r > 0.209$，$p < 0.05$）（表 10-3）。

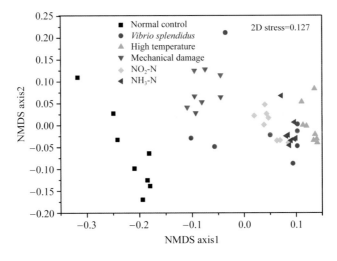

图 10-13　不同环境因子胁迫下刺参后肠肠道菌群非度量多维尺度分析

表 10-3　基于 Bray-Curtis 距离相似性分析的刺参后肠正常组微生物群落结构和
不同应激诱导腐皮综合征组的差异性检验

	Normal control		V. splendidus		High temperature		Mechanical damage		NO$_2$-N	
	r	P	r	P	r	P	r	P	r	P
对照组（Normal control）	—									
灿烂弧菌感染组（V. splendidus）	0.842 1	**0.000 2**	—							
高温组（High temperature）	0.960 9	**0.000 3**	0.390 6	**0.000 1**	—					
机械损伤组（Mechanical damage）	0.771 2	**0.000 3**	0.730 5	**0.000 6**	0.998 3	**0.000 2**	—			
亚硝酸盐组（NO$_2$-N）	0.902 9	**0.000 3**	0.209 3	**0.011 4**	0.702 6	**0.000 1**	0.897 9	**0.000 4**	—	
氨氮组（NH$_3$-N）	0.964 3	**0.000 2**	0.311 9	**0.001 7**	0.604 4	**0.000 1**	0.974 3	**0.000 2**	0.252 8	**0.021 8**

资料来源：Zhang et al., 2019b。

　　利用基于 16S 的细菌群落功能预测工具 Phylogenetic Investigation of Communities by Reconstruction of Unobserved States（PICRUSt）进一步分析了环境因子胁迫下刺参肠道菌群的功能变化。与正常组相比，不同的环境因子胁迫组肠道菌群介导的细胞通讯途径（局灶性黏附、紧密连接和黏附连接）、免疫系统（NOD 样受体信号途径）、脂质代谢、聚糖生物合成和代谢等通路显著减少（图 10-14）。

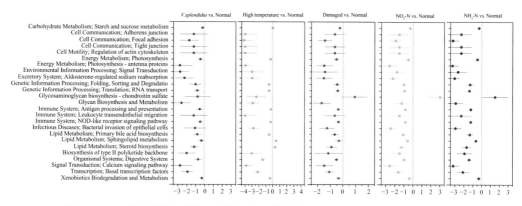

图 10-14　不同环境因子处理应激组与正常刺参后肠肠道菌群 KEGG 通路分析

（资料来源：Zhang et al., 2019b）

对不同环境因子胁迫下后肠肠道菌群中可以指示刺参腐皮综合征发生的菌群进行筛选，基于 IndVal 值 > 0.8，获得 21 个 OTU 作为物种水平上健康和患病组之间的差异，这些指示菌主要隶属于红杆菌科（图 10–15），红杆菌科细菌已经被报道是导致水生动物疾病的病原，例如蟹的乳状病（Wang，2011）。同时，在各个环境胁迫下，刺参肠道中蜡样芽孢杆菌（*Bacillus cereus*）、黄杆菌科、灿烂弧菌（*Vibrio splendidus*）和嗜环弧菌（*Vibrio cyclitrophicus*）的丰度均增加。利用 qRT-PCR 定量各环境因子胁迫组中灿烂弧菌的数量，发现其均高于单独的灿烂弧菌处理组，而机械损伤组的灿烂弧菌丰度最高（图 10–16）。说明环境因子在不同程度上协助了灿烂弧菌在刺参肠道中的定植。

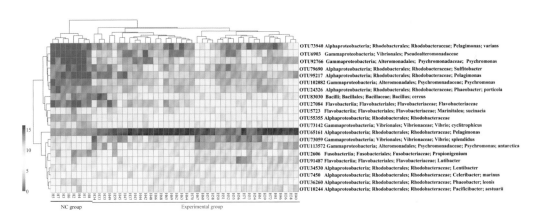

图 10–15　不同环境胁迫条件下刺参 28 个细菌指标的相对丰度

（资料来源：Zhang et al., 2019b）

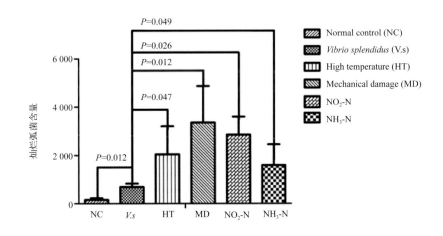

图 10–16　实验组与对照组灿烂弧菌丰度比较

（资料来源：Zhang et al., 2019b）

【主要参考文献】

柴英辉，高菲，王金锋，等，2019. 仿刺参（*Apostichopus japonicus*）肠道菌群的地域性差异与共性研究. 海洋与湖沼，50(05): 1127–1137.

丁君，李娇，王姮，等，2010. 利用 16S r DNA 方法检测刺参消化道细菌种类. 海洋环境科学，29(2): 250–254.

高菲，孙慧玲，许强，等，2010. 刺参消化道内含物细菌群落组成的 PCR-DGGE 分析. 中国水产科学，17(4): 671–680.

宫魁，王宝杰，刘梅，等. 2013. 乳酸菌及其代谢产物对刺参幼体肠道菌群和非特异性免疫的影响. 海洋科学，37(7):7–12.

黄会，2013. 三种海水养殖经济动物肠道菌群多样性的研究. 厦门：厦门大学.

贾晨晨，2019. 菊芋全粉对仿刺参生长、免疫力及肠道微生物的影响. 烟台：中国科学院烟台海岸带研究所.

李彬，荣小军，姜卓，等，2010. 秋、冬季节刺参养殖池塘浮游细菌数量变化规律的研究. 渔业科学进展，31(03): 44–48.

李彬，荣小军，廖梅杰，等，2012. 刺参肠道与养殖池塘环境中异养细菌和弧菌数量周年变化. 海洋科学，36(4): 63–67.

李虹宇，张公亮，侯红漫，等，2012. 仿刺参相关微生物对致病灿烂弧菌的拮抗及机理研究. 食品工业，33(9): 117–120.

李建光，徐永平，李晓宇，等，2014. 不同养殖季节仿刺参肠道与养殖环境中菌群结构的特点. 水产科学，33(9): 562–568.

李杰，2013. 患病仿刺参肠道菌群结构组成及有益菌的筛选与应用. 青岛：中国海洋大学.

刘洪展，2012. 养殖仿刺参对环境因子和病原的免疫应答及抗病分子机理. 青岛：中国海洋大学.

陆振，2019. 福建与山东、辽宁养殖仿刺参肠道菌群结构的差异分析. 渔业研究，41(03): 187–194.

陆振，杨求华，林琪，等，2016. 福建吊笼养殖仿刺参肠道菌群结构分析. 南方水产科学，12(3): 9–14.

孟繁伊，麦康森，马洪明，等，2009. 棘皮动物免疫学研究进展. 生物化学与生物物理进展，36(7): 803–809.

牛宇峰，田相利，杜宗军，等，2009. 投饵与不投饵池塘刺参肠道异养菌区系比较. 安徽农业科学，37(27): 13113–13117.

荣小军，2012. 刺参（*Apositchopus japonicus*）肠道菌群结构对环境变化的响应及其与疾病发生的相关性. 青岛：中国海洋大学.

孙奕，陈骗. 1989. 刺参体内外微生物组成及其生理特性的研究. 海洋与湖沼，20(4): 300–307.

王国辉，潘鲁青，丁原刚，2015. 氨氮胁迫对刺参生理健康指标的影响. 海洋湖沼通报，(02): 90–96.

王姣姣，李丹，王轶南，等，2015. 不同养殖时期刺参肠道内菌群结构的分析. 大连海洋大学学报，30(04): 345–350.

王瑞君，2005. 人体的胃肠道微生态系统和微生态失衡. 重庆高教研究，4(4): 39–41.

王印庚，荣小军，廖梅杰，等，2013. 刺参健康养殖与病害防控技术丛解. 北京：中国农业出版社：1–206.

杨求华，陆振，林琪，等，2016. 南移池塘养殖仿刺参肠道菌群结构分析. 渔业研究，38(3): 192–201.

于东祥，2005. 海参健康养殖技术. 北京：海洋出版社.

余彬，2015. 仿刺参（*Apostichopus japonicas*）肠道再生期巨大芽孢杆菌对生长、免疫、消化及肠道菌群的作用. 青岛：中国海洋大学.

张文姬，侯红漫，张公亮，等，2011. 仿刺参肠道可培养微生物多样性研究. 食品工业科技，32(9): 149–151.

Bogatyrenko E A，Buzoleva L S, 2016, Characterization of the gut bacterial community of the Japanese sea cucumber *Apostichopus japonicus*. Mikrobiologiia, 85(1):92–9.

Chi C, Liu J Y, Fei S Z, et al., 2014. Effect of intestinal autochthonous probiotics isolated from the gut of sea cucumber (*Apostichopus japonicus*) on immune response and growth of *A. japonicus*. Fish & Shellfish Immunol., 38(2): 367–373.

Dolmatov I Y, Ginanova T T, 2009. Post-autotomy regeneration of respiratory trees in the holothurian *Apostichopus japonicus* (Holothuroidea, Aspidochirotida). Cell Tissue Res., 336(1): 41–58.

Filimonova G F, Tokin I B, 1980. Structural and functional peculiarities of the digestive system of Cucumaria frondosa (Echinodermata: Holothuroidea). Marine Biology, 60(1): 9–16.

Gibson G R, Probert H M, Loo J V, et al., 2004. Dietary modulation of the human colonic microbiota: updating the concept of prebiotics. Journal of Nutrition, 17(2): 259–275.

Guerreiro I, Couto A, Machado M, et al., 2016. Prebiotics effect on immune and hepatic oxidative status and gut morphology of white seabream (Diplodus sargus). Fish & Shellfis Immunology, 50: 168–174.

Li X, Sun L, Yang H, et al., 2017. Identification and expression characterization of WntA during intestinal regeneration in the sea cucumber *Apostichopus japonicus*. Comp. Biochem. Physiol. B, 210: 55–63.

Ramírez-Gómez F, Ortíz-Pineda P A, Rojas-Cartagena C, et al., 2008. Immune-related genes associated with intestinal tissue in the sea cucumber *Holothuria glaberrima*. Immunogenetics, 60(7): 409.

Rojas-Cartagena C, Ortiz-Pineda P, Ramirez-Gomez F, et al., 2007. Distinct profiles of expressed sequence tags during intestinal regeneration in the sea cucumber *Holothuria glaberrima*. Physiological genomics, 2(31): 203–215.

Sasaki D, Sasaki K, Ikuta N, et al., 2018. Low amounts of dietary fibre increase in vitro production of short-chain fatty acids without changing human colonic microbiota structure. Scientific Reports, 8(1): 435–443.

Sha Y, Liu M, Wang B, et al., 2016. Gut bacterial diversity of farmed sea cucumbers *Apostichopus japonicus*, with different growth rates. Microbiology, 85: 109–115.

Shukalyuk A I, Dolmatov I Y, 2001. Regeneration of the digestive tube in the holothurian Apostichopus japonicus after evisceration. Russ. J. Mar. Biol., 27: 168–173.

Sun L, Chen M, Yang H, et al., 2011. Large scale gene expression profiling during intestine and body wall regeneration in the sea cucumber *Apostichopus japonicus*. Comp. Biochem. Phys., 6(2): 195–205.

Sun L, Sun J, Li X, et al., 2017. Understanding regulation of microRNAs on intestine regeneration in the sea cucumber *Apostichopus japonicus* using high-throughput sequencing. Comp. Biochem. Phys. D, 22: 1–9.

Wang L, Zhao X, Xu H, et al., 2018. Characterization of the bacterial community in different parts of the gut of sea cucumber (*Apostichopus japonicus*) and its variation during gut regeneration. Aquac. Res., 49: 1987–1996.

Wang W, 2011. Bacterial diseases of crabs: a review. J. Invertebr. Pathol., 106(1): 18–26.

Weigel B L, 2020. Sea cucumber intestinal regeneration reveals deterministic assembly of the gut microbiome. Appl. Environ. Microbiol., 86(14):e00489–20.

Yamazaki Y, Meirelles P M, Mino S, et al., 2016. Individual *Apostichopus japonicus* fecal microbiome reveals a link with polyhydroxy-butyrate producers in host growth gaps. Sci. Rep., 6: 21631.

Zhang H X, Wang Q, Zhao J M, et al., 2020. Quantitative microbiome profiling links microbial community variation to the intestine regeneration rate of the sea cucumber *Apostichopus japonicus*. Genomics, 112(6): 5012–5020.

Zhang H, Wang Q, Liu S, 2019c. Genomic and metagenomic insights into the microbial community in the regenerating intestine of the sea cucumber *Apostichopus japonicus*. Front. Microbiol., 10: 1165.

Zhang Z, Lv Z, Zhang W, et al., 2019a. Comparative analysis of midgut bacterial community under *Vibrio splendidus* infection in *Apostichopus japonicus* with hindgut as a reference. Aquaculture, 513: 734427.

Zhang Z, Xing R, Lv Z, et al., 2018. Analysis of gut microbiota revealed *Lactococcus garviaeae* could be an indicative of skin ulceration syndrome in farmed sea cucumber *Apostichopus japonicus*. Fish & Shellfish Immunol., 80:148–154.

Zhang Z, Zhang W, Hu Z, et al., 2019b. Environmental factors promote pathogen-induced skin ulceration syndrome outbreak by readjusting the hindgut microbiome of *Apostichopus japonicus*. Aquaculture, 507: 155–163.

Zhao Z, Zhou Z, Dong Y, et al., 2021. Association of intestinal fungal communities with the body vesicular syndrome: An emerging disease of sea cucumber (*Apostichopus japonicus*). Aquaculture, 530: 735758.

Zhi M L, Yue X M, Zhi P Y, et al., 2012. Immune responses and dis-ease resistance of the juvenile sea cucumber *Apostichopus japonicus* induced by *Metschnikowia* sp．C14. Aquaculture, 368 / 369(1): 10–18.

第 11 章　刺参病害生态防治

刺参养殖过程中需经常性地投喂大量的饵料，诸如鼠尾藻和海泥等，未被利用的残存饵料加上刺参自身的粪便，导致池塘内淤积大量的有机物。堆积的有机物量一旦超过养殖水体的自净能力，就会造成水质恶化，病原微生物大量滋生，养殖水体的生态环境遭到破坏，致使刺参发病（王印庚等，2006，2012；张春云等，2006，2009，2010）。人们往往使用抗生素治疗和预防由病原微生物引起的水产养殖动物疾病。在刺参养殖常见的腐皮综合征、化板症、烂胃病、烂边症、急性口围肿胀症和排脏症等各种常见病中，呋喃类抗生素、喹诺酮类抗生素和氨基苷类抗生素等均有应用（Han et al., 2016）。但是随着抗生素的大范围、高频率使用，残留在环境中的抗生素已经滋生了多种环境问题，如导致抗性基因的传播、微生物抗药性的产生和抗药性的增强，抗生素在生物体组织中的积累及伴随的免疫抑制效应以及对环境菌群和环境微生态的破坏作用，均给水产养殖业和人类健康造成了一定的危害。要从根本上解决水产动物病害问题，需要从刺参种苗种质、免疫增强剂、益生菌等微生物制剂及水体环境日常监测等各方面进行监管。本章节主要介绍刺参种质、多糖类免疫增强剂、微生物制剂和噬菌体在刺参病害防治中的应用。

11.1　刺参抗病育种

随着刺参产业规模的不断拓展，种质退化、生长缓慢、养殖周期长、抵御环境变化能力差和病害频发以及商品参品质下降等一系列制约或潜在制约产业发展的问题也日益凸显，尤其是自 2013 年以来频繁出现的持续高温、集中强降雨极端天气，对我国的刺参养殖造成了巨大损失，严重打击了从业者的信心，致使产业发展面临着前所未有的挑战。为有效解决产业面临的上述问题，引导这一优势产业持续、健康和稳定发展，应首先从种质这一产业基础环节着手，开展自然种质资源的收集、保护与修复，培育具有生长速度快、抗逆能力强的优质新品种（系），推进刺参养殖产业提质与持续增收增效。同时，应集成现代生物育种高科技手段，建立高效的刺参良种选育与应用推广技术体系，对原有刺参优质种质资源进行有效的提纯、复壮与筛选，为刺参产业的持续健康发展提供技术支撑。

我国从 20 世纪 70 年代开始探讨刺参的繁殖和育苗技术，辽宁、山东沿海各养殖单位纷纷培育出刺参苗种，已经在刺参大规模人工育苗技术方面取得了重大突破。刺参新品种的筛选指标多聚焦于生长速度、体重、疣足、耐高温和抗病等指标。目前，已育的刺参新品种有山东省海洋生物研究院和好当家集团有限公司培育出的"鲁海 1 号"、中国科学院海洋研究所和山东烟台东方海洋科技股份有限公司通过产学研结合选育的"东科 1 号"、山东省海洋资源与环境研究院与多家单位联合培育的刺参新品种"崆峒岛 1 号"、大连海洋大学的"水院 1 号"和"安源 1 号"等。

"参优 1 号"是我国首个具有抗逆性状的刺参新品种，于 2017 年通过国家水产原种与良种委员会评审，品种登记号为 GS-01-016-2017。该品种是由中国水产科学研究院黄海水产研究所与青岛瑞滋集团有限公司合作，历经 12 年培育的新品种，具有抗病力强、生长速度快和耐高温等优点。与亲本相比，"参优 1 号"的成活率达到99.6%，增重率 310%。"参优 1 号"刺参的外部特征在选育过程中未出现明显改变，参体呈圆筒状，两端稍细，背部隆起，肉刺坚挺，具有 4 ~ 6 排不规则排列的圆锥形疣足，口偏于腹面，周围生有 20 个楯状触手，肛门偏于背面；体色黄褐、棕褐或绿褐色，部分个体疣足周围有黑色斑点。刺参"参优 1 号"抗灿烂弧菌能力强，在 6 月龄时灿烂弧菌侵染后成活率提高 11.68%，可显著提高刺参抗化皮病的能力；生长速度快，池塘养殖收获时其平均体重提高 38.75%，可显著提高刺参的产量和经济效益；成活率高，池塘养殖收获时成活率提高 23% 以上。"参优 1 号"的成功选育填补了我国抗逆刺参良种培育的空白。

11.2　免疫增强剂

免疫增强剂是指单独或同时与抗原使用均能增强机体免疫应答的物质，其通过提高养殖动物的非特异性免疫力来提高机体对病原的抵抗力。免疫增强剂的主要作用方式包括提高养殖动物的非特异性免疫、提高养殖动物的特定生长率和抑制入侵的病原菌（Wang et al., 2019b）。免疫增强剂主要是通过细胞免疫和体液免疫两种方式来实

现对宿主免疫力的提升和病原致病力的抑制作用。在细胞免疫中，吞噬细胞为水产动物抵抗病毒和细菌的主要细胞，免疫增强剂的应用可提高水产动物溶菌酶及黏多糖等物质的活性，强化宿主的防御能力，保障其吞噬及胞饮作用的有效发挥，实现非特异性免疫，用于抵挡病原的侵害。同时，免疫增强剂也可强化淋巴细胞的活性，如 T 细胞或 B 细胞等，形成巨噬细胞活性因子，强化水产动物的杀菌能力，增加水产动物的巨噬细胞含量，实现有效的细胞免疫。在体液免疫中，免疫增强剂的应用可提高水产动物补体的 C3 成分，该类物质可避免水产动物被微生物感染，也可提高水产动物的病原体消除能力，与抗体联合使用，可实现病原菌的有效杀灭，从整体提升水产动物的抵抗力（Ganguly et al., 2010）。同时，免疫增强剂可增加水产动物体内抗体的数量，避免病害传播。由于免疫增强剂具有比抗菌素更安全、比疫苗作用范围广等优点，越来越受到重视，特别是对提高以非特异性免疫为主的无脊椎动物（对虾、贝类及海参）的免疫力尤为重要。目前，水产养殖中常用的免疫增强剂主要有中草药、多糖类物质、益生菌及生物组织提取物等物质。

11.2.1 中草药制剂

中草药作为人体免疫增强剂使用在我国已有几千年的历史。近年来，中草药在水产养殖动物中的免疫刺激作用引起了人们的广泛关注。中草药对于增强刺参机体免疫力、预防及治疗病原微生物引起的刺参病害以及促进刺参生长等具有良好的效果，同时，又因其无抗药性、无残留、无副作用、不引发药源性疾病及抑菌杀菌效果明显而备受人们关注。中草药制剂在刺参中的应用研究已经开展了十几年，目前已筛选到的可应用于刺参养殖的中草药见图 11-1。孟庆大等（2008）将生化散与具有提高白细胞吞噬力的穿心莲、大蒜相结合，按 1% 的剂量添加至饲料中喂养重量为 2 ~ 3 g 的刺参 14 d，皮下注射 0.5 mL 美人鱼弧菌进行攻毒实验，在 20 d 的急性感染时期内，刺参的发病率由对照组的 100% 降低至 60%，致死率由 60% 降低为 0%。黄芪作为免疫增强剂使用已有近 2 000 年的历史，Wang 等（2009）首次研究了黄芪根及其多糖对海参非特异性免疫应答的增强作用。使用 3% 的黄芪细粉 CP、超细粉 SP 和 0.3% 的黄芪多糖 APS 分别喂养刺参 60 d 后，属于体液反应的溶菌酶（lysozyme，LZM）活性、活性氧 ROS 的水平均明显增加，但血清酚氧化酶（phenoloxidase，PO）活性并未发生显著变化。然而，细胞水平的免疫反应只有在喂食含有 SP 或 APS 的饲料 20 d 时才被检测到。对 SP 和 APS 喂养 60 d 后的刺参分别采用灿烂弧菌进行攻毒实验，刺参的累计出现症状的比率从对照组的 66.67% 下降到 16.67% 和 33.34%，而 CP 喂养 60 d 后的刺参的累计出现症状比率与对照组相同。研究结果表明，黄芪根及其多糖可以作为潜在的刺参免疫增强剂，在刺参抵抗病原的过程中发挥重要作用。甘草酸（Glycyrrhizin）又名甘草皂甙，是从中草药甘草中提取的一种有效药用成分，已有的研究表明甘草酸可有效提高哺乳动物对疾病的抵抗力。甘草酸具有免疫调节等多种生物活性，如类皮质激素作用、抗瘤作用、抗炎作用、抗病毒作用和抑菌作用等，在临床药学中已经被应用于疾病的治疗与预防。陈效儒等（2010）分别添加 50 mg/kg、100 mg/kg 和 200 mg/kg 的甘草酸至基础饲料中，配置 4 种饲料，喂养体重为 6.8 g 左右的稚参 8 周。饲料中添加甘草酸对刺参的成活率没有影响，各处理组均为 100%，当饲料中甘草酸添加量为 100 mg/kg 和 200 mg/kg 时，刺参体腔细胞 O_2^- 产量、超氧化物歧化酶（superoxide dismutase，SOD）活性和酸性磷酸酶（acid phosphatase，ACP）活性均显著提高，同时还显著提高了刺参体腔细胞一氧化氮合酶（nitric oxide synthase，NOS）和溶菌酶（lysozyme，LZM）的活性；但是只有当饲料中添加 200 mg/kg 甘草酸时，可显著提高刺参的特定生长率（specific growth rate，SGR）。养殖周期结束后，通过注射灿烂弧菌进行感染实验，对照组的刺参累计死亡率为 38.3%，而添加 100 mg/kg 和 200 mg/kg 甘草酸的刺参累计死亡率分别为 30.0% 和 26.7%。因此，饲料中添加 200 mg/kg 的甘草酸可以提高刺参养殖的产量，同时可以提高刺参的非特异性免疫力和抗病力，且全周期养殖期间投喂甘草酸不会产生免疫疲劳或其他副作用。冬虫夏草（*Cordyceps militaris*）是一种应用价值非常高的中药，属于子囊菌类肉座菌目虫草菌科，近年来的研究表明冬虫夏草饲料添加剂具有抗肿瘤、降血糖、降血脂、抗炎、免疫调节和抗癌活性。Sun 等（2015）研究了冬虫夏草作为饲料添加剂对刺参免疫力的作用。实验中分别采用 1%、2% 和 3%（w/w）的冬虫夏草喂养刺参 28 d，2% 或 3% 喂养浓度可显著上调免疫相关指标，包括吞噬作用（phagocytosis，PC）以及 LZM、SOD、ACP 和碱性磷酸酶（alkaline phosphatase，AKP）的活性。喂养 28 d 后，使用灿烂弧菌进行感染实验，结果发现，喂养含有 2% 和 3% 冬虫夏草饲料的刺参死亡率降低至 20%，与对照组的 50% 死亡率相比显著下降；而喂养 1% 冬虫夏草饲料的刺参死亡率为 40%，与对照组相比无显著差异。贾晨晨等（2019）研究了菊芋全粉对平均体重为 4.7 g 的稚参的免疫增强作用。对照组的刺参喂食基础饵料，试验Ⅰ组和Ⅱ组的刺参喂养添加 5 g/kg 和 15 g/kg 菊芋全粉的饲料，喂养周期为 42 d，并分为养殖试验期（0 ~ 28 d）和感染试验期（29 ~ 42 d）。试验结果表明：①养殖试验期，菊芋全粉处理组刺参的日增重无显著变化，喂养添加 5 g/kg 菊芋全粉的刺参的饲料利用率降低 0.75%，而喂养添加 15 g/kg 菊芋全粉的刺参的饲料利用率提高 21.05%；②感染试验期，灿烂弧菌刺激后，15 g/kg 菊芋全粉可在不同程度上提高 ACP、AKP 和 SOD 等酶的活性，而添加 5 g/kg 菊芋全粉仅可增强刺激前期刺参的 LZM 活性。据此得出结论，灿烂弧菌刺激下，15 g/kg 菊芋全粉可显著增强刺参免疫因子活力。鱼腥草（*Houttuynia cordata* Thunb，HCT）是三白草科植物，其干燥根中的提取物已经被证明具有抗白血病、抗肿瘤、抗病毒、抗过敏和抗氧化等基础生物学活性，被广泛用作佐剂。Dang 等（2019）首次在刺参中进行了 HCT 作为免疫增强剂可行性的初探，在饲料中添加两种浓度［1.5% 和 3%（w/w）］的 HCT，并喂养平均体重为 5 g 的稚参，饲养试验为期 4 周，每周取样分析肠道、触手和体腔液的体液免疫和细胞免疫指数。喂养 HCT 的刺参，体腔细胞的细胞数显著升高，且在喂养 1 周后达到高峰；刺参体腔细胞 ROS 的量显著增加，在第 3 周达到峰值，之后保持稳定；刺参小肠、触手、口部和体腔液的 AKP、ACP、SOD 和 LZM 的酶活性均得以显著提高。据此得出，在饲料中添加 HCT 能增强刺参免疫应答，HCT 是潜在的刺参养殖免疫增强剂。

图 11-1　用于刺参免疫增强剂的中草药
A：冬虫夏草；B：鱼腥草；C：黄芪；D：洋姜

中草药虽然可提高刺参的免疫力，然而在刺参养殖中需谨慎使用。姚刚等（2017）研究了五倍子、乌梅、石榴皮、黄芩和甘草 5 种中草药的单剂和复方药剂对稚参的急性毒性试验，结果表明中草药的浓度和配伍是中草药使用过程中最为重要的两个参数，高浓度的中草药对稚参表现出了一定的急性毒性，体表特征见图 11-2。48 h 内，五倍子、乌梅、石榴皮、黄芩和甘草对幼参的半致死浓度分别为 0.340 g/L、2.027 g/L、2.149 g/L、2.234 g/L 和 4.900 g/L，安全浓度分别为 0.055 g/L、0.272 g/L、0.166 g/L、0.271 g/L 和 0.605 g/L。因此，中草药的使用必须在安全浓度范围内，方可用作刺参细菌性疾病的防治药物。

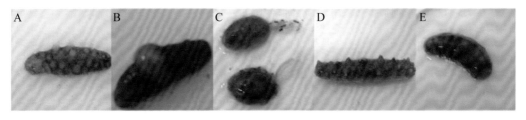

图 11-2　刺参对不同中草药所表现出的毒性反应

A：黄芩药物组刺参背部疣足出现溃烂、局部出现化皮；B：乌梅药物组刺参体壁出现白色增生；C：甘草药物组刺参出现排脏；D：五倍子药物组刺参个体体色发白、背部疣足突出；E：石榴皮药物组刺参出现轻度化皮症状

（资料来自：姚刚等，2017）

11.2.2　免疫多糖类

多糖类化合物广泛存在于植物、真菌和细菌中，并广泛参与细胞的各种生命现象及生理过程，如免疫细胞间信息的传递与感受，细胞的转化、分裂及再生活动等。多糖作为药物的研究始于 20 世纪 40 年代，迄今为止，大量的药理和临床研究结果表明，从生物体中提取的天然多糖，具有免疫增强作用强、安全性高和应用范围广等优点，因此是理想的免疫增强剂，具有激活免疫细胞和改善机体免疫功能等作用。从植物尤其是中药中分离出的多糖类化合物中水溶性多糖最为重要。在现代畜牧业中，利用天然多糖提取物作为免疫调节剂，可明显提高养殖动物的免疫力，解决其他药物的毒副作用及药物残留等问题。因此，对天然多糖提取物免疫调节作用的研究，将有助于开发更好的天然药物佐剂，并为水产动物疾病的防治提供新的资源与技术手段。目前，水产养殖中使用的多糖类免疫增强剂通常有：微生物多糖、甲壳素、壳聚糖和植物多糖等。已用于刺参免疫增强剂的多糖有 β-葡聚糖、甘露寡糖、壳聚糖和海藻多糖等（表 11-1），其中 β-葡聚糖在刺参免疫增强中的作用得以广泛研究，作为免疫增强剂在脊椎动物和无脊椎动物水产养殖中均得到了广泛应用。

β-葡聚糖是一种单多糖，其主链是由 $(1, 3)$-β-D-葡聚糖连接而成，支链可能含有 $(1, 6)$-β-D-葡聚糖。β-葡聚糖广泛存在于植物、藻类、细菌、酵母和蘑菇中，是细胞壁的主要成分。体外试验和刺参喂养后的试验数据表明，葡聚糖能够增强虾和鱼的抗感染能力、吞噬能力、超氧化物阴离子的产生和 LZM 等酶的活性。对某一特定物种来说，β-葡聚糖的质量、剂量和作用时间与其产生的免疫激活作用密切相关。Zhao 等（2011a）测定了 β-葡聚糖对刺参生长、免疫应答和抗灿烂弧菌感染等的影响，在基础饲料中添加浓度为 1.25 g/kg 和 2.50 g/kg 的 β-葡聚糖，结果两种

浓度的 β−葡聚糖对刺参免疫力的调控作用呈现一定的差异。在分别喂食含有 1.25 g/kg 和 2.50 g/kg 的 β−葡聚糖的饲料后，刺参体腔细胞的吞噬能力和 PO 酶活性比对照组的刺参明显增加，然而只有在喂食浓度为 1.25 g/kg β−葡聚糖的刺参中，刺参增长速度增加，体腔细胞的呼吸爆发活性显著提高。在喂养刺参 8 周后使用灿烂弧菌对刺参进行感染实验，喂养 1.25 g/kg β−葡聚糖的刺参累计死亡率仅为 37%，喂养 2.5 g/kg β−葡聚糖的刺参累计死亡率为 48.1%，喂养基础饲料组的刺参累计死亡率为 66.7%，因此，β−葡聚糖能够显著降低刺参在灿烂弧菌感染下的死亡率，但是具有明显的浓度依赖性。来自浒苔的多糖 PEP2 可显著提高刺参的吞噬能力、呼吸爆发活性、ACP、过氧化氢酶（catalase，CAT）和 SOD 的酶活性。喂养 0.25 mg、0.5 mg 和 1.0 mg PEP2 的刺参累计死亡率分别为 33.3%、23.3% 和 30.0%，而喂养基础饲料组的刺参累计死亡率为 53.3%，因此多糖 PEP2 可显著降低刺参的累计死亡率，其浓度依赖性显著低于 β−葡聚糖 (Wei et al., 2015)。壳聚糖对刺参的生长和免疫相关酶活具有明显的促进作用，白阳等（2016）在基础饲料中分别添加 35 kDa 的低分子量壳聚糖（low molecular weight chitosan，LMWC）和 400 kDa 的高分了量壳聚糖（high molecular weight chitosan，HMWC），添加浓度均为 1%（w/w），喂养初始体重为 6.77 g 的稚参 56 d 后，饲料中添加 LMWC 可显著增强刺参体腔细胞的 ACP、AKP 和 NOS 的酶活性，HMWC 对刺参体腔细胞的 AKP 和 NOS 均具有显著的增强作用。除了 β−葡聚糖和壳聚糖等，甘露聚糖（mannan oligosaccharide，MOS）、CpG 寡脱氧核苷酸（CpG ODN）、乳铁蛋白和维生素 C 均使刺参体腔细胞非特异性免疫应答具有不同程度的提高。在 L-15 培养基中分别加入上述不同浓度的待测免疫增强剂，与刺参体腔细胞共孵育，结果表明，免疫增强剂对刺参的免疫刺激作用具有特异性。β−葡聚糖、MOS 和 CpG ODN 对体腔细胞的吞噬能力、超氧化物阴离子生成、SOD 和总—氧化氮合酶（T-NOS）等免疫指标均有所提高。乳铁蛋白可显著增加体腔细胞的超氧化物阴离子的生成和 SOD 活性，但不影响吞噬作用和 T-NOS 活性。维生素 C 可显著增强体腔细胞 SOD 和 T-NOS 活性，但对吞噬作用和超氧化物阴离子的生成无明显影响（Gu et al., 2011）。

研究人员进一步对复合多糖作用下的刺参免疫调控进行了探究，研究了葡聚糖和 MOS 的混合物对刺参免疫及抗病力的影响。采用两种糖的复合物喂养 4 周后，刺参的总体腔细胞数（total number of coelomocyte，TCC）、PC、超氧化物阴离子活性、SOD 和 T-NOS 酶活性均有明显的增加。虽然 SGR 在不同的喂养条件下均有所增加，但是 0.15% β−葡聚糖和 0.1% MOS 的混合物喂养后，刺参 SGR 的增加量最大，由基础饲料喂养的 2% 提高到 3.8%。混合多糖喂养 4 周后，采用灿烂弧菌进行感染试验，刺参的累计死亡率均有所下降，但是，0.15% β-葡聚糖和 0.1% MOS 的复合作用下刺参死亡率由 54% 下降至 20% 左右，因此 0.15% β-葡聚糖和 0.1% MOS 的复合物对灿烂弧菌感染的刺参具有比单一多糖更高的保护效应（Gu et al., 2011）。

表 11-1　应用于刺参免疫增强的免疫多糖类

免疫增强剂	病原菌	免疫增强	保护效应	参考文献
β-葡聚糖和甘草酸	灿烂弧菌	使用 β-葡聚糖和甘草酸喂养 45 d 后，刺参的 PC、胞内超氧化物阴离子的产生、LZM 和 SOD 活性均显著高于对照组	添加 0.2% β-葡聚糖和 0.02% 甘草酸饲料的刺参，累计死亡率分别为 37.8% 和 42.2%，显著低于对照组的 57.8% 累计死亡率	Chang et al., 2010
β-葡聚糖	灿烂弧菌	补充葡聚糖 1.25 g/kg 的 β-葡聚糖可显著增强刺参的生长、体腔细胞的 PC、PO 酶活及呼吸爆发活性	添加 1.25 g/kg β-葡聚糖饲料的刺参累计死亡率为 37.0%，添加 2.5 g/kg β-葡聚糖饲料的刺参累计死亡率为 48.1%，显著低于对照组的 66.7% 累计死亡率	Zhao et al., 2011a
β-葡聚糖和甘露寡糖	灿烂弧菌	β-葡聚糖和甘露寡糖及其组合显著增加刺参的 TCC、PC、超氧化物阴离子的产生和 SOD 活性；有且仅有 β-葡聚糖、β-葡聚糖-MOS 喂养刺参的 T-NOS 活性显著增加；0.15% β-葡聚糖和 0.1%MOS 复合作用下的免疫刺激效果要显著高于其他处理组	添加 0.15% β-葡聚糖和 0.1%MOS 复合饲料的刺参的累计死亡率由对照组的 54% 降至 20%	Gu et al., 2011
多糖 PEP2	灿烂弧菌	PEP2 显著提高了刺参的 PC、呼吸爆发活性、ACP、CAT 和 SOD 的活性	注射 0.25 mg、0.5 mg 和 1.0 mg PEP2 的刺参，累计死亡率分别为 33.3%、23.3% 和 30.0%，显著低于对照组的 53.3% 累计死亡率	Wei et al., 2015
壳聚糖	—	饲料中添加 LMWC 可显著增强刺参体腔细胞中 ACP、AKP 和 NOS 的活性，HMWC 对刺参体腔细胞的 AKP 和 NOS 均有显著的增强作用	—	白阳等，2016

资料来源：Zhang et al., 2021。

11.2.3 肽类物质

免疫活性肽是指一类存在于生物体内具有免疫功能的多肽，这种多肽在体内一般含量较低，结构多样。它是一种细胞信号传递物质，通过内分泌、旁分泌及神经分泌等多种作用方式行使其生物学功能，沟通各类细胞间的相互联系。免疫活性肽的研究始于1981年，但是关于多肽类物质在刺参免疫增强中的应用研究较少。Wang等（2013）研究了多肽类物质作为免疫增强剂在刺参养殖中的应用。多肽采用直接注射的方式注入刺参体内，对照组注射等体积的无菌过滤海水，测定了非特异性体液反应和细胞反应。结果表明，试验组中刺参的免疫指标显著高于对照组刺参。多肽喂食后的第4天，刺参的PC能力和呼吸爆发活性均达到最高值，分别是对照组的2.3倍和1.4倍，但是刺参体内的TCC并无增加。体液免疫相关的ACP、AKP和SOD酶活性可分别提高为对照组的2.3倍、2.2倍和2.0倍。采用灿烂弧菌感染刺参后，注射0.5 mg多肽的刺参累计死亡率为43.3%，未注射多肽的刺参累计死亡率为66.7%。Wang等（2015）采用不同浓度的多肽与刺参体腔细胞共孵育1 h、3 h、6 h、12 h和24 h后，测定体腔细胞的PC、呼吸爆发活性以及ACP、AKP和SOD酶活性。结果表明，各免疫参数均显著增强，在孵育6 h后，刺参的PC和呼吸爆发活性均达到最高值，分别是对照组的1.6倍和1.1倍。在体液免疫相关反应中，ACP、AKP和SOD活性在6 h时也达到最大值，分别是对照组的1.4倍、1.3倍和1.4倍。这一系列的研究结果表明，多肽物质可增强刺参的非特异性免疫应答。

11.2.4 免疫增强菌剂

抗生素曾经在水产养殖病害防治过程中发挥过重要作用，但是抗生素的高频和过量使用及其在环境中的残留会危害到人类健康和环境安全。目前所提倡的生态养殖模式，是采用在养殖水体中加入有益微生物，以调节和改善养殖微生态环境，控制和减少养殖动物病害的暴发。有益微生物是指能够提高水产养殖动物的产量、提高其抗病能力及改善水质环境的细菌，一般包括光合细菌、乳酸杆菌、放线菌、硝化和反硝化菌、双歧杆菌及酵母等细菌和真菌等数十种微生物制成的活菌制剂，因此又被称为微生态制剂。海参养殖环境及体表菌群之间的拮抗作用对其自身疾病的预防具有重要作用，因此保持体表菌群的稳定对抑制病原菌的侵染和病害发生有着重要作用。从使用效果上来说，使用微生态制剂进行防治不仅能降低养殖成本，也提高了海参产品的安全性和健康性。微生态制剂主要从两个角度进行养殖动物疾病的防治，其一是增强宿主免疫相关指标，其二是抑制入侵的病原菌。

已有研究表明，健康动物体内或养殖环境中具有产酶能力的微生物是益生菌的有效来源。目前已获得了多株潜在的益生菌，并测定了益生菌对刺参生长、消化、免疫及抗病力的影响研究（表 11-2）。在此着重介绍从自然海域生长的健康刺参体内及其生长环境中筛选的具有多种水解酶活性的益生菌，介绍其对刺参的免疫增强作用，并对其进行安全性和初步分类鉴定，为刺参益生菌制剂的研发与应用提供科学依据。

杨志平等（2013）从健康刺参（体重为 10 ~ 30 g）肠道中分离出 50 株细菌，并对菌株产淀粉酶、蛋白酶、脂肪酶和纤维素酶等酶的能力进行测定，获得了 3 株产酶能力高，且不产生溶血的菌株 BC26、BC228 和 BC232。经 16S rRNA 基因序列分析，BC26、BC228 和 BC232 菌株分别与芽孢杆菌 *Bacillus* sp. FA132、假交替单胞菌 *Pseudoalteromonas* sp. NBRC102016 和塔斯马尼亚弧菌 *Vibrio tasmaniensis* 04102 具有 99% 的相似性。添加 10^9 CFU/g 的菌体至基础饲料中，喂养刺参后，通过注射和浸泡两种感染模式检测刺参抗感染能力，结果刺参均无死亡，初步表明三株菌在刺参病害防治中具有应用潜力。马氏副球菌 *Paracoccus marcusii* DB11 对刺参的生长具有一定的刺激作用，且其免疫刺激作用具有明显的组织特异性和剂量依赖性。当 *P. marcusii* DB11 的浓度为 1×10^8 CFU/g 时，刺参体腔液中的免疫相关指标——SOD、CAT、LZM、ACP 和 AKP 的酶活性显著增强；然而，刺参体壁中此类酶的酶活性并没有得到显著性提高；呼吸树中 SOD、CAT 和 ACP 活性显著升高，然 LZM 活性显著降低；肠内 LZM 和 AKP 酶活性显著提高，SOD 活性显著降低。喂养结束后，使用灿烂弧菌感染刺参，与对照组 40% 的死亡率相比，喂养 DB11 的刺参死亡率为 0%，可见 1×10^8 CFU/g 的 DB11 对灿烂弧菌感染的刺参达到 100% 的保护效率。Zhao 等（2012）使用枯草芽孢杆菌 *Bacillus subtilis* T13 喂养刺参 30 d 后，*B. subtilis* T13 对刺参的 SGR 有显著影响。饲料中加入 10^9 CFU/g 的 *B. subtilis* T13 还可显著提高刺参体腔细胞的 PC、呼吸爆发活性、T-NOS 酶活性、TCC 和 SOD 酶活性，使用 10^9 CFU/g *B. subtilis* T13 的饲料喂养 30 d 后，使用灿烂弧菌感染刺参，刺参的累计死亡率为 20.0%，而使用 10^5 CFU/g 和 10^7 CFU/g 的 T13 饲养后刺参的累计死亡率均为 50.0%（Zhao et al., 2012）。同样是芽孢杆菌，蜡样芽孢杆菌 *B. cereus* EN25 具有更高的免疫激活效应。Zhao 等（2016）使用 *B. cereus* EN25 喂养刺参 30 d，*B. cereus* EN25 对刺参的 SGR、TCC 和 ACP 的活性无显著影响，然可显著提高刺参的 PC、呼吸爆发活性和 T-NOS 的活性。在饲料中添加浓度为 10^7 CFU/g 的 EN25 的刺参在灿烂弧菌感染后的死亡率为 33.3%，远远低于对照组刺参 64.2% 的死亡率。另外，Yan 等（2014）筛选到了另一株

芽孢杆菌 Bacillus baekryungensis YD13， 使用浓度为 10^4 CFU/g、10^6 CFU/g 和 10^8 CFU/g 的 YD13 加入基础饲料中喂养刺参，10^4 CFU/g 和 10^6 CFU/g 浓度的 B. baekryungensis YD13 表现出了较强的免疫激活作用，喂养 60 d 后，刺参的 LZM、ACP、AKP、SOD 和 CAT 酶活性均不同程度地升高。喂养结束后，采用灿烂弧菌进行感染实验，结果表明，10^4 CFU/g、10^6 CFU/g 和 10^8 CFU/g 的 B. baekryungensis YD13 可使刺参的死亡率分别下降至 15%、5% 和 30%，显著低于对照组的 50%（Yan et al., 2014）。

　　酵母菌也是刺参养殖中常用的免疫增强菌剂。Liu 等（2012）筛选获得了对刺参具有免疫激活效果的酵母 Metschnikowia sp. C14，即使在其较低的水平，即 10^4 CFU/g 的浓度，刺参也获得了 100% 的相对保护效率。摄食 42 d 后，Metschnikowia sp. C14 可以在刺参肠道中定植，即使将刺参饲料从含有 Metschnikowia sp. C14 的饲料转为基础饲料，第 46 d 仍可在肠道中检测到 Metschnikowia sp. C14（Yang et al., 2014）。Ma 等（2013）分析了仙人掌有孢汉逊酵母菌 Hanseniaspora opuntiae C21 对刺参的保护效应，H. opuntiae C21 可显著提高刺参体腔细胞的 PC，体腔液的 LZM、PO、T-NOS、SOD、AKP 和 ACP 的活性，以及刺参体腔细胞裂解上清液中 LZM、T-NOS、AKP 和 ACP 的活性。采用含有 H. opuntiae C21 的饲料喂养刺参 45 d 后，使用灿烂弧菌进行感染实验，结果表明，H. opuntiae C21 可以对刺参产生 100% 的保护率，刺参的死亡率由对照组的 50% 降低至 H. opuntiae C21 饲养组的 0%。Wang 等（2015）使用 3 种不同浓度的海洋红酵母 Rhodotorula benthica D30 处理刺参，刺参的动物淀粉酶活性、纤维素酶活性和褐藻酶活性均有所提高，且随着 D30 浓度的增加，消化酶的活性亦有所增加。基础饲料中添加 10^7 CFU/g 的 R. benthica D30 可显著提高刺参的 LZM、PC 和 T-NOS 的活性。在饲料中添加 10^6 CFU/g 的 R. benthica D30，刺参体内的 PO 和 AKP 活性达到最高，但是 R. benthica D30 对刺参的 TCC 和 ACP 的活性无显著影响。喂养后的刺参使用灿烂弧菌感染，浓度为 10^5 CFU/g 和 10^6 CFU/g 的 R. benthica D30 喂养后的刺参死亡率为 10%，浓度为 10^7 CFU/g 的 R. benthica D30 喂养后的刺参死亡率为 0%，而喂养基础饲料的对照组刺参死亡率为 54.45%。因此，综合芽孢杆菌和酵母菌作为刺参免疫增强剂的研究，我们不难发现，在使用相同量的菌剂条件下，酵母菌明显具有更强的免疫增强作用，且菌剂对刺参的免疫刺激作用具有菌株特异性和剂量的依赖性，这一特点在 Yang 等（2015）的研究中表现更为突出。Yang 等同时研究了 B. cereus G19、B. cereus BC-01 和 Paracoccus marcusii DB11 三株菌对刺参的免疫增强作用。采用含有 B. cereus G19 的饲料喂养刺参后，其体腔细胞 PC、呼吸爆发活性和 AKP 酶活增强；采用含有 *B. cereus* BC-01 的饲料喂食后的刺参，其体腔细胞呼吸爆发活性和 AKP 酶活增强；采用含有 *P. marcusii* DB11 的饲料喂食后的刺参，其体腔细胞 PC、AKP 和 SOD 的酶活性均增强。因此可以得出结论，补充 *B. cereus* G19 和 BC-01 的饲料可以显著改善刺参的生长性能和体腔细胞的免疫反应，而补充 *P. marcusii* DB11 的饲料可以积极改善刺参的生长性能和刺参体腔细胞及肠组织的免疫反应。不同的细菌复合物也被用于刺参免疫增强作用的研究。使用枯草芽孢杆菌 *B. subtilis* YB-1 和 *B. cereus* YB-2 的益生菌混合物（Li et al., 2015），以及乳酸菌、鞘氨单胞菌和醋酸杆菌的组合（Bao et al., 2017），均获得了比使用单菌更好的免疫刺激效果。

如第 10 章所述，肠道菌群在宿主的营养、代谢、生长、上皮细胞分化、免疫功能调节和抵御外界不利因素等方面发挥着重要作用。益生菌也可通过调控水体和肠道菌群的群落组合而发挥作用。当使用 *Bacillus velezensis* DY-6 菌株浸浴接触后，仅在较低的 1×10^3 CFU/mL 浓度，刺参肠道菌体的丰富度和多样性分别可在 14 d 和 21 d 时达到对照组的两倍，刺参的非特异性免疫相关酶活性与肠道中的厚壁菌门 Firmicutes、变形菌门 Proteobacteria 和 拟杆菌门 Bacteroidetes 密切相关（Wang et al., 2019a）。采用另外一株耐低温益生菌白氏芽孢杆菌 *Bacillus baekryungensis* MS1 喂养刺参 30 d 后，*B. baekryungensis* MS1 处理组的肠道菌群以变形菌门为主，有少量 Gracilibacteria，而在喂养基础饲料组的刺参中以拟杆菌门和后壁菌门为主。当 *B. baekryungensis* MS1 组喂养至 60 d 时，除变形杆菌外，厚壁菌门的占比为 36.6%，而喂养基础饲料的刺参肠道中拟杆菌门和厚壁菌门的丰度显著下降（Li et al., 2020）。在喂养 10^5 CFU/g 和 10^7 CFU/g 的 *B. subtilis* 2-1 后，刺参体内包括弧菌在内的变形菌门的丰度下降，而当 *B. subtilis* 2-1 的丰度升高至 10^9 CFU/g 后，肠道中的菌群不仅弧菌受到抑制，且嗜冷杆菌属 *Psychrobacter* 和 芽孢杆菌属 *Bacillus* 的细菌丰度得到提高（Zhao et al., 2018）。

在有益微生物提高宿主免疫指标的研究中，涉及有益微生物对免疫相关基因表达影响的研究甚少，仅有少量研究关注了有益微生物对免疫相关 NF-κB 信号通路中相关基因的表达调控。Yang 等（2015）的研究表明 *B. cereus* G19 和 *B. cereus* BC-01 显著提高了体腔细胞中 *Ajrel* 和 *Ajp50* 基因的表达，而 *P. marcusii* DB11 显著提高了肠道中 *Ajp105*、*Ajp50* 和 *Ajlys* 基因的表达水平。由于 Ajp105 是 Ajp50 的前体，所以 *P. marcusii* DB11 菌株可以顺序诱导肠道组织中 *Ajp105* 和 *Ajp50* 的表达，从而导致 NF-κB 的活化和迁移，调控其他免疫功能基因包括 *Aj-lys* 的组织特异表达。

表 11-2　用于免疫增强作用的菌剂

菌剂	病原菌	免疫增强	保护效应	参考文献
枯草芽孢杆菌 *Bacillus subtilis* T13	灿烂弧菌	枯草芽孢杆菌 T13 对刺参的 SGR 有显著影响。浓度为 10^9 CFU/g 的 T13 加入饲料中，可显著提高刺参体腔细胞的 PC、呼吸爆发活性和 T-NOS 活性，TCC 和 SOD 酶活性	以 10^9 CFU/g 的 T13 喂养的刺参累计死亡率为 20.0%，显著低于喂养基础饲料组的 56.2% 的累计死亡率，以 10^5 CFU/g 和 10^7 CFU/g 的 T13 喂养的刺参的累计死亡率均为 50.0%	Zhao et al., 2012
仙人掌有孢汉逊酵母 *Hanseniaspora opuntiae* C21	灿烂弧菌	C21 显著提高刺参体腔细胞的 PC、LZM、PO、T-NOS、SOD、AKP 和 ACP 酶活性，以及刺参体腔细胞裂解上清液中 LZM、T-NOS、AKP 和 ACP 酶活性	累计死亡率由对照组的 50% 降低至 0%	Ma et al., 2013
马氏副球菌 *Paracoccus marcusii* DB11	灿烂弧菌	以浓度为 1×10^8 CFU/g 的 DB11 喂养的刺参中，SOD、CAT、LZM、ACP 和 AKP 酶活性均显著增强。但对体壁的相关参数无影响。呼吸树中 SOD、CAT 和 ACP 酶活性显著升高，然而 LZM 酶活性显著降低。肠组织中 LZM 和 AKP 酶活性显著提高，但 SOD 酶活性显著降低	以浓度为 1×10^8 CFU/g 的 DB11 喂养刺参，累计死亡率为 0%；以浓度为 1×10^4 CFU/g 的 DB11 喂养刺参，累计死亡率为 15%；以浓度为 1×10^6 CFU/g 的 DB11 喂养刺参，累计死亡率为 10%，均显著低于基础饲料喂养组的 40% 累计死亡率	Yan et al., 2014
海洋红酵母 *Rhodotorula benthica* D30	灿烂弧菌	3 种益生菌处理组的动物淀粉酶活性、纤维素酶活性和褐藻酶活性均有所提高。随着添加浓度的增加，其消化酶活性值也随之增加。添加量为 10^7 CFU/g 的 D30 可显著提高刺参的 LZM、PC 和 T-NOS 酶活性。添加量为 10^6 CFU/g 的 D30 中 PO 和 AKP 酶活性增加，但是对刺参的 TCC 和 ACP 酶活性无显著影响	以 10^5 CFU/g、10^6 CFU/g 和 10^7 CFU/g 的 D30 喂养的刺参，累计死亡率分别为 10%、10% 和 0%，显著低于对照组的 54.45% 累计死亡率	Wang et al., 2015

续表

菌剂	病原菌	免疫增强	保护效应	参考文献
蜡样芽孢杆菌 *Bacillus cereus* EN25	灿烂弧菌	EN25 对刺参的 SGR、TCC 和 ACP 酶活性无显著影响。浓度为 10^7 CFU/g 的 EN25 可显著提高刺参 PC、呼吸爆发活性和 T-NOS 的活性。与对照组相比，浓度为 10^5 CFU/g 和 10^7 CFU/g 的 EN25 对刺参 SOD 酶活性无显著影响，而浓度为 10^9 CFU /g 的 EN25 显著降低了刺参的 SOD 酶活性	浓度为 10^7 CFU/g 的 EN25 喂养的刺参的累计死亡率为 33.3%，显著低于对照组的 64.2% 累计死亡率	Zhao et al., 2016
乳酸菌 *Lactobacillus* sp. 鞘氨醇单胞菌 *Sphingomonas* sp.	—	当相对丰度为 22.6、0.7 和 0.5 时，SGR 增加，刺参体腔液中 SOD、CAT、LZM、ACP 和 AKP 酶活性升高	—	Bao et al., 2017
枯草芽孢杆菌 *Bacillus subtilis* 2-1	—	10^9 CFU/g 枯草杆菌 2-1 可显著提高 SGR、肠道淀粉酶和胰蛋白酶活性；抑制包括弧菌属在内的变形菌属	—	Zhao et al., 2018
醋酸杆菌 *Acetobacter* sp.	—	醋酸杆菌可显著提高 SGR、胃蛋白酶、胰蛋白酶、淀粉酶和脂肪酶活性；体腔细胞的 PC 和呼吸爆发活性明显增加；体腔液上清和体腔细胞裂解上清中的 LZM 和 PO 酶活性升高。与对照组相比，肠道内细菌总数增加，弧菌数量减少	—	Ma et al., 2019
芽孢杆菌 *Bacillus velezensis* DY-6	—	刺参 SGR、ACP、AKP、SOD 和 LZM 酶活性均升高	—	Wang et al., 2019a
芽孢杆菌 *Bacillus baekryungensis* MS1	灿烂弧菌	刺参 SGR、CAT、ACP、AKP、SOD 和 NOS 酶活性均升高	MS1 喂养后刺参的累计死亡率为 52.5%，显著低于对照组的 72.5% 累计死亡率	Liu et al., 2020b

11.3 拮抗菌剂

灿烂弧菌是刺参养殖主要病原菌，因此目前已经报道的拮抗菌剂的筛选多是针对灿烂弧菌展开。目前已经研究的潜在刺参益生菌剂如表 11-3 所示。李虹宇等（2012）从来自大连三山岛的健康刺参体表和肠道中分离得到 37 株细菌，采用十字交叉划线法筛选出对灿烂弧菌具有拮抗作用的菌株 20 株，利用纸片法筛选出对灿烂弧菌具有拮抗作用的菌株 8 株，其中有 7 株菌均是通过竞争营养物质和生存空间或者产生有抑菌活性的胞外产物两种方式协同抑菌。其中，假交替单胞菌 *Pseudoalteromonas* sp. CG-6-1 主要分泌蛋白类等具有极性的生物大分子，其胞外产物经过 80% 的硫酸铵沉淀后抑菌活性最高，产生的抑菌圈可达到 25 mm。李文卓等（2013）通过同样的筛选策略，对刺参体表的细菌进行了分离和拮抗活性的筛选，获得 1 株枯草芽孢杆菌 *B. subtilis* CG，并通过正丁醇提取、硅胶 G 薄层层析、官能团显色反应和红外光谱分析，最终推断主要的拮抗物质为氨基糖苷类化合物。陈四清等（2014）从红岛的刺参养殖区泥样中分离了 27 株可培养细菌，其中包含了一株灿烂弧菌 LJ08，基于科赫法则回感染表明 LJ08 对幼参具有致病性。泥样中分离获得的可培养细菌经安全性、抑菌活性和毒性检测，筛选出对灿烂弧菌 LJ08 有明显拮抗作用的柠檬黄假交替单胞菌 *Pseudoalteromonas citrea* LJ03、海水芽孢杆菌 *Bacillus aquimaris* LJ04 和白色食琼脂菌 *Agarivorans albus* LJ06。其中，LJ03 和 LJ06 对幼参具有很好的保护效应，LJ06 对幼参的排脏保护率达 104.7%。

针对刺参其他病原的拮抗菌的筛选和应用也得到了广泛的研究。郑风荣等（2011）以刺参皮肤溃烂、胃口部肿胀病原菌假交替单胞菌（*Pseudoalterononas* sp.）为指示菌，筛选获得一株拮抗菌——奥氏弧菌（*Virbio ordalii* CGMCC No.4668），其胞外产物经过盐析方法制备的蛋白类沉淀产物具有较高的拮抗活性，对刺参的保护率可达到 70% ~ 80%。Zheng 等（2012）针对可引起溃疡和肠壁肿胀病的假交替单胞菌进行了拮抗菌的筛选。从刺参体内及其培养环境中分离出 266 株细菌，利用点接种法、滤纸片法和牛津杯法获得了弧菌（*Vibrio ordalii*）、沙福芽孢杆菌（*Bacillus safensis*）、假单胞菌（*Pseudomonas tetraodonis*）、叶氏假交替单胞菌（*Pseudoalteromonas elyakovii*）和假单胞菌（*Pseudomonas segetis*）5 种对假交替单胞菌具有拮抗活性的细菌。对其生长和拮抗特性的进一步研究表明：① *V. ordalii* 是 5 种拮抗菌中抗菌能力最强的菌株，即使在低温下亦具有明显的拮抗活性，不同培养阶段的分泌物经硫酸铵沉淀的产物也具有抗菌活性；② *P. tetraodonis* 和 *P. elyakovii* 仅在 28℃时对病原菌具有抗菌活性，其不同生长阶段的胞外产物也具有较强的拮抗作用；③不同生长阶段 *B. safensi*s 的胞外产物均不具有抗菌活性。将 *P. elyakovii* 和 *V. ordalii* 的胞外产物注射至刺参体内，可增强其非特异性免疫相关酶 LZM、SOD 和 AKP 的酶活性及抗病性。李明等（2012）采用包括 PDA、YPD 和 MEA 等多种酵母菌培养基，从大连柏岚子海域刺参和大连黑石礁海域刺参中共分离出 23 株酵母菌，以 8 株刺参溃烂病和急性口围肿胀症的病原菌为指示菌，包括假单胞菌 *Pseudomonas* sp. BP12、弧菌 *Vibrio* sp. HSX31、弧菌 *Vibrio* sp. HSX32、西瓦氏菌 *Shewanella marisflavi* AP629、灿烂弧菌 *V. splendidus* NB13、弧菌 *Vibrio* sp. NB14、海单胞菌 *Marinomonas dokdonensis* KW21 和 灿烂弧菌 *Vibrio splendidus* KW22，采用双层琼脂扩散法对所分离菌株的拮抗活性进行测定，获得了 17 株对不同的病原菌具有拮抗作用的菌株。各酵母菌的抗菌谱和活性强度具有明显的菌株特异性，其中 C11 菌株的抗菌谱最广，且抗菌活性最强。来自刺参肠道的拮抗菌 C11、C14 和 C21 菌株的胞外产物经硫酸铵沉淀后对灿烂弧菌 NB13 具有明显的抗菌活性，C14 菌株胞外产物经 65% 硫酸铵沉淀获得的粗提物对热和蛋白酶 K 敏感，表明 C14 产生的拮抗物质为蛋白质。杜佗等（2017）以灿烂弧菌（*V. splendidus*）和假交替单胞菌（*Pseudoalteromonas nigrifaciens*）为指示菌，从大连地区四个季节的刺参养殖池塘的水体表面和底泥中进行拮抗菌的筛选，从 66 株可培养菌株中获得了土著益生菌枯草芽孢杆菌 *B. subtilis* YQ-2，该菌在大水面刺参池塘水体中的数量明显高于其他菌株，在水体中的密度达到 140 ~ 280 CFU/mL；且优势度亦较高，四个季节的优势度分别为 4.2%、3.5%、2.6% 和 4.6%，冬季和春季的优势度明显高于夏季和秋季。遗憾的是，他们并未对 *B. subtilis* YQ-2 所能达到的保护效应进行测定。王金燕等（2018）以刺参腐皮综合征主要致病菌假交替单胞菌（*P. nigrifaciens*）、灿烂弧菌（*V. splendidus*）、副溶血弧菌（*V. parahaemolyticus*）和溶藻弧菌（*V. alginolyticus*）为指示菌，从东营的刺参养殖池塘环境中对水样和底泥样品中的可培养细菌进行了拮抗菌的分离鉴定，获得了拮抗菌贝莱斯芽孢杆菌 *Bacillus velezensis* DY-6，该菌对受试致病菌均有较好的抑制作用，抑菌圈直径分别达到 24 mm、22 mm、27 mm 和 37 mm。进一步对该菌的安全性进行了初步评估，使用高浓度的 *B. velezensis* DY-6 菌体浸泡刺参，在实验期间浸浴组和投喂组刺参状态良好，没有发病和死亡现象。研究结果表明 *B. velezensis* DY-6 具有良好的抑菌能力，且生长速度快，具有广温广盐等优点，可更好地适应黄河口地区夏季水温偏高、盐度波动大的特点， 在刺参养殖细菌病害防治中具有较大的应用潜力。

人们进一步对具有拮抗活性的物质进行了性质测定和分离纯化。Liu 等（2017）从健康的虎斑乌贼体内筛选到一株可以拮抗刺参病原灿烂弧菌 *V. splendidus* AJ01 的弧

菌 *Vibrio* sp. V33，*Vibrio* sp. V33 所分泌的抑菌物质主要存在于分泌物中，将 *Vibrio* sp. V33 的上清加入灿烂弧菌 *V. splendidus* AJ01 的培养体系中，可对灿烂弧菌的生长达到 38% 的抑制，将 *Vibrio* sp. V33 的无菌上清于 100℃ 加热 5 分钟，其拮抗活性没有发生显著变化，因此提示弧菌 *Vibrio* sp. V33 产生的拮抗物质为非蛋白类物质。为了将 *Vibrio* sp. V33 对灿烂弧菌的拮抗作用进行量化，首先分别筛选了 *V. splendidus* AJ01 和 *Vibrio* sp. V33 的抗生素标记，*Vibrio* sp. V33 对氯霉素 Chl 和四环素 Tet 有抗性，对氨苄青霉素 Amp 和卡那霉素 Kan 敏感；而 *V. splendidus* AJ01 对氨苄青霉素 Amp 和卡那霉素 Kan 具有抗性，但是对氯霉素 Chl 和四环素 Tet 敏感，因此选择氨苄青霉素 Amp 作为标记进行海水中 V33 拮抗灿烂弧菌 AJ01 的实验。在自然海水中，*Vibrio* sp. V33 和 *V. splendidus* AJ01 共孵育 24 h 后，与对照组相比，*V. splendidus* AJ01 的数量大大减少，数量约降低 89%。进一步对 *Vibrio* sp. V33 上清中所含的拮抗物质的活性从分子量、热稳定性及极性等角度进行了表征，结果表明，*Vibrio* sp. V33 分泌的拮抗物质具有热稳定、水溶性及分子量小等特点。另外，对 *Vibrio* sp. V33 和 *V. splendidus* AJ01 分别进行铁吸收的测定，发现 *Vibrio* sp.V33 具有更高的铁吸收效率，因此，推测 *Vibrio* sp. V33 可能是通过拮抗灿烂弧菌的铁吸收过程实现对灿烂弧菌 *V. splendidus* AJ01 生物量的抑制。加入 *Vibrio* sp. V33 的无菌上清后，由于其对溶液中的铁离子具有更好的络合能力，导致 *V. splendidus* AJ01 的生长处于低铁状态，导致其铁吸收相关基因的表达上调，以尽可能获取铁离子供其铁受限的生长繁殖（Liu et al., 2020a）。分别使用 *Vibrio* sp. V33、*V. splendidus* AJ01 以及 *Vibrio* sp. V33 和 *V. splendidus* AJ01 的混合菌进行刺参感染实验，结果表明，*Vibrio* sp. V33 浸泡感染的刺参未出现死亡和病症，*V. splendidus* AJ01 浸泡感染的刺参累计死亡率为 70%，采用 *Vibrio* sp. V33 和 *V. splendidus* AJ01 共浸泡感染的刺参累计死亡率为 40%。这一数据说明 *Vibrio* sp. V33 是一株安全性较高的菌株，且其对灿烂弧菌感染的刺参的相对保护率为 43%（Liu et al., 2017）。Hu 等（2021）从健康刺参肠道中筛选出对 *V. splendidus* AJ01 具有拮抗活性的蜡状芽孢杆菌 *B. cereus* LS2，*B. cereus* LS2 的上清对 *V. splendidus* AJ01 的生长具有较强的抑制作用，抑制率可达到 86.83%。采用活性追踪实验进一步表征了该拮抗物质的性质，*B. cereus* LS2 分泌的拮抗物质为分子量小于 3 kDa 的小分子物质，且对胰蛋白酶敏感，对温度具有较高的稳定性。采用 6 mol/L 的盐酸沉淀 *B. cereus* LS2 的无菌上清，得到的沉淀物仅溶于甲醇中，表明该物质具有脂溶性。原位酸水解和茚三酮显色实验表明，未经水解的沉淀物呈现紫色，而水解后的沉淀物呈现橙黄色，因此，该拮抗物质具有的多肽性质。结合所测定的性质推断，蜡状芽孢杆菌 LS2 产生的拮抗灿烂弧菌的物质为小分子的脂肽。

表 11-3　拮抗菌的筛选及拮抗特性

拮抗菌	病原	拮抗物质	安全性评价	保护效应 RPS	参考文献
奥氏弧菌 *Virbio ordalii*	假交替单胞菌	蛋白类分子	—	70% ~ 80%	郑风荣等，2011
酵母菌 C11、C14 和 C21	灿烂弧菌	蛋白类分子	—	—	李明等，2012
假交替单胞菌 *Pseudoalter-omonas* sp. CG-6-1	灿烂弧菌	蛋白类等具有较大分子量的极性分子	—	—	李虹宇等，2012
枯草芽孢杆菌 *Bacillus subtilis* CG	灿烂弧菌	氨基糖苷类化合物	—	—	李文卓等，2013
白色食琼脂菌 *Agarivorans albus*	灿烂弧菌	—	以 10^7 CFU/mL 的 LJ03 和 LJ06 浸泡刺参，两周时间的连续观察，未见刺参排脏	104.7%	陈四清等，2014
弧菌 *Vibrio* sp. V33	灿烂弧菌	铁载体类小分子化合物	以 1.0×10^7 CFU/mL 的 V33 浸泡感染刺参，未发现刺参有吐肠和腐皮等病症发生	43%	Liu et al.，2017
枯草芽孢杆菌 *Bacillus subtilis* YQ-2	灿烂弧菌、假交替单胞菌	—	采用浓度为 10^8 CFU/mL 的 YQ-2 浸浴或是投喂 10^8 CFU/g 的 YQ-2，30 d 内受试刺参没有发病和死亡现象，健康程度好，且相对于对照组的体重增长明显，相对增长率达到 39.31%	—	杜佗等，2017
贝莱斯芽孢杆菌 *Bacillus velezensis* DY-6	假交替单胞菌、灿烂弧菌、副溶血弧菌和溶藻弧菌	—	浸泡浓度为 1.0×10^7 CFU /mL 和 1.0×10^8 CFU/mL 的 DY-6，在整个实验过程中刺参健康，摄食正常，活力良好，无排脏和死亡现象；投喂浓度 1.0×10^8 CFU/g 的 DY-6，在整个实验过程中刺参健康，摄食正常，活力良好，无排脏和死亡现象	—	王金燕等，2018
蜡状芽孢杆菌 LS2	灿烂弧菌	脂肽	采用浓度为 5.0×10^7 CFU/mL 的 LS2 浸泡刺参，未发现刺参有吐肠和腐皮等病症发生	—	Hu et al.，2021

11.4 菌体和多糖类免疫增强剂的联合应用

目前大多数研究只关注了单一的多糖或益生菌剂对刺参免疫相关活性的影响，研究过程中甚少关注多糖和菌剂组合对刺参免疫指标的影响。在使用多糖和菌剂复合物进行刺参免疫增强时，复合物的成分、浓度和检测的免疫指标均为需要考察的因素。Zhao 等（2011b）研究了芽孢杆菌 *Bacillus* sp. TC22 和低聚果糖（fructo-oligosaccharide，FOS）联合作用对刺参免疫活性的影响。采用 0 CFU/g、10^7 CFU/g 和 10^9 CFU/g 的 *Bacillus* sp. TC22，以及 0% 和 0.5% 的 FOS，设计 2 因子 3 水平的实验。结果表明，两种免疫激活剂单独或联合使用均对刺参的 SGR 没有影响，但是 *Bacillus* sp. TC22 和 FOS 在刺参免疫应答和对病原抗性上存在协同激活作用。10^9 CFU/g 的 *Bacillus* sp. TC22 或 0.5% 的 FOS 单独或联合饲喂刺参时，刺参体腔细胞的 PC、呼吸爆发和 PO 酶活性均显著增强，对灿烂弧菌引起刺参感染的保护活性也显著提高。但是 *Bacillus* sp. TC22 和 FOS 的联合作用并未增强单一免疫激活剂的效果。Fan 等（2013）研究了单个多糖、多糖复合物及多糖 - 菌的复合物，即黄芪多糖 APS、茯苓多糖 TPS、APS-TPS、APS-TPS- 枯草芽孢杆菌等对刺参免疫活性的影响。使用鼠尾藻作为基础饲料，使用上述多糖及多糖和菌的混合物掺入基础饲料中喂养刺参 4 周，喂养 APS-TPS- 枯草芽孢杆菌的刺参的 SGR 高达 0.97%，显著高于多糖组合的 0.72% 和基础喂养组的 0.31%，喂养 APS-TPS- 枯草芽孢杆菌的刺参的 LZM、SOD、AKP 和 C3 补体活性分别在喂养的第 7 天、第 14 天、第 21 天达到最高，且均高于仅喂养多糖的刺参。使用灿烂弧菌进行感染后，结果表明多糖和菌剂联合作用后的刺参累计死亡率仅为 8.3%，显著低于喂养基础饲料的刺参的死亡率。张宇鹏等（2017）通过在饲料中添加中草药、芽孢杆菌和壳寡糖，研究了三种免疫增强剂对刺参免疫指标的影响，结果表明投喂芽孢杆菌、壳寡糖和中草药制剂均促进了刺参的生长，各试验组刺参的增重率和 SGR 均显著高于对照组，芽孢杆菌、壳寡糖、百合、当归和牛膝组合对刺参非特异性免疫的提高效果最为明显。

11.5 "抗毒力"生物制剂的开发及应用

在抑制病原菌过程中，抗生素曾经发挥了无可替代的重要作用。然而，伴随耐药微生物的出现及抗性基因传播等问题，微生物病害防控进入了"后抗生素时代"，提出利用抗生素的替代品进行病原抑制，包括使用新型的抗菌化合物、噬菌体和益生菌等应用策略。在新开发的防控策略中，以致病力为靶标的"抗毒力"生物制剂的筛选和应用被认为是所有策略中极具前途的方法。抗毒力的生物制剂并不是以杀死病原体为靶标，而是靶向病原菌的毒力因子及其调节过程，从而导致菌体毒力降低（Defoirdt，2017）。因此从理论上讲，抗毒力的生物制剂不会引起病原菌所处的微环境中的菌群发生变化，对微生态无影响；抗毒力的生物制剂对病原菌的选择性压力的产生和传播低于传统抗生素（Munguia and Nizet，2017）。针对病原微生物的重要致病和调控过程，如 QS 系统、参与毒力因子组装的菌体组件、功能膜微域（functional membrane microdomains，FMMs）及毒力因子等过程与组分均为抗毒力制剂筛选的靶标。在所有的抗毒力策略中，干扰 QS 系统的生物制剂是抗毒力策略的重要组成部分（Defoirdt，2017）。目前，已经报道的干扰 QS 系统的生物制剂包括卤代呋喃酮、氟苷、倍二碱、肉桂醛酸及其衍生物（Defoirdt et al.，2006；Brackman et al.，2008）。

　　灿烂弧菌也可以产生 QS 信号分子，并对灿烂弧菌的致病力起着重要的调控作用。如第 4 章所述，灿烂弧菌可产生 AHLs 类信号分子。香豆素（图 11-3A）被认为是大肠杆菌、铜绿单胞菌、金黄色葡萄球菌、伤寒沙门氏菌和弧菌的 QS 抑制剂（Reen et al.，2018）。因此，Zhang 等（2017a）首次尝试将香豆素应用于灿烂弧菌感染刺参的过程，探索香豆素对灿烂弧菌 QS 的抑制作用及对菌体致病力的抑制效果。香豆素添加至灿烂弧菌的培养体系后，对灿烂弧菌的最大生物量和生物膜形成并无影响，但是可使得灿烂弧菌的致病因子——金属蛋白酶 Vsm 和溶血素 Vshppd 表达降低至对照菌的 23% 和 11%，同时可将蛋白酶活性和溶血活性分别降低至未添加组的 43% 和 80%。在灿烂弧菌感染刺参的体系中加入香豆素，香豆素表现出明显的保护作用，与未使用香豆素的刺参相比，相对存活率提高 60%。灿烂弧菌还可分泌另一信号分子——吲哚（图 11-3B）至胞外，在低细胞密度的灿烂弧菌培养液中添加 125 μmol/L 的吲哚对灿烂弧菌的生长没有影响，但是金属蛋白酶活性、溶血活性及与 ABC 转运体 ATP 结合蛋白相关的 vsm、vsh 和 ABC 基因的 mRNA 水平分别下降至 16%、13% 和 11%（Zhang et al.，2017b）。

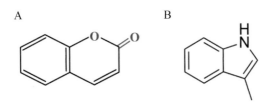

图 11-3　抗灿烂弧菌致病力的生物制剂

A：香豆素的化学结构；B：吲哚的化学结构

11.6 噬菌体的开发与应用

噬菌体是一类能够感染细菌、真菌、螺旋体或放线菌等微生物的病毒总称。噬菌体本身不能繁殖，必须在活菌内寄生。噬菌体是自然界中存在的最丰富的物种之一，据估计其数量高达 10^{31} 数量级（Hendrix，2003）。相较于普通真核细胞的病毒，噬菌体的培养更加简便、经济、快捷，且其对化学和物理因素较稳定，易于获得纯培养。噬菌体具有极高的宿主特异性，对人和动物没有感染性，只寄生于其易感染的宿主菌体内，因此可作为一种理想的抗菌生物制剂替代抗生素（Mzia and Revaz，2010；Ugorcakova and Bukovska，2003）。

近年来，世界各国学者报道噬菌体在食品病原控制中的应用研究成果不断增加，主要涉及沙门氏菌、金黄色葡萄球菌和大肠杆菌等多种食源性致病菌以及一些食品腐败菌等。比如 Luisa 等在体外和在小鼠肠道内使用比较群体基因组学研究了一个由强毒性噬菌体、噬菌体宿主菌和噬菌体不敏感菌株组成的三方网络，发现通过提供新的宿主，微生物群改变了噬菌体的遗传多样性，从而促进噬菌体群体的长期持久性（Luisa et al.，2017）。Marco 等应用噬菌体疗法治疗 *P. aeruginosa* PAO1 感染的 CF 斑马鱼模型，研究发现噬菌体疗法能够降低致死率、细菌增殖和 PAO1 感染引起的促炎症反应。此外，噬菌体给药可缓解 CF 胚胎的本构性炎症状态。另外，他们发现噬菌体与抗生素联用可抑制 *P. aeruginosa* PAO1 的感染，为减少抗生素剂量和给药时间开辟了一条有效的治疗途径（Marco et al.，2019）。Lettini 等利用噬菌体能够做到对不同血清型沙门氏菌进行更精准的鉴定和治疗（Lettini et al.，2014）。Devon 等基于聚乳酸膜开发出的两个噬菌体黄原胶涂料能够明显抑制鼠伤寒沙门氏菌和单核细胞增生李斯特氏菌生长。含李斯特氏菌噬菌体 A511 的包衣在好氧包装 14 d 后显著抑制了单核细胞增生李斯特氏菌的生长（4℃为 3.79 log，10℃为 2.17 log，$P < 0.05$）（Devon et al.，2017）。目前已在多方面开展噬菌体对控制耐药菌的探索研究，为噬菌体的应用及发展奠定了坚实基础（Carla et al.，2017；José et al.，2008；Lood et al.，2015）。

目前关于噬菌体在抑制病原菌感染刺参过程中的应用已有相当多的报道（表 11-4）。Zhang 等利用溶藻弧菌噬菌体研究其对刺参的保护效果，发现噬菌体感染复数为 10、1 和 0.1 的刺参（10±2 g）存活率分别为 73%、50% 和 47%，这一结果与没有噬菌体的对照组（3% 的存活率）有显著差异，而两种抗生素治疗（分别为 5 mg/L 多西环素和 10 mg/L 卡那霉素）的存活率为 80% 和 47%，抗生素和噬菌体在治疗效果上没有显著差异（Zhang et al.，2015）。Li 等（2016b）在研究嗜环弧菌噬菌体对刺参的保护

表 11-4　刺参病原菌噬菌体特征

噬菌体	宿主菌	噬菌体形态	NCBI 登录号	参考文献
短尾噬菌体 PVA1	溶藻弧菌	头部直径约 50 nm，尾短而不收缩	KJ395778	Zhang et al., 2015
肌尾噬菌体 PVA2	溶藻弧菌	头部直径 45 nm，头和尾之间有明显的颈部区域		Zhang et al., 2015
NN4 型豆瓣病毒	灿烂弧菌	85 nm 的二十面体头和不伸缩的短尾巴	DSM 104622	Katharios et al., 2017
肌尾噬菌体 PVS-1	灿烂弧菌	直径 45 ± 2 nm 的对称头部，长度 74 ± 1 nm 的收缩性尾部，6 根尾纤维	—	Li et al., 2016a
肌尾噬菌体 PVS-2	灿烂弧菌	直径 95 ± 3 nm 的对称头部，长度 42 ± 2 nm 的收缩性尾部，6 根尾纤维	—	Li et al., 2016a
长尾噬菌体 PVS-3	灿烂弧菌	直径 47 ± 2 nm 的对称头部，长度 152 ± 2 nm 的非收缩性长尾	MF497422	Li et al., 2016a
长尾噬菌体 Vc1	嗜环弧菌	直径 50 ± 3 nm 的对称头部，长度 150 ± 6 nm 的非收缩性长尾	KJ502657	Li et al., 2016b
短尾噬菌体 PVP1	副溶血弧菌	直径 190 ± 1.1 nm 的对称头部，长度 9 ± 1.2 nm 的短尾	—	Ren et al., 2019
长尾噬菌体 PVP2	副溶血弧菌	直径 69 ± 1.4 nm 的对称头部，长度 149 ± 1.2 nm 的非收缩性长尾	—	Ren et al., 2019
肌尾噬菌体 PSM-1	希瓦氏菌	直径 50 ± 2 nm 的对称头部，长度 64 ± 1 nm 的非收缩性长尾	—	Li et al., 2017

效果时发现，感染复数 MOI=10 的冻干噬菌体能够使幼年刺参（18 ± 2 g）的存活率从 18% 提高到 81%。另外，当噬菌体以与饲料混合的冻干粉末的形式喂养刺参时，它对刺参的保护作用几乎与抗生素一样（Li et al., 2016b；李振，2018）。Li 等用 3 种噬菌体单独或以 1∶1∶1 的比例分别对灿烂弧菌进行体外抑制实验，与未处理的相比，所有被噬菌体处理的灿烂弧菌的生长被显著抑制（$P < 0.05$），且混合噬菌体（噬菌体鸡尾酒）比 3 种噬菌体单独使用具有更明显的抑制效果。在进行噬菌体鸡尾酒与抗生素及单一噬菌体对刺参的保护效果研究中发现，未添加抗生素的刺参存活率为 18%，抗生素处理组为 82%，噬菌体混合处理组（噬菌体鸡尾酒）为 82%，噬菌体 pps-1、pps-2 和 pps-3 单独使用则分别为 65%、58% 和 50%。结果表明，利用噬菌体，特别是不同噬菌体的组合（噬菌体鸡尾酒），可作为一种可行的方法来控制刺参的弧菌感

染（Li et al., 2016a）。

本实验室以刺参病原菌灿烂弧菌和哈维氏弧菌为宿主菌，从大连市水产养殖场、宁波对虾养殖场及周边污水池分离获得具有不同裂解性能的灿烂弧菌噬菌体：裂解性能极强的噬菌体（噬菌斑直径大于 5 mm），裂解性能较强的噬菌体（噬菌斑直径 2 ～ 4 mm），裂解性能较弱的噬菌体（噬菌斑直径约 1 mm），共 12 株（图 11-4）。初步研究发现，分离获得的噬菌体具有很强的裂解性能，其中一株哈维氏弧菌噬菌体在感染 48 h 后噬菌斑达到 9 mm。噬菌体感染宿主菌过夜培养后，噬菌体的病毒滴度达到 10^{11} PFU/mL。另外，利用双层平板研究噬菌体对宿主菌的裂解活力时发现，感染复数为 10^{-3} 的噬菌体就能够清除平板上的灿烂弧菌或哈维氏弧菌（图 11-5）。对分离获得的噬菌体经过 3 轮噬菌斑纯化后透射电镜观看发现，相同病原菌的不同噬菌体具有明显的形态特异性，在噬菌体分类上分别属于长尾噬菌体、短尾噬菌体、肌尾噬菌体等（图 11-6）。另外，前期研究发现所获得的噬菌体在吸附效率上具有明显差异，裂解活力也极强，这些前期研究结果显示这些噬菌体在刺参病害防治中具有较大的应用前景及价值。

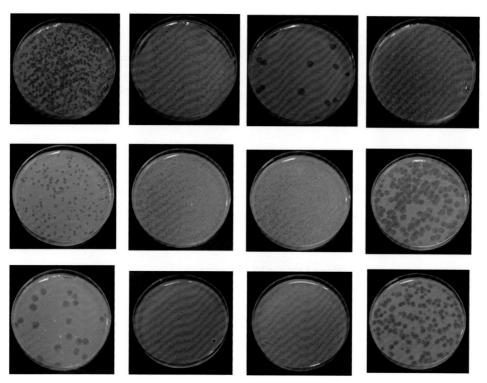

图 11-4　从我国某沿海城市市郊水产养殖污水中分离获得的 12 株灿烂弧菌噬菌体在 28℃培养过夜后形成的噬菌斑，噬菌斑大小从 1 mm 至 8 mm 不等

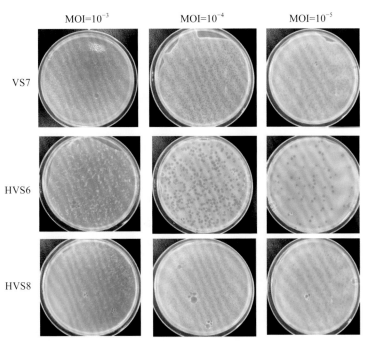

图 11-5 灿烂弧菌噬菌体（VS7）和哈维氏弧菌噬菌体（HVS6、HVS8）对相应宿主裂解活力的
展示图，从图中可以看出 MOI=10⁻³ 的噬菌体感染就能裂解整个平板上的病原菌，表明分离获得的
噬菌体具有极强的裂解活性

VS：灿烂弧菌；HVS：哈维氏弧菌

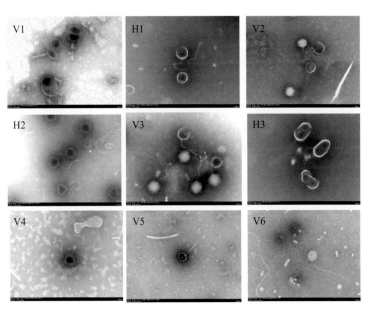

图 11-6 灿烂弧菌噬菌体（V1、V2、V3、V4、V5、V6）和哈维氏弧菌噬菌体（H1、H2、H3）透
射电镜的形态学展示，它们具有明显的形态学差异，在尾的收缩性、长短以及头部的形态结构上都
具有明显的差异及特异性

V1、H3、V6：短尾噬菌体；H1、V2、H2、V3、V4、V5：长尾噬菌体

【主要参考文献】

白阳，徐玮，汪东风，等，2016. 不同分子量壳聚糖对刺参（*Apostichopus japonicus* Selenka）生长和免疫功能的影响. 渔业科学进展，37(1): 93–99.

陈四清，李杰，韩茵，等，2014. 仿刺参养殖区泥样中灿烂弧菌拮抗菌的快速筛选及其保护作用. 中国海洋大学学报，44(11): 30–36.

陈效儒，张文兵，麦康森，等，2010. 饲料中添加甘草酸对刺参生长、免疫及抗病力的影响. 水生生物学报，34(4): 731–738.

杜佗，李彬，王印庚，等，2017. 刺参 (*Apostichopus japonicus*) 大水面养殖池塘环境中优势益生菌筛选及其特性分析. 渔业科学进展，38(3): 180–187.

贾晨晨，包焕玲，孟现尧，等，2019. 菊芋全粉对刺参生长性能及灿烂弧菌刺激下免疫因子应答变化的影响. 中国饲料，(15): 93–97.

李虹宇，张公亮，侯红漫，等，2012. 仿刺参相关微生物对致病灿烂弧菌的拮抗及机理研究. 食品工业，33(9): 117–119.

李明，马悦欣，刘志明，等，2012. 刺参机体酵母菌组成及其拮抗活性的研究. 大连海洋大学学报，27(5): 436–440.

李文卓，侯红漫，张公亮，2013. 枯草芽孢杆菌 CG 的抑菌物质的研究. 食品研究与开发，34(18): 82–84.

李振，2018. 噬菌体防控苗期刺参弧菌感染的研究. 大连：大连理工大学.

刘叶，杨悦，2016. 我国抗生素滥用现状分析及建议. 中国现代医生，54: 160–164.

孟庆大，杨海燕，付本懂，等，2008. 中草药免疫增强剂在刺参养殖中的应用研究，2: 38–39.

王金燕，李彬，王印庚，等，2018. 刺参养殖池塘一株贝莱斯芽孢杆菌的分离及其生理特性. 中国水产科学，25(3): 567–575.

王印庚，方波，张春云，等，2006. 养殖刺参保苗期重大疾病"腐皮综合征"病原及其感染源分析. 中国水产科学，13(4): 610–616.

王印庚，郭伟丽，荣小军，等，2012. 养殖刺参"化板症"病原菌的分离与鉴定. 渔业科学进展，33(6): 81–86.

杨志平，孙飞雪，刘志明，等，2013. 刺参肠道潜在产酶益生菌的筛选和鉴定. 大连海洋大学学报，28(1): 17–20.

姚刚，李强，付雷，等，2017. 几种中草药对刺参幼参的急性毒性试验. 大连海洋大学学报，32(2): 162–165.

张春云, 陈国福, 徐仲, 等, 2009. 养殖刺参附着期"化板症"病原菌的分离鉴定及来源分析. 微生物学报, 49(5): 631–637.

张春云, 陈国福, 徐仲, 等, 2010. 仿刺参耳状幼体"烂边症"的病原及其来源分析. 微生物学报, 50(5):687–693.

张春云, 王印庚, 荣小军, 2006. 养殖刺参腐皮综合征病原菌的分离与鉴定. 水产学报, 30: 119–122.

张宇鹏, 田燚, 商艳鹏, 等, 2017. 复合免疫增强剂对刺参生长和非特异性免疫酶活性的影响. 大连海洋大学学报, 2: 178–183.

郑风荣, 2011. 一种刺参拮抗菌及其应用. 中国发明专利.

Bao N, Ren T J, Han Y Z, et al., 2017. Alteration of growth, intestinal *Lactobacillus*, selected immune and digestive enzyme activities in juvenile sea cucumber *Apostichopus japonicus*, fed dietary multiple probiotics. Aquaculture International, 25:1721–1731.

Brackman G, Defoirdt T, Miyamoto C, et al., 2008. Cinnamaldehyde and cinnamaldehyde derivatives reduce virulence in *Vibrio* spp. by decreasing the DNA-binding activity of the quorum sensing response regulator LuxR. BMC Microbiology, 8:149.

Carla P, Luís T, Rui J M, et al., 2017. Application of phage therapy during bivalve depuration improves *Escherichia coli* decontamination. Food Microbiology, 61: 102–112.

Chang J, Zhang W, Mai M A H, et al., 2010. Effects of dietary β-glucan and glycyrrhizin on non-specific immunity and disease resistance of the sea cucumber (*Apostichopus japonicus* Selenka) challenged with *Vibrio splendidus*. Journal of Ocean University of China, 9 (4): 389–394.

Dang H, Zhang T, Yi F, et al., 2019. Enhancing the immune response in the sea cucumber *Apostichopus japonicus* by addition of Chinese herbs *Houttuynia cordata* Thunb as a food supplement. Aquaculture and Fisheries, 4(3): 114–121.

Defoirdt T, 2017. Quorum-sensing systems as targets for antivirulence therapy. Trends in Microbiology, 26(4): 313–328.

Defoirdt T, Crab R, Wood T K, et al., 2006. Quorum sensing-disrupting brominated furanones protect the gnotobiotic brine shrimp *Artemia franciscana* from pathogenic *Vibrio harveyi*, *Vibrio campbellii*, and *Vibrio parahaemolyticus* isolates. Applied and Environmental Microbiology, 72(9): 6419–6423.

Devon R, Brandon G, Philip S, et al., 2017. Characterization of antimicrobial properties of

Salmonella phage Felix O1 and Listeria phage A511 embedded in xanthan coatings on Poly(lactic acid) films. Food Microbiology, 66: 117–128.

Ganguly S, Paul I, Mukhopadhayay S K, 2010. Application and effectiveness of immunostimulants, probiotics, and prebiotics in aquaculture: a review. Israeli Journal of Aquaculture-bamidgeh, 62(3):130–138.

Gu M, Ma H M, Mai K S, et al., 2011. Effects of dietary β-glucan, mannan oligosaccharide and their combinations on growth performance, immunity and resistance against *Vibrio splendidus* of sea cucumber, *Apostichopus japonicus*. Fish & Shellfish Immunology, 31: 303–309.

Han Q X, Keesing J K, Liu D Y, 2016. A review of sea cucumber aquaculture, ranching, and stock enhancement in China. Reviews in Fisheries Science & Aquaculture, 24(4): 326–341.

Hendrix R W, 2003. Bacteriophage genomics. Current Opinion in Microbiology, 6: 506–511.

Hu Z G, Zhang W W, Liang W K, et al., 2021. *Bacillus cereus* LS2 from *Apostichopus japonicus* antagonizes *Vibrio splendidus* growth. Aquaculture, 531: 735983.

José M O, Beatriz M, Ana R, et al., 2008. Lytic activity of the recombinant *Staphylococcal* bacteriophage ΦH5 endolysin active against *Staphylococcus aureus* in milk. International Journal of Food Microbiology, 128: 212–218.

Katharios P, Kalatzis P, Kokkaris C, et al., 2017. Isolation and characterization of a N4-like lytic bacteriophage infeeting *Vibrio splendidus*, a pathogen of fish and bivalves. PLOS one, 12(12): e0190083.

Lettini A A, Saccardin C, Ramon E, et al., 2014. Characterization of an unusual *Salmonella* phage type DT7a and report of a foodborne outbreak of salmonellosis. International Journal of Food Microbiology, 189: 11–17.

Li J, Xu Y, Jin L, et al., 2015. Effects of a probiotic mixture (*Bacillus subtilis* YB-1 and *Bacillus cereus* YB-2) on disease resistance and non-specific immunity of sea cucumber, *Apostichopus japonicus* (Selenka). Aquaculture Research, 46(12): 3008–3019.

Li M, Bao P Y, Song J, et al., 2020. Colonization and probiotic effect of *Metschnikowia* sp. C14 in the intestine of juvenile sea cucumber, *Apostichopus japonicus*. Journal of Ocean University of China, 19(1): 225–231.

Li Z, Song Y X, Wang X T, et al., 2017. Using phage PSM-1 to control shewanella marisflavi infection in juvenile sea cucumber *Apostichopus japonicus*. Journal of World Aquaculture Society, 48(1): 113–121.

Li Z, Li X Y, Zhang J C, et al., 2016a. Use of phages to control *Vibrio splendidus* infection in the juvenile sea cucumber *Apostichopus japonicus*. Fish & Shellfish Immunology, 54: 302–311.

Li Zhen, Zhang J C, Li X Y, et al., 2016b. Effiiciency of a bacteriophage in controlling *Vibrio* infection in the juvenile sea cucumber *Apostichopus japonicus*. Aquaculture, 451: 345–352.

Liu B N , Zhou W M, Wang H, et al., 2020b. *Bacillus baekryungensis* MS1 regulates the growth, non-specific immune parameters and gut microbiota of the sea cucumber *Apostichopus japonicus*. Fish & Shellfish Immunology, 102: 133–139.

Liu H, Zheng F, Sun X, et al., 2010. Identification of the pathogens associated with skin ulceration and peristome tumescence in cultured sea cucumbers *Apostichopus japonicus* (Selenka). Journal of invertebrate pathology, 105: 236–242.

Liu N N, Song T X, Zhang S S, et al., 2020a. Characterization of the potential probiotic *Vibrio* sp. V33 antagonizing *Vibrio splendidus* based on iron competition. Iranian Journal of Biotechnology, 18(1): 42–50.

Liu N N, Zhang S S, Zhang W W, et al., 2017. *Vibrio* sp. 33 a potential bacterial antagonist of *Vibrio splendidus* pathogenic to sea cucumber (*Apostichopus japonicus*). Aquaculture, 470: 68–73.

Liu Z M, Ma Y X, Yang Z P, et al., 2012. Immune responses and disease resistance of the juvenile sea cucumber *Apostichopus japonicus* induced by *Metschnikowia* sp. C14. Aquaculture, 368–369:10–18.

Lood R, Winer B Y , Pelzek A J , et al., 2015. Novel phage lysin capable of killing the multidrug-resistant gram-negative bacterium *Acinetobacter baumannii* in a mouse bacteremia model. Antimicrobial Agents and Chemotherapy, 59: 1983–1991.

Luisa D S, Varun K, Laurent D, 2017. The gut microbiota facilitates drifts in the genetic diversity and infectivity of bacterial viruses. Cell Host & Microbe, 22: 801–808.

Ma Y X, Li L Y, Li M, et al., 2019. Effects of dietary probiotic yeast on growth parameters in juvenile sea cucumber, *Apostichopus japonicus*. Aquaculture, 499: 203–211.

Ma Y X, Liu Z M, Yang Z P, et al., 2013. Effects of dietary live yeast *Hanseniaspora opuntiae* C21 on the immune and disease resistance against *Vibrio splendidus* infection in juvenile sea cucumber *Apostichopus japonicus*. Fish & Shellfish Immunology, 34: 66–73.

Marco C, Gianluca D, Francesca F, et al., 2019. Phage therapy against *Pseudomonas aeruginosa* infections in a cystic fibrosis zebrafish model. Scientific Reports, 9: 1527.

Munguia J, Nizet V, 2017. Pharmacological targeting of the host-pathogen interaction: alternatives to classical antibiotics to combat drug-resistant superbugs. Trends in Pharmacological Sciences, 38(5): 473–488.

Mzia K, Revaz A, 2010. Bacteriophages as potential new therapeutics to replace or supplement antibiotics. Cell, 28: 591–595.

Reen F J, Gutiérrez-Barranquero J A, Parages M L, et al., 2018. Coumarin: a novel player in microbial quorum sensing and biofilm formation inhibition. Applied Microbiology and Biotechnology, 102(5): 2063–2073.

Ren H Y, Li Z, Xu Y P, et al., 2019. Protective effectiveness of feeding phage cocktails in controlling *Vibrio parahaemolyticus* infection of sea cucumber *Apostichopus japonicus*. Aquaculture, 503: 322–329.

Sun Y, Du X, Li S, et al., 2015. Dietary *Cordyceps militaris* protects against *Vibrio splendidus* infection in sea cucumber *Apostichopus japonicus*. Fish & Shellfish Immunology, 45: 964–971.

Ugorcakova J, Bukovska G, 2003. Lysins and holins: tools of phage-induced lysis. Biologia, 58: 327–334.

Wang A R, Ran C, Wang Y B, et al., 2019b. Use of probiotics in aquaculture of China—a review of the past decade. Fish & Shellfish Immunology, 86: 734–755.

Wang J H, Zhao L Q, Liu J F, et al., 2015. Effect of potential probiotic *Rhodotorula benthica* D30 on the growth performance, digestive enzyme activity and immunity in juvenile sea cucumber, *Apostichopus japonicus*. Fish & Shellfish Immunology, 43:330–336.

Wang J Y, Li B , Wang Y G , et al., 2019a. Influences of immersion bathing in *Bacillus velezensis* DY-6 on growth performance, non-specific immune enzyme activities and gut microbiota of *Apostichopus japonicus*. Journal of Oceanology and Limnology, 37(4):1449–1459.

Wang S X, Li T B, Xu L, et al., 2015. Immunopotentiating effect of small peptides on primary culture coelomocytes of sea cucumber, *Apostichopus japonicus*. Journal of the World Aquaculture Society, 46(3): 337–343.

Wang S X, Wei J T, Ye H B, et al., 2013. Effects of small peptides on nonspecific immune responses in sea cucumber, *Apostichopus japonicus*. Journal of the World Aquaculture Society, 44: 249–258.

Wang T, Sun Y, Jin L, et al., 2009. Enhancement of non-specific immune response in sea cucumber (*Apostichopus japonicus*) by *Astragalus membranaceus* and its polysaccharides.

Fish & Shellfish Immunology, 27:757–762.

Wei J, Wang S, Pei D, et al., 2015. Polysaccharide from *Enteromorpha prolifera* enhances non-specific immune responses and protection against *Vibrio splendidus* infection of sea cucumber. Aquaculture International, 23: 661–670.

Yan F, Tian X, Dong S, 2014. Effect of *Bacillus baekryungensis* YD13 supplemented in diets on growth performance and immune response of sea cucumber (*Apostichopus japonicus*). Journal of Ocean University of China, 13(5): 805–810.

Yang G, Tian X, Dong S, et al., 2015. Effects of dietary *Bacillus cereus* G19, *B. cereus* BC-01, and *Paracoccus marcusii* DB11 supplementation on the growth, immune response, and expression of immune-related genes in coelomocytes and intestine of the sea cucumber (*Apostichopus japonicus* Selenka). Fish & Shellfish Immunology, 45(2):800–807.

Yang Z P, Sun J M, Xu Z, et al., 2014. Beneficial effects of *Metschnikowia* sp. C14 on growth andintestinal digestive enzymes of juvenile sea cucumber *Apostichopus japonicus*. Anim. Feed Sci. Tech., 197:142–147.

Zhang J C, Cao Z H, Li Z, et al., 2015. Effect of bacteriophages on *Vibrio alginolyticus* infection in the sea cucumber, *Apostichopus japonicus* (Selenka). Journal of the World Aquaculture Society, 46(2): 149–158.

Zhang S S, Liu N N, Liang W K, et al., 2017a. Quorum sensing-disrupting coumarin suppressing virulence phenotypes in *Vibrio splendidus*. Applied Microbiology and Biotechnology, 101: 3371–3378.

Zhang S S, Zhang W W, Liu N N, et al., 2017b. Indole reduces the expression of virulence related genes in *Vibrio splendidus* pathogenic to sea cucumber *Apostichopus japonicus*. Microbial Pathogenesis, 111:168–173.

Zhang W W, Li C H, Guo M, 2021. Use of ecofriendly alternatives for the control of bacterial infection in aquaculture of sea cucumber Apostichopus japonicus. Aquaculture, 545:737185.

Zhao Y C, Ma H M, Zhang W B, et al., 2011a. Effects of dietary β-glucan on the growth, immune responses and resistance of sea cucumber, *Apostichopus japonicus* against *Vibrio splendidus* infection. Aquaculture, 315: 269–274.

Zhao Y C, Yuan L, Wan J L, et al., 2018. Effects of a potential autochthonous probiotic *Bacillus subtilis* 2-1 on the growth and intestinal microbiota of juvenile sea cucumber, *Apostichopus japonicus* Selenka. Journal of Ocean University of China, 17:363–370.

Zhao Y, Mai K, Xu W, et al., 2011b. Influence of dietary probiotic *Bacillus* TC22 and prebiotic fructooligosaccharide on growth, immune responses and disease resistance against *Vibrio splendidus* infection in sea cucumber *Apostichopus japonicus*. Journal of Ocean University of China, 10(3): 293–300.

Zhao Y, Yuan L, Wan J, et al., 2016. Effects of potential probiotic *Bacillus cereus* EN25 on growth, immunity and disease resistance of juvenile sea cucumber *Apostichopus japonicus*. Fish & Shellfish Immunology, 49: 237–242.

Zhao Y, Zhang W, Xu W, et al., 2012. Effects of potential probiotic *Bacillus subtilis* T13 on growth, immunity and disease resistance against *Vibrio splendidus* infection in juvenile sea cucumber *Apostichopus japonicus*. Fish & Shellfish Immunology, 32(5): 750–755.

Zheng F R, Liu H Z, Sun X Q, et al., 2012. Selection, identification and application of antagonistic bacteria associated with skin ulceration and peristome tumescence of cultured sea cucumber *Apostichopus japonicus* (Selenka). Aquaculture, 334: 24–29.

第 12 章　总结展望

　　疾病的发生是宿主免疫力和病原致病力斗争的结果和呈现形式，在这之中环境因子发挥着重要的调节作用，因此，宿主、病原体和环境是决定疾病发生的关键三要素，也是建立刺参疾病绿色防治的理想靶点。当前，在刺参免疫防御机制方面已取得了重要进展，鉴定了机体免疫调控的多种信号通路及其调控途径，获得了具有潜在应用价值的效应分子，选育了抗病力强的"参优 1 号"刺参新品种。在病原致病机制研究方面，进展相对迟缓，主要聚焦在灿烂弧菌溶血素、铁吸收等毒力因子发掘和功能研究。而涉及环境因子的研究更多地集中在某一特定环境因子的变化对宿主免疫指标的影响，对于环境因子如何调控疾病发生的研究几乎是空白。

　　为实现刺参产业健康可持续发展，亟需强化宿主免疫力、病原致病力和环境因子三者研究的深度和交叉融合。在刺参免疫防御研究方面，应拓宽细胞免疫研究的深度和广度，强化体腔细胞分型和功能研究，建立稳定传代的刺参特定体腔细胞系。基于病原－宿主互作理论，阐明病原微生物激活免疫信号通路实现免疫逃逸的分子机制。

　　在病原致病机制方面，加强灿烂弧菌以外的其他病原致病因子发掘和功能研究，突出不同病原感知宿主免疫细胞／效应分子的分子和细胞学机制，强化宿主对病原毒力因子表达的调控作用的研究。

　　在环境调控疾病发生研究方面，阐明关键环境因子与宿主免疫防御能力和病原毒力因子表达的调控关系，明确环境污染物介导刺参疾病发生的分子机制，阐释环境微生物（包含病原微生物）在宿主体内的迁移、定植和功能。